国家职业技能等级认定培训教材
高技能人才培养用书

钳工（初级）

国家职业技能等级认定培训教材编审委员会　组编
　主　编　胡家富
　副主编　徐　彬
　参　编　王林茂　王　珂　徐　斌　黄　犇
　主　审　纪长坤　曾国梁

机械工业出版社

本书是依据《国家职业技能标准 钳工》（初级）的知识要求和技能要求，采用项目、模块的形式，按照岗位培训需要的原则编写的。本书主要内容包括钳工初级基础知识，锯削、锉削和錾削，刮削和研磨加工，孔加工，螺纹加工，固定连接装配，传动机构装配，轴组装配和液压、气动传动装置装配，部件和整机装配，设备检测、调试和维修保养。本书配有相关操作视频和在线的钳工（初级）试题库（详见前言说明）。

本书既可作为各级技能鉴定培训机构、企业培训部门的考前培训教材，又可作为读者考前的复习用书，还可作为职业技术院校、技工学校和综合类技术院校机械专业的专业课教材。

图书在版编目（CIP）数据

钳工：初级/胡家富主编．—北京：机械工业出版社，2024.6
高技能人才培养用书　国家职业技能等级认定培训教材
ISBN 978-7-111-75848-8

Ⅰ．①钳… Ⅱ．①胡… Ⅲ．①钳工–职业技能–鉴定–教材 Ⅳ．①TG9

中国国家版本馆 CIP 数据核字（2024）第 100844 号

机械工业出版社（北京市百万庄大街22号　邮政编码100037）
策划编辑：王晓洁　　　　　　　　　责任编辑：王晓洁　戴　琳
责任校对：王小童　李可意　景　飞　封面设计：马若濛
责任印制：邓　博
北京盛通印刷股份有限公司印刷
2024年11月第1版第1次印刷
184mm×260mm・17.25印张・457千字
标准书号：ISBN 978-7-111-75848-8
定价：59.80元

电话服务　　　　　　　　　网络服务
客服电话：010-88361066　　机　工　官　网：www.cmpbook.com
　　　　　010-88379833　　机　工　官　博：weibo.com/cmp1952
　　　　　010-68326294　　金　书　网：www.golden-book.com
封底无防伪标均为盗版　　机工教育服务网：www.cmpedu.com

国家职业技能等级认定培训教材
编审委员会

主　任　李　奇　荣庆华

副主任　姚春生　林　松　苗长建　尹子文　周培植　贾恒旦
　　　　　孟祥忍　王　森　汪　俊　费维东　邵泽东　王琪冰
　　　　　李双琦　林　飞　林战国

委　员（按姓氏笔画排序）
　　　　　于传功　王　新　王兆晶　王宏鑫　王荣兰　卞良勇
　　　　　邓海平　卢志林　朱在勤　刘　涛　纪　玮　李祥睿
　　　　　李援瑛　吴　雷　宋传平　张婷婷　陈玉芝　陈志炎
　　　　　陈洪华　季　飞　周　润　周爱东　胡家富　施红星
　　　　　祖国海　费伯平　徐　彬　徐丕兵　唐建华　阎　伟
　　　　　董　魁　臧联防　薛党辰　鞠　刚

序

新中国成立以来,技术工人队伍建设一直得到了党和政府的高度重视。20世纪五六十年代,我们借鉴苏联经验建立了技能人才的"八级工"制,培养了一大批身怀绝技的"大师"与"大工匠"。"八级工"不仅待遇高,而且深受社会尊重,成为那个时代的骄傲,吸引与带动了一批批青年技能人才锲而不舍地钻研技术、攀登高峰。

进入新时期,高技能人才发展上升为兴企强国的国家战略。从2003年全国第一次人才工作会议,明确提出高技能人才是国家人才队伍的重要组成部分,到2010年颁布实施《国家中长期人才发展规划纲要(2010—2020年)》,加快高技能人才队伍建设与发展成为举国的意志与战略之一。

习近平总书记强调,劳动者素质对一个国家、一个民族发展至关重要。技术工人队伍是支撑中国制造、中国创造的重要基础,对推动经济高质量发展具有重要作用。党的十八大以来,党中央、国务院健全技能人才培养、使用、评价、激励制度,大力发展技工教育,大规模开展职业技能培训,加快培养大批高素质劳动者和技术技能人才,使更多社会需要的技能人才、大国工匠不断涌现,推动形成了广大劳动者学习技能、报效国家的浓厚氛围。

2019年国务院办公厅印发了《职业技能提升行动方案(2019—2021年)》,目标任务是2019年至2021年,持续开展职业技能提升行动,提高培训针对性实效性,全面提升劳动者职业技能水平和就业创业能力。三年共开展各类补贴性职业技能培训5000万人次以上,其中2019年培训1500万人次以上;经过努力,到2021年底技能劳动者占就业人员总量的比例达到25%以上,高技能人才占技能劳动者的比例达到30%以上。

目前,我国技术工人(技能劳动者)已超过2亿人,其中高技能人才超过5000万人,在全面建成小康社会、新兴战略产业不断发展的今天,建设高技能人才队伍的任务十分重要。

机械工业出版社一直致力于技能人才培训用书的出版,先后出版了一系列具有行业影响力,深受企业、读者欢迎的教材。欣闻配合新的《国家职业技能标准》又编写了"国家职业技能等级认定培训教材"。这套教材由全国各地技能培训和考评专家编写,具有权威性和代表性;将理论与技能有机结合,并紧紧围绕《国家职业技能标准》的知识要求和技能要求编写,实用性、针对性强,既有必备的理论知识和技能知识,又有考核鉴定的理论和技能题库及答案;而且这套教材根据需要为部分教材配备了二维码,扫描书中的二维码便可观看相应资源;这套教材还配合天工讲堂开设了在线课程、在线题库,配套齐全,编排科学,便于培训和检测。

这套教材的出版非常及时,为培养技能型人才做了一件大好事,我相信这套教材一定会为我国培养更多更好的高素质技术技能型人才做出贡献!

中华全国总工会副主席

高凤林

前 言

我国市场经济的迅猛发展，促使各行各业处于激烈的市场竞争中，而人才是企业取得领先地位的重要因素，除了管理人才和技术人才，一线的技术工人始终是企业不可缺少的核心力量。为此，我们按照国家人力资源和社会保障部制定的《国家职业技能标准 钳工》（初级），编写了本书，为钳工岗位的初级工提供了实用、够用的技术内容，以适应激烈的市场竞争。

本书采用项目、模块的形式，按照岗位培训需要的原则编写的，主要内容包括钳工初级基础知识，锯削、锉削和錾削，刮削和研磨加工，孔加工，螺纹加工，固定连接装配，传动机构装配，轴组装配和液压、气动传动装置装配，部件和整机装配，设备检测、调试和维修保养。

本书备有技能训练实例，便于读者和培训机构进行实训，为培养初级钳工人才提供了有效的途径。本书既可作为各级技能鉴定培训机构、企业培训部门的考前培训教材，又可作为读者考前的复习用书，还可作为职业技术院校、技工院校和综合类技术院校机械专业的专业课教材。

本书相关操作视频和在线的钳工（初级）试题库（含解答），可扫码观看。

本书由胡家富任主编，徐彬任副主编，王林茂、王珂、徐斌、黄犇参加编写，由纪长坤、曾国梁主审。

由于时间紧迫，书中难免存在不足之处，热忱欢迎广大读者批评指正，在此表示衷心的感谢。

编　者

目 录

序

前言

项目1　钳工初级基础知识 …………………………………………………………… 1
1.1　钳工在工业生产中的作用和任务 ……………………………………………… 1
1.1.1　钳工的工作范围及其重要性 ……………………………………………… 1
1.1.2　钳工必须具备的基本操作技能和工作内容 ……………………………… 2
1.1.3　钳工加工工艺守则及安全技术 …………………………………………… 3
1.2　钳工常用量具及设备 …………………………………………………………… 5
1.2.1　钳工常用量具 ……………………………………………………………… 5
1.2.2　钳工常用设备 ……………………………………………………………… 15
1.3　金属切削原理、刀具几何角度及切削要素 …………………………………… 17
1.3.1　金属切削原理 ……………………………………………………………… 17
1.3.2　金属切削刀具的几何角度 ………………………………………………… 17
1.3.3　金属切削的切削要素 ……………………………………………………… 18
1.4　尺寸公差和测量知识 …………………………………………………………… 20
1.4.1　尺寸及公差 ………………………………………………………………… 20
1.4.2　轴、孔与基准 ……………………………………………………………… 21
1.4.3　配合公差与配合 …………………………………………………………… 23
1.5　划线 ……………………………………………………………………………… 25
1.5.1　划线常用的工具及其使用方法 …………………………………………… 25
1.5.2　划线涂料 …………………………………………………………………… 32
1.5.3　划线基准 …………………………………………………………………… 33
1.5.4　划线方法 …………………………………………………………………… 35
1.6　零件的清洗 ……………………………………………………………………… 42
1.6.1　清洗剂的种类 ……………………………………………………………… 42
1.6.2　零件的清洗工艺 …………………………………………………………… 45
1.7　零件的防护 ……………………………………………………………………… 49
1.7.1　在介质中添加缓蚀剂 ……………………………………………………… 49
1.7.2　电化学保护 ………………………………………………………………… 50
1.7.3　金属表面涂层保护 ………………………………………………………… 51

目 录

项目2　锯削、锉削和錾削 …… 54
2.1　砂轮机的安全操作知识 …… 54
 2.1.1　砂轮机的结构 …… 54
 2.1.2　砂轮机的安全操作 …… 54
2.2　锯削加工 …… 55
 2.2.1　锯削工具 …… 55
 2.2.2　锯削方法 …… 57
 2.2.3　锯削安全技术 …… 58
 2.2.4　锯削加工实例 …… 59
2.3　锉削加工 …… 59
 2.3.1　锉刀 …… 59
 2.3.2　锉削方法 …… 64
 2.3.3　锉削安全技术 …… 65
 2.3.4　锉削加工实例 …… 65
2.4　錾削加工 …… 66
 2.4.1　錾子的种类及应用 …… 67
 2.4.2　錾子的制造材料及热处理 …… 67
 2.4.3　錾子的切削角度 …… 67
 2.4.4　錾子的刃磨要求 …… 68
 2.4.5　锤子 …… 68
 2.4.6　錾削安全技术 …… 69
 2.4.7　錾削加工实例 …… 70

项目3　刮削和研磨加工 …… 72
3.1　刮削加工 …… 72
 3.1.1　刮削加工的应用 …… 72
 3.1.2　刮削余量 …… 72
 3.1.3　刮削工具及修磨方法 …… 73
 3.1.4　刮削方法 …… 76
 3.1.5　刮削时所用的显示剂 …… 78
 3.1.6　刮削精度的检查 …… 79
 3.1.7　刮削安全技术 …… 80
 3.1.8　刮削加工实例 …… 80
3.2　研磨加工 …… 82
 3.2.1　研磨目的、原理和余量 …… 82
 3.2.2　研具材料与研磨剂 …… 83
 3.2.3　研磨方法 …… 84
 3.2.4　研磨操作要点 …… 85

3.2.5 研磨加工实例 85

项目4 孔加工 88
4.1 标准麻花钻 88
4.1.1 钻孔概述 88
4.1.2 标准麻花钻的结构特点 89
4.1.3 标准麻花钻切削部分的几何参数 90
4.1.4 标准麻花钻的缺点 91
4.1.5 标准麻花钻的刃磨 91
4.2 钻床 92
4.2.1 钻床的种类 92
4.2.2 钻头的装夹工具 94
4.2.3 快换钻夹头 95
4.2.4 钻削加工的操作要点及钻床的维护保养 96
4.3 钻孔方法 98
4.3.1 工件夹持 98
4.3.2 一般工件的钻孔方法 98
4.3.3 其他钻孔方法 99
4.3.4 钻孔时的切削用量 100
4.3.5 切削液 101
4.3.6 提高钻孔质量的方法 103
4.3.7 钻孔加工实例 104
4.4 扩孔、锪孔和铰孔 105
4.4.1 扩孔 105
4.4.2 锪孔 106
4.4.3 铰孔 107
4.4.4 铰孔加工实例 112

项目5 螺纹加工 115
5.1 螺纹的基础知识 115
5.1.1 螺纹分类 115
5.1.2 螺纹基本尺寸和啮合要素 116
5.1.3 各种螺纹的用途 121
5.2 螺纹的加工方法 122
5.2.1 内螺纹的加工方法和加工工具 122
5.2.2 外螺纹的加工方法和加工工具 126
5.3 螺纹加工的质量分析与检测 128
5.3.1 加工螺纹过程中出现问题的分析与处理 128
5.3.2 螺纹的检测 130
5.4 螺纹加工实例 132

项目6 固定连接装配 134
6.1 各种扳手、旋具的结构特点和选用 134

6.1.1 各种扳手的结构特点和选用 ………………………………………………… 134
  6.1.2 各种旋具的结构特点和选用 ………………………………………………… 137
 6.2 螺纹连接的类型、应用特点和防松装置 …………………………………………… 138
  6.2.1 螺纹连接的类型、应用特点 ………………………………………………… 138
  6.2.2 螺纹连接的防松装置 ………………………………………………………… 140
 6.3 螺纹连接的装配 ……………………………………………………………………… 141
  6.3.1 双头螺栓的装配 ……………………………………………………………… 141
  6.3.2 螺钉、螺栓、螺母的装配 …………………………………………………… 142
  6.3.3 螺纹连接的损坏形式和修理 ………………………………………………… 142
 6.4 键连接 ………………………………………………………………………………… 143
  6.4.1 平键的规格代号 ……………………………………………………………… 143
  6.4.2 平键连接的配合类型和选用 ………………………………………………… 144
  6.4.3 平键连接装配要点 …………………………………………………………… 144
  6.4.4 键的损坏形式和修理 ………………………………………………………… 144
 6.5 销连接 ………………………………………………………………………………… 144
  6.5.1 销的种类 ……………………………………………………………………… 144
  6.5.2 销连接的应用 ………………………………………………………………… 145

项目 7 传动机构装配 ………………………………………………………………………… 146
 7.1 带传动机构的装配 …………………………………………………………………… 146
  7.1.1 带传动的种类及特点 ………………………………………………………… 146
  7.1.2 普通 V 带传动的参数和选用方法 …………………………………………… 147
  7.1.3 V 带传动机构的装配要求 …………………………………………………… 149
  7.1.4 V 带传动机构的张紧装置及调整 …………………………………………… 150
  7.1.5 带轮与轴的装配 ……………………………………………………………… 151
  7.1.6 带传动机构的修理 …………………………………………………………… 151
 7.2 链传动机构的装配 …………………………………………………………………… 152
  7.2.1 链传动机构的种类及特点 …………………………………………………… 152
  7.2.2 链传动的主要参数 …………………………………………………………… 153
  7.2.3 链传动机构的装配要求及方法 ……………………………………………… 154
  7.2.4 链传动机构的拆卸与修理 …………………………………………………… 155
 7.3 圆柱齿轮传动机构的装配 …………………………………………………………… 155
  7.3.1 齿轮传动的种类及特点 ……………………………………………………… 155
  7.3.2 直齿圆柱齿轮的基本参数与几何尺寸的计算方法 ………………………… 157
  7.3.3 圆柱齿轮传动机构的装配、检验 …………………………………………… 158
 7.4 螺旋传动机构的装配 ………………………………………………………………… 163
  7.4.1 螺纹的形成 …………………………………………………………………… 163
  7.4.2 螺旋传动机构装配的技术要求 ……………………………………………… 163
  7.4.3 螺旋传动机构的装配方法 …………………………………………………… 164

项目 8 轴组装配和液压、气动传动装置装配 …………………………………………… 166
 8.1 滚动轴承的装配 ……………………………………………………………………… 166
  8.1.1 滚动轴承的结构和代号 ……………………………………………………… 166

8.1.2 滚动轴承的选用方法 ·············· 171
8.1.3 滚动轴承的配合方法 ·············· 172
8.2 滑动轴承的装配 ····················· 173
8.2.1 滑动轴承的结构特点 ·············· 173
8.2.2 轴瓦材料和固定方式 ·············· 175
8.3 轴承的润滑 ························· 176
8.3.1 常用润滑剂、润滑脂的种类和特点 ···· 176
8.3.2 各种润滑装置的结构和特点 ········· 177
8.4 液压传动基础 ······················· 177
8.4.1 液压传动的工作原理和特点 ········· 177
8.4.2 液压传动的各种管接头和连接方式的特点 ··· 179
8.5 气动传动基础 ······················· 180
8.5.1 气动传动的工作原理和特点 ········· 180
8.5.2 气动传动典型元件的结构和装配要点 ··· 184

项目 9 部件和整机装配

9.1 装配的基本知识 ····················· 190
9.1.1 装配工艺过程 ···················· 190
9.1.2 装配方法 ························ 191
9.1.3 装配工作的要点和调试 ············ 192
9.1.4 装配调试实例 ···················· 194
9.2 常用起重设备及安全操作规程 ········· 224
9.2.1 千斤顶 ·························· 224
9.2.2 起重机 ·························· 225

项目 10 设备检测、调试和维修保养

10.1 装配质量检测 ······················ 228
10.1.1 外观检查 ······················· 228
10.1.2 精度检测 ······················· 229
10.1.3 机械装置的润滑、密封与防漏知识 ·· 229
10.1.4 机械产品的涂装和防锈知识 ······· 237
10.1.5 设备空运转试验要求 ············· 237
10.1.6 设备空运转试验实例 ············· 239
10.2 设备安装和调试 ···················· 242
10.2.1 机械设备安装的基础知识 ········· 242
10.2.2 机械设备安装调试实例 ··········· 243
10.3 常用设备维护、保养与维修基础知识 ··· 245
10.3.1 车床和铣床一级保养的基本要求和方法 ··· 245
10.3.2 砂轮机的维护、保养和维修方法 ··· 254
10.3.3 台钻的维护、保养和维修方法 ····· 255
10.3.4 机床冷却泵的维护、保养和维修方法 ··· 257
10.3.5 典型气动元件和管路的维护、保养和维修方法 ··· 259

参考文献 ································ 264

项目 1

钳工初级基础知识

思维导图：

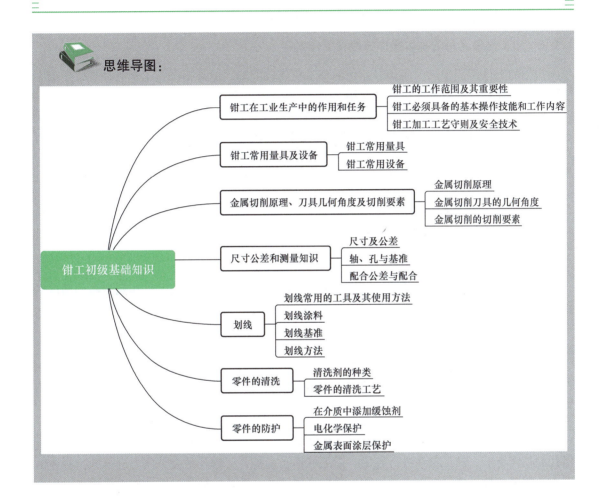

1.1 钳工在工业生产中的作用和任务

1.1.1 钳工的工作范围及其重要性

工业生产中钳工是利用各种手用工具及一些简单设备来完成目前采用机械加工方法不太适宜或还不能完成的工作。

钳工的主要任务是对产品进行零件加工、装配和机械设备的维护修理。一台机器是由许多不同零件组成的，这些零件通过各种加工手段加工完成后，需要由钳工来进行装配，在装配过程中，有些零件往往还需经过钳工的钻孔、攻螺纹、配键、销等的补充加工后才能装配起来。甚至有些精度并不高的零件，经过钳工的仔细修配，可以达到较高的装配精度。另外，对于使用时间较久的机器，其自然磨损或事故损坏是免不了的，这就需要钳工来进行修理。再如精密的量具、样板、夹具和模具等的制造都离不开钳工。由此可见，钳工的任务是多方面的，而且具有很强的专业性。

随着机械加工的日益发展，生产率的不断提高，钳工技术也越来越复杂，其应用的范围也越来越广。由于钳工技术应用的广泛性，钳工产生了专业性的分工，如装配钳工、机修钳工、工具钳工等，以适应不同工作和不同场合的需要。

1.1.2 钳工必须具备的基本操作技能和工作内容

钳工的工作范围很广，而且专业化的分工也比较明确，但是每个钳工都必须熟练掌握下述各项基本操作技能，并能很好地应用。

1. 划线

划线作为零件加工的头道工序，与零件的加工质量有着密切的关系。钳工在划线时，首先应熟悉图样，合理使用划线工具，按照划线步骤在待加工工件上划出零件的加工界限，作为零件安装（定位）、加工的依据。

2. 錾削技术

錾削是钳工最基本的操作。錾削是利用錾子和锤子等简单工具对工件进行切削或切断。此技术在零件加工要求不高或机械无法加工的场合使用。熟练的锤击技术在钳工装配、修理中也是一项必不可少的基本功，其应用的地方比较多。

3. 锉削技术

锉削是利用各种形状的锉刀，对工件进行锉削、整形及修配，使工件达到较高的精度和较为准确的形状。锉削是钳工工作中的主要操作方法之一，它可以对工件的外平面、曲面、内外角、沟槽、孔和各种形状的表面进行锉削加工。

4. 锯削技术

锯削是用来分割材料或在工件上锯出符合技术要求的沟槽。锯削时，必须根据工件的材料性质和形状，正确选用锯条和锯削方法，从而使锯削操作能顺利地进行并达到规定的技术要求。

5. 钻孔、扩孔、锪孔和铰孔技术

钻孔、扩孔、锪孔和铰孔是钳工对孔进行粗加工、半精加工和精加工的方法，应用时根据孔的精度要求、加工条件进行选用。钳工的钻孔、扩孔、锪孔是在钻床上进行的，铰孔时可手工铰削，也可通过钻床进行机铰。所以掌握钻孔、扩孔、锪孔、铰孔的操作技术，也必须熟悉钻孔、扩孔、锪孔、铰孔等的刀具切削性能，以及钻床和一些工夹具的结构和性能，合理选用切削用量，熟练掌握手工操作的具体方法，以保证钻孔、扩孔、锪孔、铰孔的加工质量。

6. 攻螺纹和套螺纹技术

攻螺纹和套螺纹是用丝锥和圆板牙在工件内孔或外圆柱面上加工出内螺纹或外螺纹。这就是钳工平时应用较多的攻螺纹和套螺纹技术。钳工所加工的螺纹，通常都是直径较小或不适宜在机床上加工的螺纹。为了使加工后的螺纹符合技术要求，钳工应熟悉螺纹的形成、各部分尺寸关系，以及切削螺纹的刀具，并掌握螺纹加工的操作要点和避免产生废品的方法。

7. 刮削和研磨技术

刮削是钳工对工件进行精加工的一种方法。刮削后的工件表面，不仅可获得精确的几何精度、尺寸精度、接触精度和传动精度,还能通过刮刀在刮削过程中对工件表面产生的挤压,使表面组织紧密,从而提高力学性能。

研磨是最精密的加工方法。研磨时,磨料可在研具和工件之间滑动、滚动而产生微量切削,即研磨中的物理作用;同时,利用某些研磨剂的化学作用,使工件表面产生氧化膜,但氧化膜本身在研磨中又很容易被研磨掉,这样氧化膜不断地产生又不断地被磨去,从而使工件表面得到很高的精度。研磨的实质是物理作用和化学作用的综合。

8. 矫正和弯形技术

矫正是利用金属的塑性变形,采用合适的方法对变形或存在某种缺陷的原材料或零件加以矫正,消除变形等缺陷。弯形是使用简单机械或专用工具将原材料弯形成图样所需要的形状,并对弯形前的材料进行落料长度计算。

9. 装配和修理技术

装配是按图样规定的技术要求,将零件通过适当的连接形式组合成部件或完整的机器。对使用日久或由于操作不当造成机器或零件精度和性能下降甚至损坏,通过钳工的修复、调整,使机器或零件恢复到原来的精度和性能水平,这就是钳工的装配和修理技术。

10. 掌握必须的测量技能和简单的热处理技术

生产过程中,要保证零件的加工精度和要求,首先要对产品进行必要的测量和检验。钳工在零件加工和装配过程中,经常利用平板、游标卡尺、千分尺、指示表、水平仪等对零件或装配件进行测量检查,这些都是钳工必须掌握的测量技能。

钳工必须了解和掌握金属材料热处理的一般知识,熟悉和掌握一些钳工工具的制造和热处理,并能对如样冲、錾子、刮刀等工具由于使用要求的不同而分别采取合适的热处理方法,从而得到各自所需要的硬度和性能。

1.1.3 钳工加工工艺守则及安全技术

安全为了生产,生产必须安全。在现代工业生产中,安全问题是一个头等重要的问题。钳工在生产实践中除了要严格按钳工加工通用工艺守则操作(见表1-1),还应注意:

表1-1 钳工加工通用工艺守则

项 目	主 要 规 则
台虎钳的使用	1)使用台虎钳夹持工件已加工面时,需垫铜、铝等软材料的垫板;夹持有色金属或玻璃等工件时,需加木板、橡胶垫等;夹持圆形薄壁件需用V形或弧形垫块 2)夹紧工件时,不许用锤子敲打手柄
錾削	1)錾削时,錾刃应经常保持锋利,錾子楔角应根据被錾削的材料按下表选用 | 工件材料 | 錾子楔角 | | --- | --- | | 低碳钢 | 50°~60° | | 中碳钢 | 60°~70° | | 有色金属 | 30°~50° | 2)錾削脆性材料时,应从两端向中间錾削
锯削	1)锯条安装的松紧程度要适当 2)工件的锯削部位装夹时应尽量靠近钳口,防止振动 3)锯削薄壁管件,必须选用细齿锯条,锯薄板件,除选用细齿锯条外,薄板两侧必须加木板,而且在锯削时锯条相对工件的倾斜角应小于或等于45°

(续)

项目	主 要 规 则
锉削	1）根据工件材质选用锉刀：有色金属件应选用单齿纹锉刀，钢铁件应选用双齿纹锉刀，不得混用 2）根据工件加工余量、精度或表面粗糙度，按下表选择锉刀 | 锉刀	适用条件		
---	---	---	---
	加工余量/mm	尺寸精度/mm	表面粗糙度 $Ra/\mu m$
粗齿锉	0.5~2	0.2~0.5	100~25
中齿锉	0.2~0.5	0.05~0.2	12.5~6.3
细齿锉	0.05~0.2	0.01~0.05	6.3~3.2	 3）不得用一般锉刀锉削带有氧化铁皮的毛坯及工件淬火表面 4）锉刀不得沾油，若锉刀齿面有油渍，可用煤油或清洗剂清洗后再用
攻螺纹	1）丝锥切入工件时，应保证丝锥轴线与孔端面垂直 2）攻螺纹时，应勤倒转，必要时退出丝锥，清除切屑 3）根据工件的材料合理选用润滑剂
铰削	1）手铰孔时用力要均衡，铰刀退出时必须正转，不得反转 2）机铰孔见 JB/T 9168.5 3）在铰孔时应根据工件材料和孔的表面粗糙度要求，合理选用润滑剂
刮削	（1）刮削显示剂一般用红丹油（铅丹油），稀释度要适当，使用时要涂得薄而均匀，显示剂要保持清洁，无灰尘杂质，不用时要盖严 （2）平面刮削操作要点应按下表规定 	种类	操 作 要 点
粗刮	1）刮削量最大的部位采用长刮法 2）刮削方向一般应顺工件长度方向 3）在 25mm×25mm 内应有 3~4 点，点的分布要均匀
细刮	1）采用短刀法刮削 2）每遍刮削方向应相同，并与前一遍刮削方向交错 3）在 25mm×25mm 内应有 12~15 点，点的分布要均匀
精刮	1）采用点刮法刮削，每个研点只刮一刀不重复，大的研点全刮去，中等研点刮去一部分，小而虚的研点不刮 2）在 25mm×25mm 内出现点数达到要求即可 | （3）曲面刮削 1）刮削圆孔时，一般应使用三角刮刀，刮削圆弧面时，一般应使用蛇头刮刀或半圆弧刮刀 2）刮削轴瓦时，最后一遍刀迹应与轴瓦轴线成 45°交叉刮削 3）刮削轴瓦时，靠近两端接触点数应比中间的点数多，圆周方向上，工作中受力的接触角部位的点应比其余部位的点密集
研磨	（1）研磨前应根据工件材料及加工要求，选好磨料种类和粒度，磨料种类和粒度的选择见下表 | 磨料种类的选择			
---	---	---	---
工件材料	加工要求	磨料名称	代号[①]
碳钢、可锻铸铁、硬青铜	粗、精研	棕刚玉	A（GZ）
淬火钢、高速钢、高碳钢	精研	白刚玉	WA（GB）
淬火钢、轴承钢、高速钢	精研	铬刚玉	PA（GG）
不锈钢、高速钢等高强度高韧性材料		单晶刚玉	SA（GD）
铸铁、黄铜、铝、非金属材料		黑碳化硅	C（TH）
硬质合金、陶瓷、宝石、玻璃		绿碳化硅	GC（TL）
硬质合金、宝石	精研、抛光	碳化硼	BC（TP）
硬质合金、人造宝石等高硬脆材料	粗、精研	人造金刚石	MBD
钢、铁、光学玻璃	精研、抛光	氧化铁、氧化铬		

项目 1　钳工初级基础知识

（续）

项　目	主　要　规　则	
研磨	磨料粒度的选择	
	加工要求　表面粗糙度值/μm	粒度号数
	开始粗研（Ra 0.80）	F100～F240
	粗研（Ra 0.40～Ra 0.20）	F280～F400
	半精研（Ra 0.20～Ra 0.10）	F500～F800
	精研（Ra 0.10 以下）	F1000 以上或微粉
	（2）研磨剂应保持清洁无杂质，使用时应调得干稀合适，涂得薄而均匀 （3）研磨工具的选择及要求 　1）粗研平面时，应用一般研磨平板，精研时用精研平板 　2）研磨外圆柱面用的研磨套长度一般应是工件外径的 1～2 倍，孔径应比工件外径大 0.025～0.05mm 　3）研磨圆柱孔用的研磨棒工作部分的长度一般应为被研磨孔长度的 1.5 倍左右，研磨棒的直径应比被研磨孔小 0.010～0.025mm 　4）研磨圆锥面用的研磨棒（套）工作部分的长度应是工件研磨长度的 1.5 倍左右 （4）研磨操作 　1）研磨平面时，应采用 8 字形旋转和直线运动相结合的方式进行研磨 　2）研磨外圆和内孔时，研出的网纹线与轴线成 45°。在研磨的过程中应注意调整研磨套（棒）与工件配合的松紧程度，以免产生椭圆或棱圆，且在研孔过程中应注意及时除去孔端多余的研磨剂，以免产生喇叭口 　3）研磨圆锥面时，每旋转 4～5 圈应将研磨棒拔出一些，然后再推入继续研磨 　4）研磨薄型工件时，必须注意温升的影响，研磨时应不断变换研磨方向 　5）在研磨过程中用力要均匀、平稳，速度不宜太快 （5）研磨后应及时将工件清洗干净并采取防锈措施	

① 括号内代号为旧代号。

1）工作场地要保持整齐清洁，搞好环境卫生；使用的工具和加工零件、毛坯和原材料等的放置要有序，并且要整齐稳固，以保证操作中的安全和方便。

2）使用的机床、工具要经常检查（如砂轮机、钻床、手电钻和锉刀等），发现损坏要停止使用，待修好后再用。

3）在很多工作中，如錾削、锯削、钻孔以及在砂轮上修磨工具等，都会产生很多切屑，消除切屑时要用刷子，不要直接用手去清除，更不可用嘴去吹，以免切屑飞进眼睛里，受到不必要的伤害。

4）使用电气设备时，必须严格遵守操作规程，防止触电，造成人身事故。

1.2　钳工常用量具及设备

1.2.1　钳工常用量具

1. 钢直尺

钢直尺是用不锈钢制成的一种直尺，如图 1-1 所示。钢直尺是钳工常用量具中最基本的一种。尺边平直，尺面有米制或英制的刻度，可以用来测量工件的长度、宽度、高度和深度，有时还可用来对一些要求较低的工件表面进行平面度误差的检查。

钢直尺的规格（测量范围）有 150mm、300mm、500mm 和 1000mm 四种。尺面上米制尺寸刻线间距一般为 1mm，但在 1~50mm 段内刻线间距为 0.5mm，为钢直尺的最小刻度。由于刻度线本身的宽度就有 0.1~0.2mm，再加上尺本身的刻度误差，所以用钢直尺测量出的数值误差比较大，而且 1mm 以下的小数值只能靠估计得出，因此钢直尺不能用作精确测定。

钢直尺的背面还刻有米制、寸制换算表。有的钢直尺，将米制与寸制尺寸线条分别刻在尺面相对的两条边上，做到一尺两用。

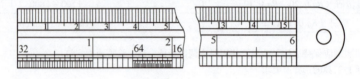

图 1-1　钢直尺

2. 游标卡尺

游标卡尺是一种常用量具。它能直接测量零件的外径、内径、长度、宽度、深度和孔距等。钳工常用的游标卡尺测量范围有 0~125mm、0~200mm、0~300mm 等几种。

（1）游标卡尺的结构　图 1-2 所示是游标卡尺两种常见的结构形式。图 1-2a 所示为可微量调节的游标卡尺，主要由尺身 1 和游标 2 组成，3 是辅助游标。使用时，松开螺钉 4 和 5，即可推动游标在尺身上移动。测量工件需要微量调节时，可拧紧螺钉 5，松开螺钉 4，旋动微调螺母 6，通过小螺杆 7 使游标 2 微动。量得尺寸后，拧紧螺钉 4，使游标位置固定，然后读数。游标卡尺下量爪 9 的内侧面可测量外径和长度，外侧面用来测量内孔或沟槽。

图 1-2b 所示是带深度尺的游标卡尺，结构简单轻巧，上量爪可测量孔径、孔距和槽宽，下量爪可测量外径和长度，尺后的深度尺还可测量内孔和沟槽深度。

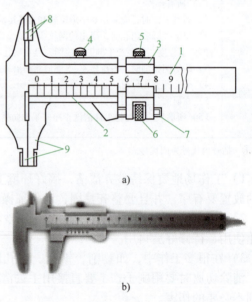

图 1-2　游标卡尺
a) 可微量调节的游标卡尺　b) 带深度尺的游标卡尺
1—尺身　2—游标　3—辅助游标　4、5—螺钉　6—微调螺母
7—小螺杆　8—上量爪　9—下量爪

（2）读数　游标卡尺按其分度值有 0.1mm、0.05mm 和 0.02mm 三种。现将分度值为 0.05mm 和 0.02mm 的刻线原理及读数方法分别简述如下：

1）分度值为 0.05mm 游标卡尺的尺身上每小格为 1mm，当两量爪合并时，尺身上的 19mm 刚好等于游标上的 20 格，如图 1-3 所示，则游标上每格为 19mm÷20＝0.95mm，尺身与游标上每格相差 1mm－0.95mm＝0.05mm。

图 1-4 所示是分度值为 0.05mm 游标卡尺的读数方法。

2）分度值为 0.02mm 游标卡尺的尺身上每小格为 1mm，当两量爪合并时，尺身上的 49mm 刚好等于游标上 50 格，如图 1-5 所示，则游标上每格为 49mm÷50＝0.98mm，尺身与游标上每格相差 1mm－0.98mm＝0.02mm。

图 1-6 所示是分度值为 0.02mm 游标卡尺的读数方法。

图 1-3 分度值为 0.05mm 游标卡尺的刻线原理

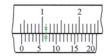

4mm+0.35mm=4.35mm

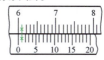

60mm+0.05mm=60.05mm

22mm+0.5mm=22.5mm

图 1-4 分度值为 0.05mm 游标卡尺的读数方法

图 1-5 分度值为 0.02mm 游标卡尺的刻线原理

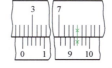

27mm+0.94mm=27.94mm

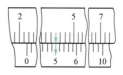

21mm+0.5mm=21.5mm

图 1-6 分度值为 0.02mm 游标卡尺的读数方法

（3）注意事项　游标卡尺若使用不当，不但会影响其本身的精度，同时也会影响零件尺寸测量的准确性。因此使用游标卡尺时，应注意以下几点：

1）按工件的尺寸大小和尺寸精度要求，选用合适的游标卡尺。游标卡尺只适用于中等公差等级（IT10~IT16）尺寸的测量和检验，不能用游标卡尺去测量铸锻件等毛坯尺寸，否则量具很快因磨损而失去精度；也不能用游标卡尺去测量精度要求过高的工件，因为分度值为 0.02mm 的游标卡尺可产生 ±0.02mm 的示值误差。

2）使用前要对游标卡尺进行检查，擦净量爪，检查量爪测量面和测量刃口是否平直无损；两量爪贴合时应无漏光现象，尺身和游标的零线要对齐。

3）测量外尺寸时，两量爪应张开到略大于被测尺寸而自由进入工件，以固定量爪贴住工件。然后用轻微的压力把活动量爪推向工件，卡尺测量面的连线应垂直于被测表面，不能歪斜，如图 1-7 所示。

4）测量内孔尺寸时，两量爪应张开到略小于被测尺寸，使量爪自由进入孔内，再慢慢张开并轻轻地接触零件的内表面。两量爪应在孔的直径上，不能偏歪，如图 1-8 所示。

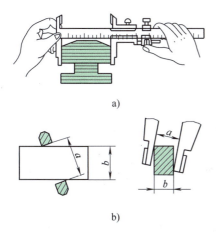

图 1-7　测量外尺寸
a）正确　b）错误

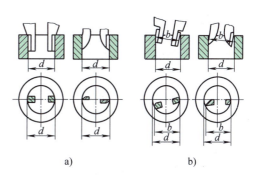

图 1-8　测量内孔尺寸
a）正确　b）错误

5）读数时，游标卡尺置于水平位置，使人的视线尽可能与游标卡尺的刻线表面垂直，以免视线歪斜造成读数误差。

（4）其他游标卡尺

1）游标深度卡尺（图1-9）。游标深度卡尺是用来测量台阶长度和孔、槽的深度的，其刻线原理和读数方法与普通游标卡尺相同。使用方法是：把尺框2贴在工件孔或槽端面，再将尺身1插到底部，并用螺钉3紧固后读出尺寸。

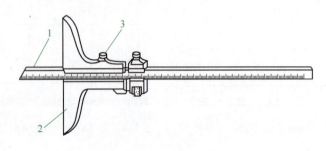

图1-9 游标深度卡尺
1—尺身 2—尺框 3—螺钉

2）游标高度卡尺（图1-10）。它是用来测量零件的高度和进行精密划线的，其刻线原理和读数方法与普通游标卡尺相同。

3）游标齿厚卡尺（图1-11a）。它是用来测量齿轮和蜗杆的弦齿厚和弦齿顶的。这种游标卡尺由两个互相垂直的尺身和两个游标组成。A尺寸由垂直尺调整测量，B尺寸由水平尺调整测量，其刻线原理和读数方法也与普通游标卡尺相同。

以上三种游标卡尺都有微调机构。

4）游标万能角度尺。游标万能角度尺是利用游标读数原理来直接测量工件角或进行划线的角度量具，适用于机械加工中内、外角度的测量，可测0°~320°外角及40°~130°内角。

① 游标万能角度尺的结构。它由主尺、直角尺、游标、锁紧装置、基尺、直尺、卡块、扇形板等组成，如图1-11b所示。

② 游标万能角度尺的读数方法。主尺刻线每格为1°，游标的刻线是取主尺的29°等分为30格，因此游标刻线角格为29°/30，即主尺与游标一格的差值为2′，也就是说游标万能角度尺的分度值为2′。除此之外，还有5′和10′两种分度值。其读数方法和游标卡尺完全相同。

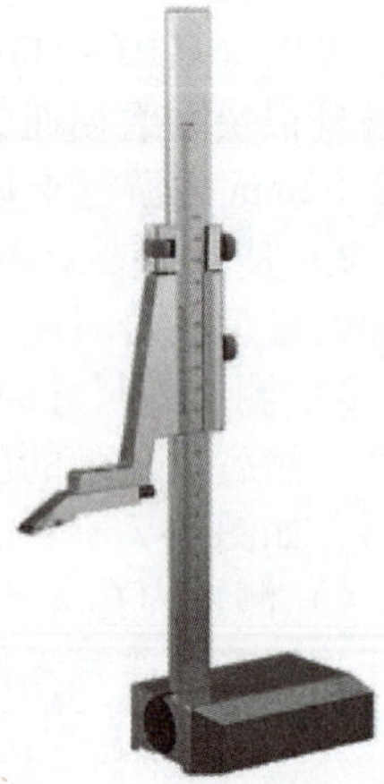

图1-10 游标高度卡尺

③ 游标万能角度尺使用方法。

a. 测量时应先校准零位，游标万能角度尺的零位，是当直角尺与直尺均装上，而直角尺的底边及基尺与直尺无间隙接触，此时主尺与游标的"0"线对准。调整好零位后，通过改变基尺、直角尺、直尺的相互位置可测量0°~320°范围内的任意角。

b. 测量时，根据产品被测部位的情况，先调整好直角尺或直尺的位置，用卡块上的螺钉把它们紧固住，再来调整基尺测量面与其他有关测量面之间的夹角。这时，要先松开锁紧装置上的螺母，移动主尺做粗调整，再转动扇形板背面的微动装置做细调整，直到两个测量面与被测表面密切贴合为止。然后拧紧锁紧装置上的螺母，把角度尺取下来进行读数。

项目1　钳工初级基础知识

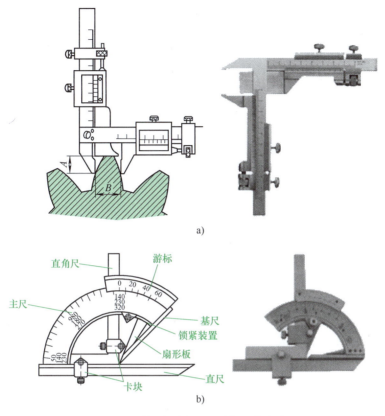

图1-11　游标齿厚卡尺和游标万能角度尺
a）游标齿厚卡尺　b）游标万能角度尺

应用游标万能角度尺测量工件时，要根据所测角度适当组合量尺。

3. 千分尺

千分尺是一种精密量具。千分尺的精度比游标卡尺高，而且比较灵敏。因此对于一些加工精度要求较高的零件尺寸，要用千分尺来测量。

千分尺按用途和结构可分为外径千分尺、内径千分尺和深度千分尺。外径千分尺是最常用的一种。当测量范围在500mm之内，则每25mm分为一种规格，如0~25mm、25~50mm等。测量范围为500~1000mm时，则每100mm分为一种规格，如500~600mm、600~700mm等。

（1）千分尺的外形和结构　图1-12所示为外径千分尺的外形和结构。图中在尺架1的右端是表面有刻线的固定套管3；尺架的左端是砧座2；固定套管3里面装有带内螺纹（螺距为0.5mm）的衬套5。测微螺杆7右面螺纹可沿此内螺纹回转，并用轴套4定心。在固定套管3的外面是有刻线的微分筒6，它用锥孔与测微螺杆7右端锥体相连。测微螺杆7转动时的松紧程度可用衬套5上的螺母来调节。要想使测微螺杆7固定不动，可转动手柄13通过偏心锁紧。松开罩壳8，可使测微螺杆7与微分筒6分离，以便调整零线位置。转动棘轮盘11，通过螺钉12与罩壳8的连接使测微螺杆7产生移动，当测微螺杆7左端面接触工件时，棘轮盘11在棘爪销10的斜面上打滑，测微螺杆7就停止前进，由于弹簧9的作用，棘轮盘11在棘爪销10上滑过而发出吱吱声。如果棘轮盘11反方向转动，则拨动棘爪销10和微分筒6以及测微螺杆7转动，使测微螺杆7向右移动。

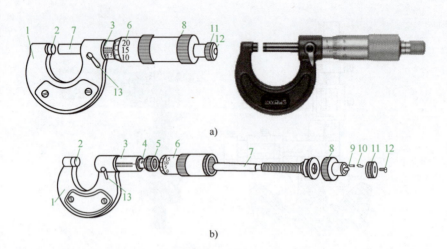

图 1-12 外径千分尺
a) 外形　b) 结构
1—尺架　2—砧座　3—固定套管　4—轴套　5—衬套　6—微分筒　7—测微螺杆
8—罩壳　9—弹簧　10—棘爪销　11—棘轮盘　12—螺钉　13—手柄

（2）千分尺的读数　千分尺测微螺杆右端螺纹的螺距为0.5mm。当微分筒转一周时，测微螺杆就移动0.5mm，微分筒前端圆锥面的圆周上共刻有50格，因此当微分筒转一格，测微螺杆就移动0.01mm，即0.5mm÷50=0.01mm。

固定套管上刻有间距为0.5mm的刻线。

千分尺的读数分为以下三步：

1）读出微分筒边缘在固定套管的哪个尺寸后面。

2）微分筒上哪一格与固定套管上的基准线对齐。

3）把两个读数相加即得到实测尺寸，如图1-13所示。

（3）千分尺的使用方法　用千分尺测量工件时，可以单手操作，也可以双手操作，具体方法如图1-14所示。

使用外径千分尺应注意以下几点：

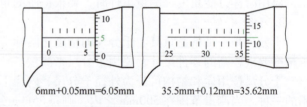

6mm+0.05mm=6.05mm　　35.5mm+0.12mm=35.62mm

图 1-13 千分尺的读数方法

1）千分尺的测量面应保持干净，使用前应校准尺寸。对测量范围为0~25mm的千分尺应将两测量面接触，此时微分筒上零线应与固定套管上基准线对齐，否则应先进行调正。对测量范围在25mm以上的千分尺则用标准样棒来校准。

2）测量时，先转动微分筒，当测量面接近工件时，改用棘轮，直到棘轮发出吱吱声为止。

3）测量时，千分尺要放正，并要注意温度的影响。

4）不能用千分尺测量毛坯，更不能当工件转动时测量。

5）测量完毕，千分尺应保持干净，放置时测量范围为0~25mm的千分尺两测量面之间应保持一定间隙。

（4）其他千分尺　除了外径千分尺，还有内径千分尺（图1-15）、深度千分尺（图1-16）和螺纹千分尺（图1-17）等。

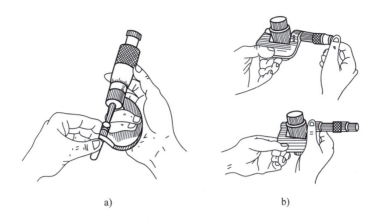

图 1-14 千分尺使用方法
a) 单手操作外径千分尺　b) 双手操作外径千分尺

1) 内径千分尺，它是用来测量零件内径和槽宽等尺寸的。其刻线方向与外径千分尺的刻线方向相反。测量范围有 5～30mm 和 25～50mm 等，读数步骤和方法与外径千分尺相同。

2) 深度千分尺，它是用来测量台阶长度和槽或孔的深度的。其结构与外径千分尺基本相同，但它的测微螺杆长度可根据工件尺寸不同进行调换。

3) 螺纹千分尺，它是用来测量螺纹中径的，其结构与外径千分尺相似。它有两个可调换的测头 1 和 2（图 1-17），测头的角度与螺纹牙型角相同，可用于测量螺距为 0.4～6mm 的普通螺纹。

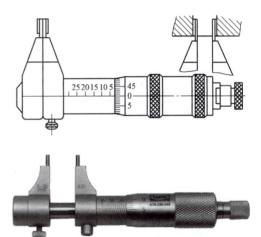

图 1-15 内径千分尺

4. 指示表

指示表是在零件加工或机器装配、修理时用于检验尺寸精度和形状精度的一种量具。分度值为 0.01mm 的指示表称为百分表，分度值为 0.001mm 和 0.002mm 的指示表称为千分表。测量范围有 0～3mm、0～5mm、0～10mm 等规格。其他还有杠杆指示表和内径指示表等。

(1) 指示表的结构　图 1-18 所示为百分表，图中 1 是淬硬的测头，用螺纹旋入测杆 2 的下端。测杆 2 的上端铣出齿纹。当测杆上升时，带动 $z=16$ 的小齿轮 3，在小齿轮 3 的同一轴上装有 $z=100$ 的大齿轮 4，该齿轮带动中间 $z=10$ 的小齿轮 10。在小齿轮 10 同一轴上装有长指针 7，因此长指针就随着一起转动。在小齿轮 10 的另一边装有另一只大齿轮 9，齿轮轴下端装有游丝，用来消除齿轮间的间隙，确保测量精度。齿轮轴上端装有短指针 8，用来记录长指针的转数，长指针转 1 周，短指针转 1 格。在表盘 5 上刻有线条，共分 100 格。转动表圈 6 可带动表盘 5 一起转动，从而调正表盘刻线与长指针的相对位置。

百分表内测杆和齿轮的齿距是 0.625mm，当测杆上升 16 齿时（即上升 0.625mm×16 = 10mm），$z=16$ 的小齿轮转 1 周，$z=100$ 的大齿轮也转 1 周，带动 $z=10$ 的小齿轮和长指针转 10 周。当测杆移动 1mm 时，长指针转 1 周。由于表盘上共刻有 100 格，所以长指针每转

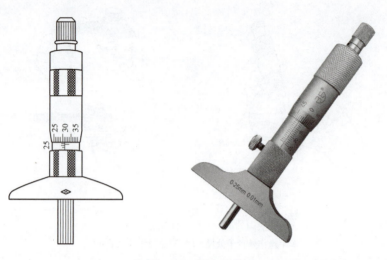

图 1-16 深度千分尺

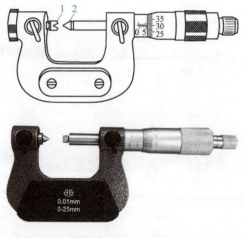

图 1-17 螺纹千分尺
1、2—可调换的测头

图 1-18 百分表
1—测头 2—测杆 3、10—小齿轮
4、9—大齿轮 5—表盘 6—表圈
7—长指针 8—短指针

1 格表示齿杆移动 0.01mm。

（2）指示表的使用　指示表使用时可装在专用表架上或磁性表架上，如图 1-19 所示。表架放在平板上或某一位置上（测量需要）。表架上的接头和伸缩杆可以调节指示表的上下、前后及左右位置。使用时应注意以下几点：

1）指示表装在表架上后，一般转动表盘，使指针处于零位。

2）测量平面或圆柱形工件时，指示表的测头应与平面垂直或与圆柱形工件中心线垂直。否则，指示表测杆移动不灵活，测量结果不准确。

3）使用指示表测量时，测杆的升降范围不宜太大，以减少由于存在间隙而产生误差。

项目1 钳工初级基础知识

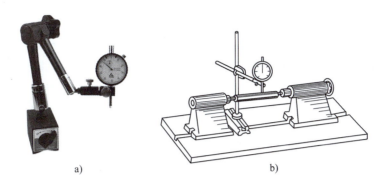

图1-19 指示表安装方法
a）在磁性表架上安装指示表 b）在专用检验工具上安装指示表

（3）其他指示表

1）杠杆指示表，如图1-20a所示。这种指示表小巧灵活，常用于车床、磨床上找正工件的安装位置，或用于普通指示表不便使用的场合。杠杆指示表的结构原理如图1-20b所示。测头1与扇形齿板2用板11连接，当测头向上或向下摆动时，扇形齿轮就带动小齿轮3转动。与小齿轮3同轴的端面齿轮4也随之转动，从而带动小齿轮5。当小齿轮5转动时，同轴的指针6也随之转动，即可在表盘上读出读数。转动表圈7，可调整表盘刻线与指针的相对位置。

由于测头1与板11之间仅靠摩擦力连接，所以测头可以自上向下摆动，也可以自下向上摆动。这样就使得在测量难以接近表面时，能把测头安置到所要求的位置上。当需要改变测头方向时，只要摆动表壳侧面的扳手8，通过钢丝9和挡销10，就可使扇形齿偏下面或偏上面，从而使测头处在所需的方向。

2）内径指示表，如图1-21所示。内径指示表可用来测量孔径和孔的形状误差，对于深孔的测量极为方便。

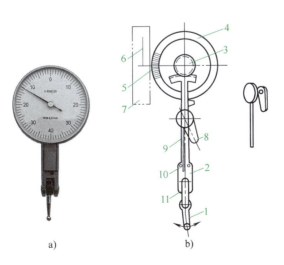

图1-20 杠杆指示表
a）外形图 b）原理图
1—测头 2—扇形齿板 3、5—小齿轮 4—端面齿轮
6—指针 7—表圈 8—扳手 9—钢丝 10—挡销 11—板

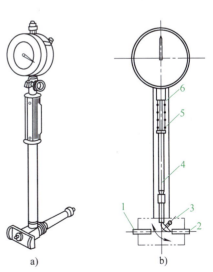

图1-21 内径指示表
a）外形图 b）原理图
1—可换测头 2—量杆 3—摆块
4—杆 5—弹簧 6—测头

由图1-21b可知，内径指示表在测量头端部有可换测头1和量杆2。测量内孔时，孔壁使量杆2向左移动而推动摆块3，摆块3把杆4向上推，就推动指示表测头6，从而使指示表指针指出读数。测量完毕后，在弹簧5的作用下，量杆就回到原位。

通过更换可换测头1，可改变内径指示表的测量范围。内径指示表的测量范围有6~10mm、10~18mm、18~35mm、35~50mm、50~100mm、100~160mm、160~250mm等。

内径指示表的示值误差较大，一般为±0.015mm。因此，在每次测量前都必须用外径千分尺校对尺寸。

5. 水平仪

水平仪主要用来检验平面对水平或垂直位置的误差，也可用来检验机床导轨的直线度误差、机件相互平行表面间的平行度误差、相互垂直表面间的垂直度误差以及机件上的微小倾角等。

水平仪有条式水平仪、框式水平仪以及比较精密的合像水平仪等。常用的是框式水平仪。

（1）框式水平仪　框式水平仪有150mm×150mm、200mm×200mm和300mm×300mm等几种规格，其分度值有0.04mm/1000mm、0.02mm/1000mm及0.01mm/1000mm等几种，钳工常用的是200mm×200mm、分度值为0.02mm/1000mm的框式水平仪。

框式水平仪由框架和水准器（封闭玻璃管）组成。框架的测量面上制有V形槽，便于测量圆柱形零件，如图1-22所示。

玻璃管内壁应呈一定曲率半径的弧状，内装乙醇等流动性较好的液体，并留有一定长度的气泡。水平仪的读数是以气泡偏移一格，表面所倾斜的角度φ（或气泡偏移一格，表面在1m内倾斜的高度差Δh）来表示。

若把0.02mm/1000mm的水平仪放在1000mm长的直尺上，把直尺一端垫高0.02mm，即相当于水平仪倾斜角度$\varphi=4''$，这时水平仪气泡便移动一格，如图1-23所示。如果水平仪放在200mm长的垫板上，其一端垫高0.004mm，则水平仪倾斜的角度也同样为$\varphi=4''$，此时气泡也移动一格。因此，如果两点间距离不等于1000mm时，就应进行换算，其公式为

$$\Delta h = L\alpha$$

式中　Δh——水平仪移动一格时两支点在垂直面内投影距离的绝对值（mm）；

　　　L——两支点距离（mm）；

　　　α——水平仪分度值（0.02mm/1000mm）。

　　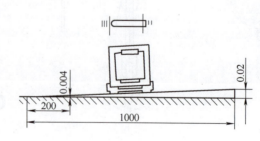

图1-22　框式水平仪　　　　图1-23　水平仪刻线原理

例　将一分度值为0.02mm/1000mm的水平仪放在长度为800mm直尺上，要使水平仪气泡移动一格，那么在直尺一端应垫多少厚度？

解 $\Delta h = L\alpha = 800\text{mm} \times \dfrac{0.02\text{mm}}{1000\text{mm}} = 0.016\text{mm}$

（2）水平仪使用方法

1）根据测量精度要求，选用合适的水平仪。因为水平仪精度越高，稳定气泡的时间越长，成本也越高，且需要精心维护。

2）测量前，应仔细擦净表面，并检查被测表面有无毛刺，发现毛刺可用磨石打磨。

3）为减少水平仪测量面的磨损，不可将水平仪在被测表面上拖动，最好将水平仪放置在特制的垫板上使用。常用的垫板形状如图1-24所示。

4）测量时不应对准气泡呼吸或用手擦摸气泡，尽量避免过冷和过热，更不允许有任何的撞击。

6. 塞尺

塞尺可用来检验两个结合面之间的间隙大小。钳工也常将工件放在标准平板上，然后通过用塞尺检测工件与平板之间的间隙来确定工件表面的平面度情况。

塞尺具有两个平行的测量平面，如图1-25所示，其长度有50mm、100mm和200mm，厚度为0.03~0.1mm，中间每片相隔0.01mm，厚度为0.1~1mm，则中间每片相隔0.05mm。

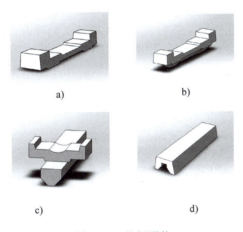

图1-24 垫板形状

a）用于平面导轨 b）、c）用于V形导轨
d）用于棱形导轨

图1-25 塞尺

使用塞尺时，根据尺寸需要，可用一片或数片重叠在一起使用，但是应尽量减少重叠片数，以减小积累误差。测量时若用0.03mm一片能插入，而用0.04mm一片不能插入，这说明间隙在0.03~0.04mm之间，所以塞尺也是一种界限量规。使用塞尺时要注意以下几点：

1）使用前清除工件和塞尺上的灰尘和油污。

2）测量时不能用力太大，以免塞尺弯曲和折断。

1.2.2 钳工常用设备

1. 钳桌

钳桌是钳工专用的工作台，是用来安装台虎钳、放置工具和工件的。钳桌有多种式样，有木制的、钢结构的或在木制的台面上覆盖铁皮的。其高度为800~900mm，长度和宽度可随工作需要而定，如图1-26所示。

2. 台虎钳

台虎钳装在钳桌上，用来夹持工件，其规格是用钳口宽度表示的，常用的有 100mm、125mm 和 150mm 等。

台虎钳有固定式和回转式两种，如图 1-27 所示。两者的主要结构基本相同，由于回转式台虎钳的整个钳身可以回转，能满足工件各种不同方位的加工需要，使用方便，应用广泛。

（1）回转式台虎钳的结构　如图 1-27b 所示，其主要有固定钳身 9、活动钳身 12 两部分，通过转盘底座 8 上三个螺栓固定在钳桌上。固定钳身装在转盘底座上，并能在转盘底座上绕其轴线转动，当转到合适的加工位置时，利用手柄 6 使夹紧螺钉旋紧，并通过夹紧盘 7 使固定钳身与转盘底座紧固。螺母 5 固定在固定钳身上，活动钳身导轨与固定钳身导轨孔相滑配，

图 1-26　钳桌

螺杆 1 穿过活动钳身与螺母配合，当摇动手柄 2 使螺杆旋转时，便带动活动钳身相对固定钳身产生移动，完成夹紧或松开工件的动作。在夹紧工件时，为避免螺杆受到冲击力，以及松开工件时活动钳身能平稳地退出，螺杆 1 上套有弹簧 11 并用挡圈 10 将其固定。为了防止钳口磨损，在台虎钳上通过螺钉 4 装有钢制钳口 3，其上有交叉的斜纹，用来夹紧工件使其不易滑动。钳口经淬火以延长使用寿命。

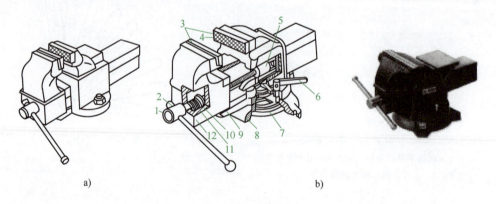

图 1-27　台虎钳

a）固定式　b）回转式

1—螺杆　2、6—手柄　3—钢制钳口　4—螺钉　5—螺母　7—夹紧盘　8—转盘底座
9—固定钳身　10—挡圈　11—弹簧　12—活动钳身

（2）台虎钳的使用和维护

1）台虎钳安装在钳桌上，必须使固定钳身的钳口工作面处于钳桌边缘之外，以便在夹持长工件时不受钳桌边缘的阻碍。

2）台虎钳必须牢固地固定在钳桌上，两个夹紧螺钉须拧紧，以免有松动现象，保证加工质量。

3）夹紧工件时只允许依靠手的力量来扳动手柄，不能用锤子敲击手柄或套上长管子来扳手柄，以免螺杆、螺母或钳床损坏。

项目1　钳工初级基础知识

4）强力作业时，应尽量使力量朝向固定钳身，避免螺杆、螺母受力过大而造成损坏。
5）不允许在活动钳身的光滑平面上进行敲击作业。
6）螺杆、螺母和其他活动表面上都要经常加油并保持清洁。

1.3　金属切削原理、刀具几何角度及切削要素

1.3.1　金属切削原理

金属切削原理的主要内容有：刀具材料的性能与选用；刀具切削部分的几何参数；切削过程的现象与变化规律；被切削材料的可加工性；提高加工表面质量与经济效益的方法；车削、钻削、铣削、磨削的特点等。这些内容又可以归纳为以下两个方面的问题：

1. 几何问题

几何问题主要指刀具的几何参数及相互关系。一般先熟悉车刀几何角度，掌握定义、画图标注以及基本的换算方法。进而在车刀、钻头、铣刀、铰刀、螺纹刀具、切齿刀具等各类刀具中反复应用，不断深化提高，切实掌握。

2. 规律问题

规律问题主要指切削变形、切削力、切削温度、刀具磨损等规律。首先应认识切削变形规律，进而学习切削力、切削温度、刀具磨损等规律。通过学习有关加工表面质量、切削加工的经济性等内容，逐渐掌握切削规律在生产中的应用方法。

1.3.2　金属切削刀具的几何角度

1. 车刀的辅助基面

车刀的切削部分由刀尖、主切削刃、副切削刃和前、后面组成，在空间形成一定的位置关系，为了度量和标注车刀上这些重要的点、线、面及几何角度，必须建立静止参考系坐标平面，如图1-28所示。

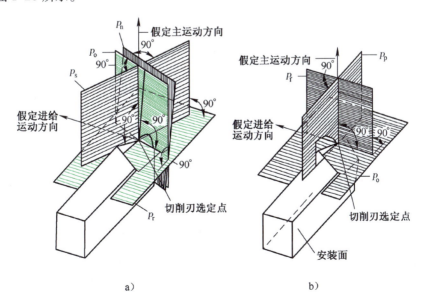

图1-28　刀具静止参考系坐标平面

（1）基面 p_r　过切削刃选定点并和该点假定主运动方向垂直的面。

（2）切削平面 p_s　过切削刃选定点与切削刃相切并垂直于基面的平面。选定点在主切削刃上的为主切削平面 p_s，选定点在副切削刃上的为副切削平面 p_s'。$p_s \perp p_r$。

（3）正交平面 p_o　过切削刃选定点同时垂直于基面和切削平面的平面。选定点在主切削刃上的为正交平面 p_o，选定点在副切削刃上的为副正交平面 p_o'。正交平面和切削刃在基面上的投影互相垂直。$p_o \perp p_r$，$p_o \perp p_s$。

（4）法平面 p_n　过切削刃选定点并垂直于切削刃的平面。$p_n \perp p_s$。当 $p_n \perp p_r$ 时，p_n 和 p_o 重合为同一平面。

（5）假定工作平面 p_f　又称进给剖面，它是过切削刃选定点并垂直于基面且与假定进给运动方向平行的剖面。

（6）背平面 p_p　又称切深平面，它是过切削刃选定点且同时垂直于基面和假定工作平面的平面。当 $p_f \perp p_s$ 时，p_s 和 p_p 重合为同一平面。

2. 车刀的主要几何角度

（1）主偏角 κ_r　主切削平面 p_s 与假定工作平面 p_f 之间的夹角，在基面 p_r 中度量标注。

（2）副偏角 κ_r'　副切削平面 p_s' 与假定工作平面 p_f 之间的夹角，在基面 p_r 中度量标注。

（3）刃倾角 λ_s　主切削刃 S 与基面 p_r 之间的夹角，在主切削平面 p_s 中度量标注。以 p_r 为基准，当 S 在选定点以后的部分位于 p_r 之上时（刀尖位置最低），规定 $\lambda_s < 0°$，也称为负 λ_s。当 S 在选定点以后的部分位于 p_r 之下时（刀尖位置最高），规定 $\lambda_s > 0°$，也称为正 λ_s。当 S 位于 p_r 上时，则 $\lambda_s = 0°$。

（4）刀尖角 ε_r　主、副切削平面之间的夹角，也在基面 p_r 中度量标注，$\varepsilon_r + \kappa_r + \kappa_r' = 180°$。

（5）前角 γ_o　前面 A_γ 与基面 p_r 之间的夹角，在正交平面 p_o 中度量标注。以 p_r 为基准，当 A_γ 在 p_r 之上时规定 $\gamma_o < 0°$，为负前角。当 A_γ 在 p_r 之下时规定 $\gamma_o > 0°$，为正前角。当 A_γ 和 p_r 重合时，$\gamma_o = 0°$。

（6）后角 α_o　后面 A_α 与切削平面 p_s 之间的夹角，在正交平面 p_o 中度量标注。副后面 A_α' 与副切削平面 p_s' 之间的夹角称为副后角，记作 α_o'，在副正交平面 p_o' 中度量标注。前、后面之间的夹角 β_o 称作楔角，在 p_o 中度量标注。由于 $p_s \perp p_r$，所以 $\gamma_o + \alpha_o + \beta_o = 90°$。

3. 车刀角度的标注

外圆车刀角度的投影表达如图 1-29 所示。

4. 刀具刃磨的基本要求

（1）砂轮的选用　常用的有白色的氧化铝砂轮和灰绿色的碳化硅砂轮两种。

氧化铝砂轮：适用于刃磨高速钢、碳素工具钢等刀具以及硬质合金刀的刀杆部分。

碳化硅砂轮：适用于刃磨硬质合金的刀片部分。

刃磨时先进行各刀面的粗磨，随后进行各刀面的精磨。

（2）刀具角度的检测

① 目测法。观察刀具角度是否合乎要求，切削刃是否锋利，表面是否有裂痕和其他缺陷。

② 用样板测量。

③ 用量角器测量。角度要求精准的刀具用量角器进行测量。

（3）安全注意事项　可参考项目2中砂轮机的安全操作知识。

1.3.3　金属切削的切削要素

1. 切削运动与切削层

（1）主运动　主运动是进行切削时最主要的、消耗动力最多的运动，它使刀具与工件

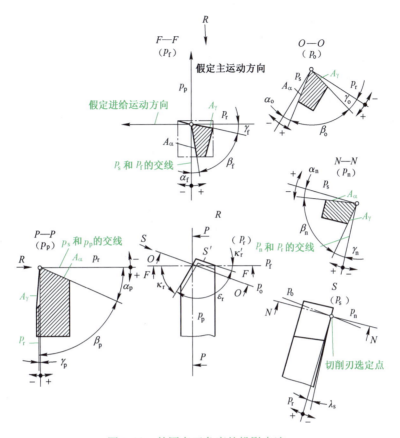

图 1-29 外圆车刀角度的投影表达

之间产生相对运动。车削、镗削的主运动是机床主轴的旋转运动。

（2）进给运动 进给运动是刀具与工件之间产生的附加相对运动，以保持切削能连续进行。

（3）切削层 切削时刀具切过工件的一个单程所切除的工件材料层为切削层。

2. 切削用量、切削时间与材料切除率

（1）切削速度 v_c 切削刃选定点相对于工件主运动的瞬间速度，单位为 m/s（m/min）。切削时的切削速度计算式为

$$v_c = \frac{\pi d n}{1000} = \frac{dn}{318}$$

式中 n——工件或刀具的转速（r/min）；

d——工件或刀具选定点的旋转直径（mm）。

（2）进给量 f 刀具在进给运动方向上相对于工件的位移量，可用工件或刀具每转（行程）的位移量来度量，单位为 mm/r。

（3）进给速度 v_f 切削刃选定点相对于工件进给运动的瞬时速度，单位为 mm/s（mm/min、m/min）。

进给速度的计算式为

$$v_f = nf$$

(4) 背吃刀量 a_p　垂直于进给速度方向测量的切削层最大尺寸，单位为 mm。

(5) 切削时间（机动时间）t_m　切削时直接改变工件尺寸、形状等工艺过程所需的时间，它是反映切削效率高低的一个指标。

(6) 材料切除率 Q　单位时间内所切除材料的体积。它是衡量切削效率高低的另一个指标，单位为 mm^3/min。

材料切除率的计算式为

$$Q = 1000 a_p f v_c$$

1.4　尺寸公差和测量知识

机械零件在加工过程中，不可避免地会产生各种误差。尺寸误差直接决定了两个相互配合零件的配合性质，只要把零件的尺寸误差控制在允许变动的范围内，就能满足互换性的要求。尺寸公差用于限制零件的制造尺寸误差，它代表公差带的大小并影响配合精度。加工后的零件是否满足公差要求，则需要通过检测加以判断。检测不仅用于判断零件合格与否，而且用于分析零件不合格的原因，便于及时调整生产、监督工艺过程，预防废品产生。

1.4.1　尺寸及公差

1. 尺寸

尺寸是以特定单位表示线性长度的数值。尺寸表示长度的大小，由数字和长度单位组成。所谓特定单位是因为在机械制图中，图样中的尺寸通常以毫米（mm）为单位。当以毫米（mm）为单位时，在标注时允许仅标注数字而将单位（mm）省略。当图样中不是以 mm 为单位时，则必须完整地标注数字和单位。

2. 公称尺寸

公称尺寸是由图样规范确定的理想形状要素的尺寸。公称尺寸可以是一个整数或是一个小数值。通过公称尺寸并应用上、下极限偏差可以计算出极限尺寸。

3. 极限尺寸

极限尺寸是指允许尺寸变化的两个极限值。极限尺寸是根据设计要求确定的，其目的是限制实际尺寸的变动范围，其中较大的称为上极限尺寸"max"，较小的称为下极限尺寸"min"。极限尺寸可以大于、等于或小于公称尺寸（见图1-30）。

4. 局部尺寸

1) 提取组成要素的局部尺寸：一切提取要素上两对应点之间距离的统称，简称提取要素的局部尺寸。

2) 提取圆柱面的局部尺寸：要素上两对应点之间的距离。其中两对应点之间的连线通过拟合圆的圆心，横截面垂直于由提取表面得到的拟合圆柱面的轴线。

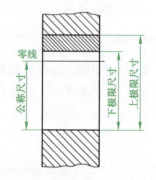

图1-30　公称尺寸、极限尺寸

3) 两平行提取表面的局部尺寸：两平行对应提取表面上两对应点之间的距离。其中所有对应点的连线均垂直于拟合中心平面，拟合中心平面是由两平行提取表面得到的两拟合平行平面的中心（两拟合平行平面之间的距离可能与公称距离不同）。

5. 尺寸公差

尺寸公差是指上极限尺寸与下极限尺寸之差，或上极限偏差与下极限偏差之差，它是允许的尺寸变动量。公差表示一个尺寸的变动范围，是一个绝对值，在公差数值前面不可冠以符号。

6. 公差带

公差带是在公差带图解中，由代表上极限偏差和下极限偏差或上极限尺寸和下极限尺寸的两条直线所规定的一个区域，或是由一个或几个理想的几何线或面所规定的、由线性公差值表示其大小的区域。它是由公差大小和其相对零线的位置（如基本偏差）来确定的（见图1-31）。

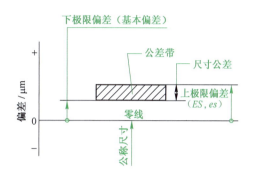

图1-31 公差带图解

（1）上极限偏差代号　标准规定上极限偏差代号，孔用大写字母 ES 表示，轴用小写字母 es 表示。

（2）下极限偏差代号　标准规定下极限偏差代号，孔用大写字母 EI 表示，轴用小写字母 ei 表示。

7. 标准公差与等级代号

标准公差是线性尺寸公差 ISO 代号体系中的任一公差。标准公差等级代号由字母 IT 和数字组成。当标准公差与代表基本偏差的字母一起组成公差带时，省略 IT 字母。

公称尺寸在 0~500mm 内规定了 IT01、IT0、IT1~IT18 共 20 个标准公差等级，公称尺寸在 500~3150mm 内规定了 IT1~IT18 共 18 个标准公差等级。公称尺寸大于 500mm 的 IT1~IT5 的标准公差值为试行的。公称尺寸小于或等于 1mm 时，无 IT14~IT18。同一公差等级对所有公称尺寸的一组公差被认为具有同等精程度。不同尺寸的 IT 值通过查表可得。

在基本偏差代号中，对孔用大写字母 A、…、ZC 表示，对轴用小写字母 a、…、zc 表示（见图1-32），代号各 28 个。基本偏差 H 代表基准孔，h 代表基准轴。为了避免在使用代号中出现混淆，不用下列字母：I、i，L、l，O、o，Q、q，W、w。

1.4.2 轴、孔与基准

1. 轴

轴通常是指工件的圆柱形外尺寸要素，也包括非圆柱形的外尺寸要素（由两平行平面或切面形成的被包容面）。

2. 基准轴

基准轴是在基轴制配合中选作基准的轴。在国家标准中，选作基准（即上极限偏差为零）的轴，用"h"表示。

例：$\phi 35h7$mm，基轴制，直径为 $\phi 35$mm 的轴，标准公差等级为 IT 7，查表得尺寸为 $\phi 35_{-0.025}^{0}$ mm。

3. 孔

孔通常是指工件的圆柱形内尺寸要素，也包括非圆柱形的内尺寸要素（由两平行平面或切面形成的包容面）。

4. 基准孔

基准孔是在基孔制配合中选作基准的孔。在国家标准中，选作基准（即下极限偏差为

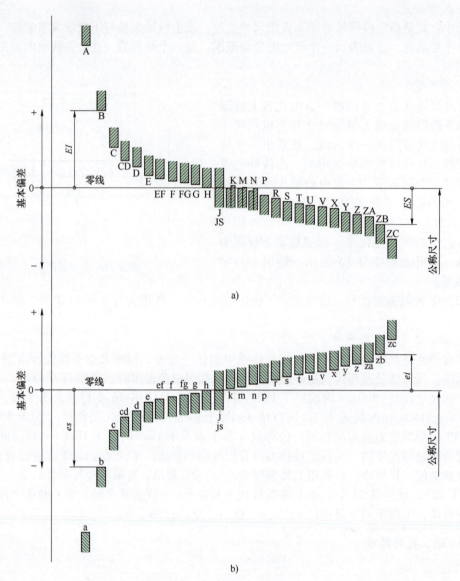

图 1-32 基本偏差系列示意图
a) 孔　b) 轴

零)的孔，用"H"表示。

例：φ35H7mm，基孔制，直径为φ35mm的孔，标准公差等级为IT 7，查表得尺寸为 $\phi 35^{+0.025}_{\ \ 0}$ mm。

5. 基准

基准是与被测要素有关且用来确定其几何位置关系的一个几何拟合（理想）要素（如轴线、直线、平面等），可由零件上的一个或多个要素组成。

6. 基准要素

基准要素是零件上用来建立基准并实际起基准作用的实际要素（如一条边、一个表面或一个孔）。由于基准要素必然存在着加工误差，因此在建立基准时应对其规定适当的几何公差。

7. 基准符号

基准是用来建立关联要素之间几何关系的基础。GB/T 1182—2018《产品几何技术规范（GPS） 几何公差形状、方向、位置和跳动公差标注》中规定：与被测要素相关的基准用一个大写字母表示，字母标注在基准方格内，与一个填充的或空白的基准三角形（见图1-33）连接到相应要素；表示基准的字母还应标注在公差框格内，填充的和空白的基准三角形含义相同。

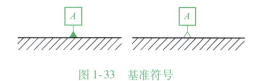

图1-33　基准符号

1.4.3　配合公差与配合

1. 配合公差

配合公差是组成配合的孔与轴的尺寸公差之和，它是允许间隙或过盈的变动量。配合公差是一个没有符号的绝对值。配合制是同一极限制的孔和轴组成的一种配合制度。

（1）基孔制配合　是基本偏差为一定的孔的公差带，与不同基本偏差的轴的公差带形成各种配合的一种制度。在国家标准中，基孔制是孔的下极限尺寸与公称尺寸相等，即孔的下极限偏差为零的一种配合制度（见图1-34）。图中水平实线代表孔或轴的基本偏差，虚线代表另一个极限，表示孔与轴之间可能的不同组合与它们的公差等级有关。

（2）基轴制配合　是基本偏差为一定的轴的公差带，与不同基本偏差的孔的公差带形成各种配合的一种制度。在国家标准中，基轴制是轴的上极限尺寸与公称尺寸相等，即轴的上极限偏差为零的一种配合制度（见图1-35）。图中水平实线代表孔或轴的基本偏差，虚线代表另一个极限，表示孔与轴之间可能的不同组合与它们的公差等级有关。

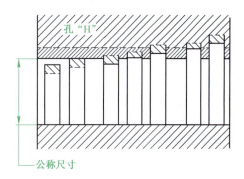

图1-34　基孔制配合示意图

2. 配合

配合是公称尺寸相同且相互结合的孔和轴公差带之间的关系。配合分基孔制配合与基轴制配合两种，一般情况下优先选用基孔制配合。在国家标准中，将配合分为间隙配合、过渡配合和过盈配合，配合种类的确定取决于孔、轴公差带的相互关系。

在基孔制（基轴制）配合中：基本偏差 a～h（A～H）用于间隙配合，基本偏差 j～k（J～K）用于过渡配合，基本偏差 m～zc（M～ZC）用于过盈配合。

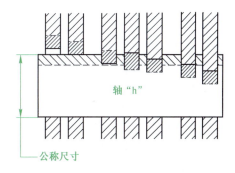

图1-35　基轴制配合示意图

（1）间隙配合　具有间隙（包括最小间隙等于零）的配合称为间隙配合。

1）间隙：孔的尺寸减去相配合的轴的尺寸为正（见图1-36）。

2）最小间隙：在间隙配合中，孔的下极限尺寸与轴的上极限尺寸之差（见图1-37）。

3)最大间隙:在间隙配合或过渡配合中,孔的上极限尺寸与轴的下极限尺寸之差(见图1-37和图1-38)。

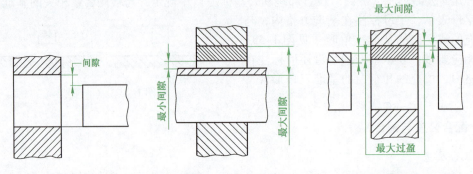

图1-36 间隙示意图　　图1-37 间隙配合示意图　　图1-38 过渡配合示意图

(2)过渡配合　可能具有间隙或过盈的配合称为过渡配合。此时,孔的公差带与轴的公差带相互交叠(见图1-39)。过渡配合用基本偏差符号 j(J)、js(JS)、k(K)表示。大部分基本偏差 j(J)和 k(K)是标准公差带,不对称于零线的两侧,基本偏差 js 和 JS 是标准公差,对称于零线的两侧(见图1-40)。

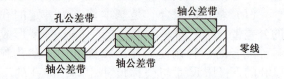

图1-39 过渡配合时轴、孔的公差带

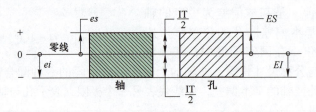

图1-40 基本偏差 js 和 JS 示意图

(3)过盈配合　具有过盈(包括最小过盈等于零)的配合称为过盈配合。此时,孔的公差带在轴的公差带之下(见图1-41)。在过盈配合中,孔的上极限尺寸与轴的下极限尺寸的差值为最小过盈 Y_{min},是孔、轴配合的最松状态;孔的下极限尺寸与轴的上极限尺寸的差值为最大过盈 Y_{max},是孔、轴配合的最紧状态。

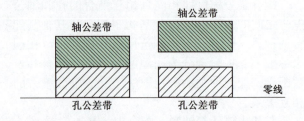

图1-41 过盈配合示意图

(4)三种配合类别的区别

1)间隙配合。

① 孔的实际尺寸永远大于或等于轴的实际尺寸。

② 孔的公差带在轴的公差带的上方。

③ 允许孔轴配合后能产生相对运动。

2）过盈配合。

① 孔的实际尺寸永远小于或等于轴的实际尺寸。

② 孔的公差带在轴的公差带的下方。

③ 允许孔轴配合后使零件位置固定或传递载荷。

3）过渡配合。

① 孔的实际尺寸可能大于或小于轴的实际尺寸。

② 孔的公差带与轴的公差带相互交叠。

③ 孔轴配合时，可能存在间隙，也可能存在过盈。

1.5 划 线

1.5.1 划线常用的工具及其使用方法

根据图样或实物的尺寸，在工件表面（毛坯表面或已加工表面）划出零件的加工界线，这种操作称为划线。

划线不但能使零件在加工时有一个明确的界线，而且能及时发现和处理不合格的毛坯，避免加工后造成损失。当毛坯误差不大时，可通过划线的借料得到补救。此外，划线还便于复杂工件在机床上安装、找正和定位。

划线分平面划线和立体划线两种。平面划线是在工件的一个表面上划线，即明确反映出加工界线，如图 1-42 所示是在板料上的划线。同时要在工件几个不同表面（通常是互相垂直、反映工件三个方向尺寸的表面）上都划线才能反映出加工界线，这种划线称为立体划线，如在支架箱体上划线，如图 1-43 所示。

在划线工作中，为了保证尺寸的正确性和达到较高的工作效率，必须熟悉各种划线工具及其正确使用的方法，以及各种显示涂料的应用方法。

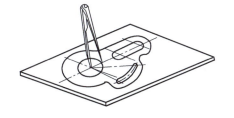

图 1-42　平面划线

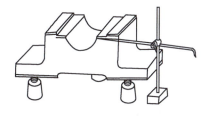

图 1-43　立体划线

1. 划线平板

划线平板是划线的基本工具，一般由铸铁制成，工作表面经过精刨或刮削加工，如图 1-44 所示。

划线平板表面是划线的基本平面，其平整性直接影响划线的质量，因此安装时必须使工作平面（即平板面）保持水平位置。在使用过程中要保持清洁，防止切屑、灰砂等在划线工具或工件移动时划伤平板表面。划线时工件和工具在平板上要轻放，防止台面受撞击，更不允许在平板上进行任何敲击工作。划线平板各处要平均使用，避免局部地方起凹，影响平板的平整性。平板使用后应擦净，涂油防锈。

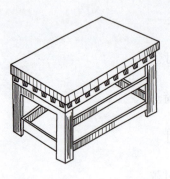

图1-44 划线平板

2. 划针

划针是划线时用来在工件上划线条的工具，划线时一般要与钢直尺、直角尺或样板等导向工具配合使用。

划针通常用工具钢或弹簧钢丝制成，其长度为200～300mm，直径为3～6mm，尖端磨成10°～20°角，并经淬火。为了使针尖更锐利耐磨，划出的线条更清晰，可以焊上硬质合金后磨锐，如图1-45所示。

划线时，划针尖端要紧贴导向工具移动，上部向外侧倾斜15°～20°角，向划线方向倾斜45°～75°角，如图1-46所示。

用钝了的划针可在砂轮或磨石上磨锐后再使用，否则划出的线条过粗而不精确。

3. 划规

划规在划线中主要用来划圆和圆弧、等分线段、角度及量取尺寸等。钳工用划规有普通划规、弹簧划规和长划规。划规的脚尖必须坚硬，才能使金属表面上划出的线条清晰。一般划规用工具钢制成，脚尖经淬火，有的划规还在脚尖上加焊硬质合金，使之更加锋利和耐磨。

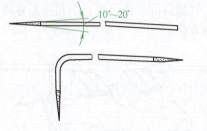

图1-45 划针

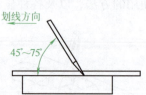

图1-46 划针的使用方法

(1) 普通划规（图1-47a） 其结构简单、制造方便。铆合处松紧要适当，两脚长短要一致。在普通划规上装上锁紧装置，如图1-47b所示，当拧紧锁紧螺钉时，则可保持已调节好的尺寸不会松动。

(2) 弹簧划规（图1-48） 使用时，旋动调节螺母，使调节尺寸方便。该划规结构刚度较差，适用于在光滑表面上划线。

(3) 长划规 又称滑杆划规，如图1-49所示。

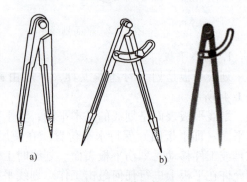

图1-47 普通划规

图 1-48 弹簧划规

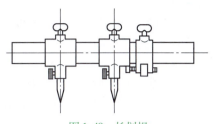

图 1-49 长划规

4. 划线盘

划线盘一般用于立体划线和校正工件的位置。划线盘由底座、立柱、划针和夹紧螺母等组成，如图 1-50 所示。夹紧螺母可将划针固定在立柱的任何位置上。划针的直头端用来划线，为了增加划线时划针的刚度，划针不宜伸出过长。弯头端用来找正工件的位置，如找正工件表面与划线平板平行等。

划线盘使用完毕后，将划针的直头端向下，置于垂直状态，以防伤人和减少所占的空间位置。

5. 高度尺

高度尺由钢尺和底座组成，如图 1-51 所示。它可配合划线盘量取尺寸，确定划针在平板上的高度尺寸。

图 1-50 划线盘

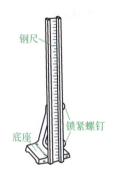

图 1-51 高度尺

6. 宽座直角尺

宽座直角尺如图 1-52 所示，是钳工常用的测量工具，划线时用来划垂直线或平行线，同时可用来校正工件在平台上的垂直位置，如图 1-53 所示。

图 1-52 宽座直角尺

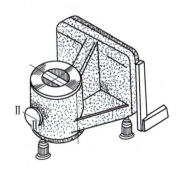

图 1-53 用宽座直角尺校正工件

7. 游标高度卡尺

游标高度卡尺如图 1-54 所示，它是高度尺和划线盘的组合，划线量爪前端镶有硬质合金，它的分度值一般为 0.02mm。

8. 样冲

样冲是在划好的线上打样冲眼用的工具，如图 1-55 所示。打样冲眼的目的是使划出来的线条具有永久性的标记，同时用划规划圆和钻孔中心时也需要打上样冲眼作为圆心的定点。

图 1-54 游标高度卡尺

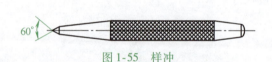

图 1-55 样冲

样冲用工具钢制成，冲尖磨成 45°~60°，并淬火硬化。

样冲眼要满足如下几点要求：

1）样冲眼位置要准确，冲尖对准线条中间。若有偏离或歪斜，必须立即纠正重打。

2）样冲眼距离根据线条的长短、曲直而定。对长的直线条，样冲眼应均匀布点且距离可大些，对短的曲线条，样冲眼距离可小些，在线条的交叉转折处必须冲眼。

3）样冲眼的深浅根据零件表面质量情况而定，粗糙毛坯表面应深些，光滑表面或薄壁工件可浅些，精加工表面禁止打样冲眼。

9. 各种支承工具

支承工具是用来支承和调整划线工件，以保证工件划线位置的正确性。支承工具有 V 形铁、千斤顶、方箱、直角铁等。

（1）V 形铁　V 形铁是用来安放圆形、圆柱形工件（如轴类、套筒类工件）的工具，如图 1-56 所示。圆柱形工件安置在 V 形槽内，它的轴线平行于平面，这样就便于用划线盘或游标高度卡尺找出中心或划出中心线，以及完成其他划线工作。V 形铁一般用铸铁制成。V 形铁应成对加工，

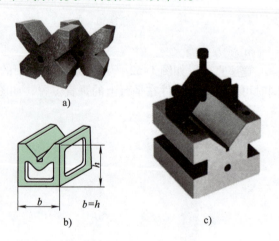

图 1-56 V 形铁的使用

a）普通 V 形铁　b）精密 V 形铁　c）带夹持弓架的 V 形铁

制成相同尺寸，避免因两个 V 形铁尺寸不同而引起误差。

（2）千斤顶　图 1-57 所示为千斤顶，它是用来支承毛坯或不规则工件进行立体划线的，可以调整工件高度。

千斤顶由底座、螺杆、螺母、锁紧螺母等组成，螺杆可上下升降。拧紧锁紧螺母，可以防止已调好的千斤顶松动，从而避免已调整好的高度发生变动。使用千斤顶支承工件时，以三个为一组作为主要支承，对被支承面或体积较大的工件，为使其稳定可靠，可在三个千斤顶间另设支承。为防止工件滑倒造成事故，可采取在工件下面加垫块等安全措施。

（3）方箱　方箱是用灰铸铁制成的空心立方体或长方体，其相对平面互相平行、相邻平面互相垂直，如图 1-58 所示。划线时，可用 C 形夹头将工件夹于方箱上，再通过翻转方箱，便可在一次安装的情况下将工件上互相垂直的线全部划出来。

图 1-57　千斤顶

1—螺杆　2—螺母　3—锁紧螺母　4—螺钉　5—底座

图 1-58　方箱

a）一般方箱　b）特殊方箱

方箱上的 V 形槽平行于相应的平面，用于装夹圆柱形工件。

（4）直角铁　直角铁一般都用铸铁制成，如图 1-59 所示。直角铁有两个互相垂直的平面。直角铁上的孔或槽是搭压板时穿螺栓用的。

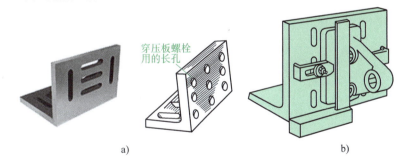

图 1-59　直角铁

a）普通直角铁　b）直角铁的应用

10. 分度头

分度头是用来对工件进行等分、分度的重要工具，也是铣床加工的一个重要附件。

钳工在划线时，将分度头放在划线平板上，工件夹持在分度头的自定心卡盘上，配以划线盘或游标高度卡尺，即可对工件进行分度、等分或划平行线、垂直线、倾斜角度线和圆的等分线或不等分线等，其方法简便，适用于大批量中小零件的划线。

分度头的主要规格是以主轴中心到底面的高度表示的。例如 F11125 万能分度头，主轴中心到底面的高度为 125mm。常用的分度头有 F11100、F11125、F11160 等规格。

（1）分度头结构　分度头外形如图1-60所示，主要由壳体和壳体中部的鼓形回转体、主轴以及分度盘和分度叉等组成。

分度头主轴前端有内锥孔，可以装入顶尖。主轴前端的外螺纹用来安装夹持工件的自定心卡盘。刻度盘固定在主轴上，和主轴一起旋转。

（2）分度头的传动原理　分度头的主要结构和传动系统如图1-61所示。

图1-60　分度头外形

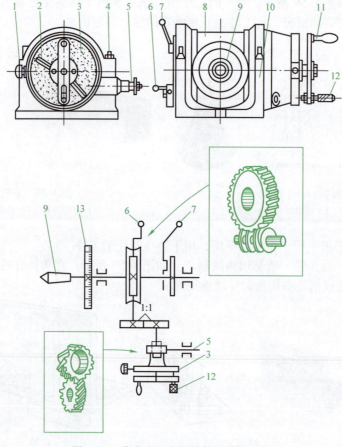

图1-61　分度头的主要结构和传动系统

1—孔盘紧固螺钉　2—分度叉　3—孔盘　4—螺母　5—交换齿轮轴
6—蜗杆脱落手柄　7—主轴锁紧手柄　8—回转体　9—主轴　10—基座
11—分度手柄　12—分度定位销　13—刻度盘

分度头主轴9是空心的，两端均为莫氏4号内锥孔，前端锥孔用于安装顶尖或锥柄心轴，后端锥孔用于安装交换齿轮轴，作为差动分度、直线移距及加工小导程螺旋面时安装交换齿轮之用。主轴的前端外部有一段定位锥体，用于自定心卡盘连接盘的安装定位。

装有分度蜗轮的主轴安装在回转体8内，可随回转体在分度头基座10的环形导轨内转动。因此，主轴除安装成水平位置外，还可在-6°~+90°范围内任意倾斜，调整角度前应松开基座上部靠主轴后端的两个螺母 4，调整之后再予以紧固。主轴的前端固定着刻度盘 13，可与主轴一起转动。刻度盘上有 0°～360°的刻度，可作分度之用。

孔盘（又称分度盘）3 上有数圈在圆周上均布的定位孔，在孔盘的左侧有一孔盘紧固螺钉 1，用以紧固孔盘，或微量调整孔盘。在分度头的左侧有两个手柄：一个是主轴锁紧手柄 7，在分度时应先松开，分度完后再锁紧；另一个是蜗杆脱落手柄 6，它可使蜗杆与蜗轮脱开或啮合。蜗杆和蜗轮的啮合间隙可用偏心套调整。

在分度头右侧有一个分度手柄 11，转动分度手柄时，通过一对转动比为 1∶1 的斜齿圆柱齿轮及一对传动比为 1∶40 的蜗杆副使主轴旋转。此外，分度盘右侧还有一根安装交换齿轮用的交换齿轮轴 5，它通过一对传动比为 1∶1 的交错轴斜齿轮副和空套在分度手柄轴上的分度盘相联系。

（3）简单分度法　简单分度法是分度中最常用的一种方法。分度时，先将分度盘固定，转动手柄使蜗杆带动蜗轮旋转，从而带动主轴和工件转过所需的度（转）数。由分度头的传动系统（图 1-61）可知，分度手柄的转数 n 和工件圆周等分数关系为

$$n = \frac{40}{z}$$

式中　n——分度手柄转数；

　　　　z——工件圆周等分数（齿数或边数）；

　　　　40——分度头定数。

例 1　要划出均匀分布在工件圆周上的 10 个孔，试求每划一个孔的位置后，分度头手柄应转几周后再划第二个孔的位置。

解　根据公式，$n = 40/z = 40/10 = 4$。

答　即每划完一个孔的位置后，手柄应转过 4 周再划第二个孔的位置。

例 2　要在一圆盘端面划出 7 等分线，求每划一条线后，手柄应转过几周后再划第二条线。

解　根据公式，$n = 40/z = 40/7 = 5\frac{5}{7}$。

答　即每划一条线后，手柄应转过 $5\frac{5}{7}$ 周再划第二条线。

由上述例题可见，手柄的转数可能不是整周数，如何使手柄精确地转过 5/7 周？这时就需要利用分度盘一起进行分度。

（4）分度盘的应用　分度盘是分度计数的依据。在分度盘上有若干圈孔数不同、等分准确的孔眼，当分度计算手柄转数值为带分数时，应把其分数部分的分母和分子同时扩大（或缩小）一个倍数，使分母与分度盘某一圈孔数相同。分子就是手柄应在该圈上转过的孔距数。在例 2 中，手柄应转过 5 周后，还要转 5/7 周，这时可根据分度盘某一圈的孔数（如 28），$\frac{5}{7} \times \frac{4}{4} = \frac{20}{28}$，于是就可在 28 孔的孔圈内转过 20 个孔距。若分度盘某一圈的孔数为 42，也可将 $\frac{5}{7} \times \frac{6}{6} = \frac{30}{42}$，即在 42 孔的孔圈内转过 30 个孔距。还可以扩大为其余多种倍数值，选用哪一种较好？经验证明，应尽可能选用孔圈数较多的孔圈，准确度比较高，同时摇动也比较方便。

万能分度头附带的分度盘有一块、二块和三块的。分度盘各圈的孔数见表 1-2。

表 1-2　分度盘各圈的孔数

分度盘数量	分度盘各圈的孔数	
带一块分度盘	正面：24，25，28，30，34，37，38，39，41，42，43 反面：46，47，49，51，53，54，57，58，59，62，66	
带两块分度盘	第一块	正面：24，25，28，30，34，37 反面：38，39，41，42，43
	第二块	正面：46，47，49，51，53，54 反面：57，58，59，62，66
带三块分度盘	第一块　15，16，17，18，19，20 第二块　21，23，27，29，31，33 第三块　37，39，41，43，47，49	

使用分度盘时，结合分度叉的使用可解决分度手柄不是整转数的分度问题，分度叉使分度准确而迅速。为了避免每分度一次都要计算孔数，可利用分度叉来计算，在转动手柄前要调整好分度叉，两叉脚间的夹角可按分度时的孔距数进行调整，如图 1-62 所示。松开分度叉紧固螺钉，可任意调整两叉之间的孔数。为了防止分度手柄带动分度叉转动，用弹簧片将它压紧在分度盘上。分度叉两叉之间的实际孔数，应比所需的孔距数多一个孔，因为第一个孔是作起始孔而不计数的。图 1-62 所示为每分度一次摇过 8 个孔距的情况。为了消除分度头中的蜗杆与蜗轮或齿轮之间的间隙对分度产生的影响，分度手柄必须朝一个方向摇动，若发现已摇过了预定的孔位，则需反向摇过半圈后，再重新摇到预定的孔位，并把定位销插入孔内。

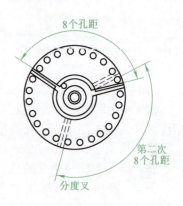

图 1-62　分度盘

1.5.2　划线涂料

1. 划线涂料的种类

为了使工件上划出的线条清晰，划线前需要在划线部位涂上一层涂料。常用的涂料有白喷漆和石灰水、蓝油、锌钡白、无水涂料等。

2. 划线涂料的配制和选用

（1）白喷漆和石灰水　适用于一般铸件和锻件的划线。熟石灰经泡开即成石灰水，再加入适量熬成糊状的牛皮胶，可增加附着力。

（2）蓝油　由质量分数为 2%～4% 的甲紫、质量分数为 3%～5% 的虫胶漆和质量分数为 91%～95% 的酒精配制而成，适用于已加工表面的划线。

（3）锌钡白　俗名立德粉，主要成分为硫化锌和硫化钡。它的优点是颜色纯白，遮盖能力强，能耐热抗碱，受日光长久曝晒后虽会变色，但只要重新放在阴暗处，仍可恢复原色。这种涂料的成品是粉末，使用时必须加水和适量熬成糊状的牛皮胶调匀。一般用于重要的铸件和锻件毛坯表面划线时涂色。

（4）无水涂料　由香蕉水 100g、人造树脂 0.7g、火棉胶 39g、甲紫 1g 配制而成。其配制方法为：先将研成粉末状的人造树脂缓缓加入醋酸丁酯里，搅拌均匀，再将研细的甲紫倒入调匀，最后将按配比称好的火棉胶慢慢加入，并使三者均匀混合。等沉淀数小时后，进行试涂，若不易附着，可再加入少许人造树脂与醋酸丁酯的混合液体。若易脱落，可再加入几克火棉胶。无水涂料的优点是所含水分极少，涂在工件上，工件不易锈蚀，但必须置于密封的容器内，否则容易挥发掉。使用时须注意防火，一般用于精密工件划线时涂色。

1.5.3 划线基准

1. 划线基准的概念

划线时用来确定零件上其他点、线、面位置的依据，称为划线基准。

正确选择划线基准是划线操作的关键，有了合理的基准，才能使划线准确、方便和提高效率。划线应从划线基准开始。

2. 划线基准的选择及选择原则

在零件图上，用来确定其他点、线、面位置的基准，称为设计基准。划线时，应使划线基准与设计基准一致。

选择划线基准时，应先分析图样，了解零件结构以及零件各部分尺寸的标注关系。

（1）划线基准的选择

1）以两个相互垂直的平面（或直线）为基准，如图 1-63 所示，该零件在两个垂直的方向上都有尺寸要求。

2）以一个平面（或直线）和一条中心线为基准，如图 1-64 所示。该零件高度方向的尺寸是以底面为依据，宽度方向的尺寸对称于中心线。此时底平面和中心线分别为该零件两个方向上的划线基准。

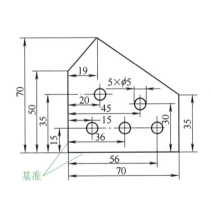

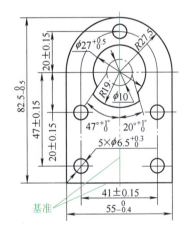

图 1-63　划线基准选择（一）　　　图 1-64　划线基准选择（二）

3）以两条互相垂直的中心线为基准，如图 1-65 所示。该零件两个方向的尺寸与其中心线具有对称性，并且其他尺寸也是从中心线开始标注。此时两条中心线分别为两个方向的划线基准。

由上可见，划线时在零件的每一个尺寸方向都需要选择一个基准。因此，平面划线一般要选择两个划线基准。立体划线要选择三个划线基准。

（2）划线基准的选择原则

1）划线基准应尽量与设计基准重合。

2）形状对称的工件，应以对称中心线为基准。

3）有孔或凸台的工件，应以主要的孔或凸台中心线为基准。

4）在未加工的毛坯上划线，应以不加工面作为基准。

5）在加工过的工件上划线，应以加工过的表面作为基准。

3. 分析划线基准实例

技能训练1　分析平面划线基准

1）菱形镶配件各个部位尺寸的标注情况如图1-66所示，图中标有各要素几何公差要求。可见菱形镶配件

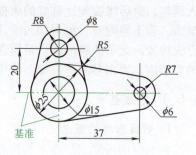

图1-65　划线基准选择（三）

宽度方向尺寸如 $48_{-0.039}^{0}$ mm、$12_{-0.027}^{0}$ mm、52mm，均对称于中心线Ⅰ-Ⅰ。其高度方向尺寸如（40±0.08）mm、$60_{-0.046}^{0}$ mm以及两个90°±5′的直角均对称于中心线Ⅱ-Ⅱ。故菱形镶配件中，Ⅰ-Ⅰ、Ⅱ-Ⅱ为设计基准，按划线基准选择原则，该零件划线时，应选择Ⅰ-Ⅰ、Ⅱ-Ⅱ两条中心线为划线基准。划线即从基准开始。

2）图1-67所示为Y形压模，按其各部位尺寸标注情况分析，压模在两个方向上有尺寸要求，其高度方向尺寸如 $30_{0}^{+0.052}$ mm、$65_{-0.03}^{0}$ mm均以A面或（线）开始标注，其宽度方向尺寸如 $15_{-0.018}^{0}$ mm、$45_{-0.025}^{0}$ mm、$10_{-0.036}^{0}$ mm以及90°±5′的直角均对称于中心线Ⅰ-Ⅰ。故A面（或直线）及中心线Ⅰ-Ⅰ为该压模的设计基准，按划线基准选择原则，压模在划线时应选择A面（或直线）及中心线Ⅰ-Ⅰ作为划线基准。

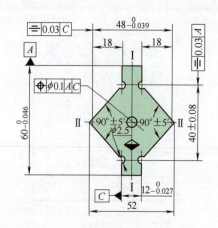

图1-66　菱形镶配件平面划线基准

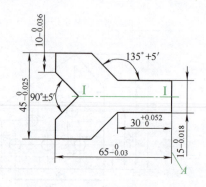

图1-67　Y形压模平面划线基准

技能训练2　分析立体划线基准

根据图1-68所示进行分析，轴承座加工部位有底面、轴承座内孔、两个螺孔及其上的平面。两个大端面需要划线的尺寸共有三个方向，划线时每个尺寸方向都须选定一个基准，所以轴承座划线需要三个划线基准。由此可见，该轴承座的划线属于立体划线。

在三个方向上划线，工件在平板上要安放三次才能完成所有的线条。第一划线位置应该选择待加工表面和非加工表面均比较重要和比较集中的一个位置，而且支承面比较平直。所以轴承座第一划线位置应以底平面作为安放支承面（见图1-69a），调节千斤顶，将两端孔的中心基本调到同一高度，划出基准线Ⅰ-Ⅰ、底平面加工线及其他有关线条。第二划线位

置安放轴承座，使底平面加工线垂直于平板，并调正千斤顶，使两端孔的中心基本在同一高度（见图1-69b），然后划基准线Ⅱ-Ⅱ，并划出两螺孔中心线。第三划线位置，以轴承座某一端面为安放支承面，调节千斤顶，使轴承座底平面加工线和基准线Ⅰ-Ⅰ垂直于平板（见图1-69c）。然后以两螺孔的中心为依据，试划两大端面加工线。若一端面出现余量不够，可适当调整螺孔中心位置（借料）。当中心确定后即可划出Ⅲ-Ⅲ基准线和两大端面的加工线。至此，轴承座三个方向的线条（加工线）都可划出。可见轴承座三个尺寸方向上的基准分别为图中的Ⅰ-Ⅰ、Ⅱ-Ⅱ、Ⅲ-Ⅲ。

在实际划线时，基准线Ⅰ-Ⅰ、Ⅱ-Ⅱ、Ⅲ-Ⅲ及有关尺寸线（如底面和两大端面的加工线）在轴承座四周都要划出，这不仅明确表示加工限制线，也为在机床上加工时找正位置提供了方便。

上述划线完成并经复验正确后，需打上样冲眼。

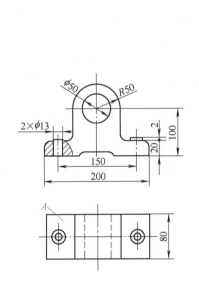

图1-68 轴承座

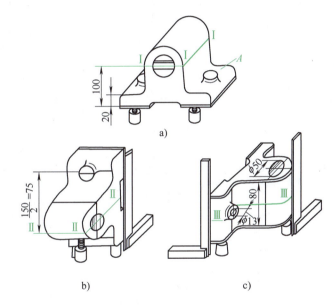

图1-69 轴承座的划线位置
a) 第一划线位置 b) 第二划线位置 c) 第三划线位置

1.5.4 划线方法

1. 划线准备工作与安全文明生产

（1）划线前的准备工作 划线的质量将直接影响工件的加工质量，要保证划线质量，就必须做好划线前有关的准备工作。

1）清理工件，对铸、锻毛坯件，应将型砂、毛刺、氧化皮除掉，并用钢丝刷刷净，对已生锈的半成品将浮锈刷掉。

2）分析图样，了解工件的加工部位和要求，选择好划线基准。

3）在工件划线部位，涂上合适的涂料。

4）擦干净划线平板，准备好划线工具。

（2）安全文明生产要点

1）熟练掌握各种划线工具的使用方法，特别是一些精密的划线工具。

2）工具要合理放置，左、右手用的工具应分别放置在左、右两边。

3）较大工件划线在调整时应用起重设备吊置，并在工件下面准备好垫铁等以保证安全。

2. 常用的基本划线方法（表1-3）

表1-3 常用的基本划线方法

划线要求	图 样	划线方法
等分直线 AB 为五等份（或若干等份）		1. 作线段 AC 与已知直线 AB 成 $20°\sim40°$ 角度 2. 由 A 点起在 AC 上任意截取五等分点 a、b、c、d、e 3. 连接 Be。过 d、c、b、a 分别作 Be 的平行线。各平行线在 AB 上的交点 d'、c'、b'、a' 即为五等分点
作与 AB 距离为 R 的平行线		1. 在已知直线 AB 上任意取两点 a、b 2. 分别以 a、b 为圆心，R 为半径，在同侧划圆弧 3. 作两圆弧的公切线，即为所求的平行线
过线外一点 P，作线段 AB 的平行线		1. 在线段 AB 的中段任取一点 O 2. 以 O 为圆心、OP 为半径作圆弧，交 AB 于 a、b 3. 以 b 为圆心，aP 为半径作圆弧，交圆弧 $\overset{\frown}{ab}$ 于 c 4. 连接 Pc，即为所求平行线
过已知线段 AB 的端点 B 作垂线		1. 以 B 为圆心，取 Ba 为半径作圆弧，交线段 AB 于 a 2. 以 aB 为半径，在圆弧上截取 $\overset{\frown}{ab}$ 和 $\overset{\frown}{bc}$ 3. 以 b、c 为圆心，Ba 为半径作圆弧，得交点 d。连接 dB，即为所求垂线
求作 $15°$、$30°$、$45°$、$60°$、$75°$、$120°$ 的角度		1. 以直角的顶点 O 为圆心、任意长为半径作圆弧，与直角边 OA、OB 交于 a、b 2. 以 Oa 为半径，分别以 a、b 为圆心作圆弧，交圆弧 $\overset{\frown}{ab}$ 于 c、d 两点 3. 连接 Oc、Od，则 $\angle bOc$、$\angle cOd$、$\angle dOa$ 均为 $30°$ 角 4. 用等分角度的方法，可作出 $15°$、$45°$、$60°$、$75°$ 及 $120°$ 的角
任意角度的近似作法		1. 作直线 AB 2. 以 A 为圆心、57.4mm 为半径作圆弧 $\overset{\frown}{CD}$ 3. 以 D 为圆心、10mm 为半径在圆弧 $\overset{\frown}{CD}$ 上截取，得 E 点 4. 连接 AE，则 $\angle EAD$ 近似为 $10°$，半径每 1mm 所截弧长近似为 $1°$
求已知弧的圆心		1. 在已知圆弧 $\overset{\frown}{AB}$ 上取点 N_1、N_2、M_1、M_2，并分别作线段 N_1N_2 和 M_1M_2 的垂直平分线 2. 两垂直平分线的交点 O，即为圆弧 $\overset{\frown}{AB}$ 的圆心
作圆弧与两相交直线相切		1. 在两相交直线的锐角 $\angle BAC$ 内侧，作与两直线相距为 R 的两条平行线，得交点 O 2. 以 O 为圆心，R 为半径作圆弧即成

(续)

划线要求	图样	划线方法
作圆弧与两圆外切		1. 分别以 O_1 和 O_2 为圆心，以 R_1+R 及 R_2+R 为半径作圆弧交于 O 点 2. 连接 O_1O 交已知圆于 M 点，连接 O_2O 交已知圆于 N 点 3. 以 O 为圆心、R 为半径作圆弧即成
作圆弧与两圆内切		1. 分别以 O_1 和 O_2 为圆心，$R-R_1$ 和 $R-R_2$ 为半径作圆弧交于 O 点 2. 以 O 为圆心、R 为半径作圆弧即成
把圆周五等分		1. 过圆心 O 作直径 $CD \perp AB$ 2. 取 OA 的中点 E 3. 以 E 为圆心、EC 为半径作圆弧交 AB 于 F 点，CF 即为圆五等分的长度
任意等分半圆		1. 将圆的直径 AB 分为任意等分，得交点 1、2、3、4、… 2. 分别以 A、B 为圆心，AB 为半径作圆弧交于 O 点 3. 连接 $O1$、$O2$、$O3$、$O4$、…，并分别延长交半圆于 $1'$、$2'$、$3'$、$4'$、…。$1'$、$2'$、$3'$、$4'$、…即为半圆的等分点
作正八边形		1. 作正方形 $ABCD$ 的对角线 AC 和 BD，交于 O 点 2. 分别以 A、B、C、D 为圆心，AO、BO、CO、DO 为半径作圆弧，交正方形于 a、a、b、b、c、c、d、d 3. 连接 bd、ac、db、ca 即得正八边形
作卵圆		1. 作线段 CD 垂直于 AB，相交于 O 点 2. 以 O 为圆心、OC 为半径作圆，交 AB 于 G 点 3. 分别以 D、C 为圆心，DC 为半径作弧交于 e 4. 连接 DG、CG 并延长，分别交圆弧于 E、F 5. 以 G 为圆心、GE 为半径划弧，即得卵圆形
作椭圆（用四心法）	已知： AB——椭圆长轴 CD——椭圆短轴 	1. 作线段 AB 和 CD 且相互垂直 2. 连接 AC，并以 O 为圆心、OA 为半径划圆弧交 OC 的延长线于 E 点 3. 以 C 为圆心、CE 为半径划圆弧，交 AC 于 F 点 4. 作 AF 的垂直平分线交 AB 于 O_1，交 CD 延长线于 O_2，并截取 O_1 和 O_2 对于 O 点的对称点 O_3 和 O_4 5. 分别以 O_1、O_2 和 O_3、O_4 为圆心，O_1A、O_2C 和 O_3B、O_4D 为半径划出四段圆弧，圆滑连接后即得椭圆

(续)

划线要求	图样	划线方法
作椭圆（用同心圆法）	已知： AB——椭圆长轴 CD——椭圆短轴 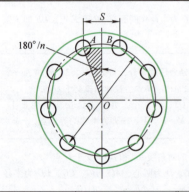	1. 以 O 为圆心，分别用长、短轴 AB 和 CD 为直径作两个同心圆 2. 通过 O 点相隔一定角度作一系列射线与两圆相交得 E、E'、F、F' 等交点 3. 分别过 E、F 和 E'、F' 等点作 AB 和 CD 的平行线相交于 G、H 等点 4. 圆滑连接 A、G、H、C 等点后即得椭圆

3. 使用圆周等分系数计算任意等分正多边形的方法（表1-4）

表1-4　圆周1~50等分系数表

$$S = D\sin\frac{180°}{n} = DK$$

$$K = \sin\frac{180°}{n}$$

式中　n——等分数
　　　K——圆周等分系数（查表）

n	K	n	K	n	K
3	0.866 03	19	0.164 59	35	0.089 640
4	0.707 11	20	0.156 43	36	0.087 156
5	0.587 79	21	0.149 04	37	0.084 806
6	0.500 00	22	0.142 31	38	0.082 579
7	0.433 88	23	0.136 17	39	0.080 467
8	0.382 68	24	0.130 53	40	0.078 460
9	0.342 02	25	0.125 33	41	0.076 549
10	0.309 02	26	0.120 54	42	0.074 730
11	0.281 73	27	0.116 09	43	0.072 995
12	0.258 82	28	0.111 96	44	0.071 339
13	0.239 32	29	0.108 12	45	0.069 757
14	0.222 52	30	0.104 53	46	0.068 242
15	0.207 91	31	0.101 17	47	0.066 793
16	0.195 09	32	0.098 017	48	0.065 403
17	0.183 75	33	0.095 056	49	0.064 070
18	0.173 65	34	0.092 268	50	0.062 791

4. 平面划线操作实例

技能训练 1

根据图 1-70a,其划线方法和步骤如下:

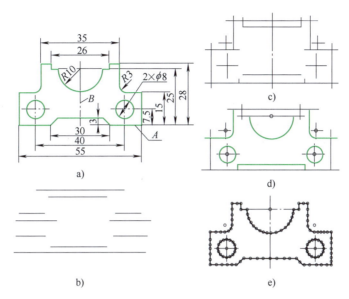

图 1-70 划线实例

a) 划线实例图样　b) 划与高度基准 A 平行的尺寸线
c) 划与宽度基准 B 平行的尺寸线　d) 划圆及圆弧线　e) 划连接线、打样冲眼

1) 在划线前,对工件表面进行清理,并涂上涂料。

2) 检查待划工件是否有足够的加工余量。

3) 分析图样,根据工艺要求,明确划线位置,确定基准(高度方向为 A 面,宽度方向为中心线 B),如图 1-70a 所示。

4) 确定待划图样位置,划出高度基准 A 的位置线,如图 1-70b 所示,并相继划出其他要素的高度位置线(即平行于基准 A 的线,仅划交点附近的线条)。

5) 划出宽度基准 B 的位置线,同时划出其他要素宽度位置线,如图 1-70c 所示。

6) 用样冲打出各圆心的冲孔,并划出各圆和圆弧,如图 1-70d 所示。

7) 划出各处的连接线,完成工件的划线工作。

8) 检查图样各方向划线基准选择的合理性,以及各部分尺寸的正确性。检查线条是否清晰,有无遗漏和错误。

9) 打样冲眼,显示各部分尺寸及轮廓,如图 1-70e 所示,工件划线结束。

技能训练 2

根据图 1-71,其划线方法和步骤如下:

1) 分析图样后,确定以底边和右边(侧)这两条直线为基准。故沿板料边缘划两条垂直基准线。

2) 划尺寸 42 水平线。

3) 划尺寸 75 水平线。

4) 划尺寸 34 垂直线。

5) 以 O_1 为圆心、$R78$ 为半径作圆弧并截取 42 水平线得 O_2 点,通过 O_2 点作垂直线。

6）分别以 O_1、O_2 点为圆心，$R78$ 为半径作圆弧相交得 O_3 点，通过 O_3 点作水平线和垂直线。

7）通过 O_2 点作 45° 线，并以 $R40$ 为半径截取获得小圆的圆心。

8）通过 O_3 点作与水平线成 20°角，并以 $R32$ 为半径截取获得另一小圆的圆心。

9）划垂直线与 O_3 垂直线距离为 15，并以 O_3 为圆心、$R52$ 为半径作弧截取获得 O_4 点。

10）划尺寸 28 水平线。

11）按尺寸 95 和 115 划出左下方的斜线。

12）划出 $\phi32$、$\phi80$、$\phi52$、$\phi38$ 圆周线。

13）把 $\phi80$ 圆周按图作三等分。

14）划出 5 个 $\phi12$ 圆周线。

15）以 O_1 为圆心、$R52$ 为半径划圆弧，并以 $R20$ 为半径作相切圆弧。

16）以 O_3 为圆心、$R47$ 为半径划圆弧，并以 $R20$ 为半径作相切圆弧。

17）以 O_4 为圆心、$R20$ 为半径划圆弧，并以 $R10$ 为半径作两处的相切圆弧。

18）以 $R42$ 为半径作右下方的相切圆弧。

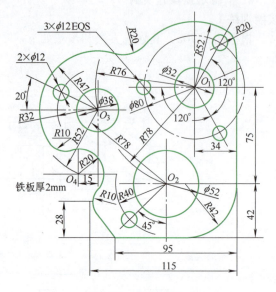

图 1-71　划线样板

在划线过程中，圆心找出后随即打样冲眼，以备圆规划圆弧。在划线交点以及划线上按间隔也要打样冲眼，以保证工件加工界限清楚可靠。

5．立体划线操作实例

技能训练 3

图 1-72 所示为一外齿轮套的零件图，根据图样和实物，在划线前，除六个长圆孔、一个斜孔及 8mm 宽的方槽外，其余表面均已加工完成。要划线的就是这六个长圆孔、一个斜孔及 8mm 宽的方槽。

按图样分析，这个工件的划线基准，应该是通过某轮齿中心的槽中心平面和 $\phi118$ 的大端面。这种工件最适于在分度头上划线。用分度头上自定心卡盘的反爪夹住齿轮端 $\phi56^{+0.018}_{0}$ 的内孔，并用百分表将孔及 $\phi118$ 的端面找正，使孔与分度头的主轴同心，端面与分度头主轴垂直。

划线步骤如下：

1）划线前先将划线基准即通过某轮齿中心的槽中心平面（图 1-72 中Ⅰ-Ⅰ平面）调整到水平位置。方法是：在某一齿槽中嵌入一根直径为 d 的圆柱（此圆柱要与渐开线齿形相切），如图 1-73 所示。把游标高度卡尺调整到 $\left(H+\dfrac{d}{2}\right)$（$H$ 为分度头中心高），使夹在齿槽中的圆柱与游标高度卡尺划线面相贴，这时齿槽中心平面在水平位置，然后将分度头转动 $\dfrac{1}{2}\left(\dfrac{360°}{z}\right)$。现齿轮齿数 $z=40$，即转动 4°30′，则通过某轮齿中心槽的中心平面Ⅰ-Ⅰ正好在水平位置。记住分度头刻度上所指角度。

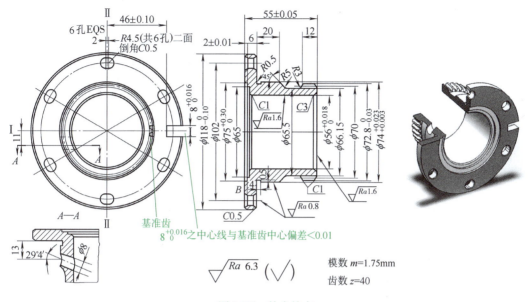

图 1-72 外齿轮套

2）将游标高度卡尺调节到 H 高度划中心线（图 1-74a），然后调节到（$H+4$）和（$H-4$）划槽宽线，调节到（$H-11$）划斜孔中心位置线。

3）将分度头转过 90°，把槽转到上面位置（图 1-74b），记住分度头刻度所指角度 θ；再将游标高度卡尺调节到 H，划 Ⅱ-Ⅱ 线（图 1-72、图 1-74b）。将游标高度卡尺调节到（$H+46$），划出槽底线。这时，方槽已划完。

4）长圆孔两圆弧中心偏离中心平面各 1mm（图 1-72、图 1-74a），转化成角度 $\alpha = \dfrac{1}{51} \times 57.3° = 1.12°$（长圆孔中心所在圆直径为 102mm，半径为 51mm，$\dfrac{1}{51}$ 的单位是弧度，1 弧度等于 57.3°）。

将游标高度卡尺仍调节到 H，先将分度头转到（$\theta+1.12°$）、（$\theta-1.12°$）位置，划出 1、4 长圆孔中心线。再将分度头转到（$\theta+60°+1.12°$）、（$\theta+60°-1.12°$），划出 3、6 长圆孔中心线。继续将分度头转到（$\theta+120°+1.12°$）、（$\theta+120°-1.12°$）位置，划出 2、5 长圆孔中心线。然后把游标高度卡尺调节到（$H+51$），把划线尺尖对准 A 点（图 1-74b），转动分度头划出 φ102 圆周。至此，六个长圆孔中心线已划好。

5）把工件从分度头上取下，将 B 面（图 1-72）放在划线平板上，将游标高度卡尺调节到 21mm（2mm+6mm+13mm=21mm），划出斜孔中心线，与第 2）步（$H-11$）线的交点即是斜孔中心。

6）在孔中心打样冲眼，划出长圆孔，在所有加工界限线和中心线上分别打出大小不同的样冲眼。

经检查准确无误后，划线工作才算完成。

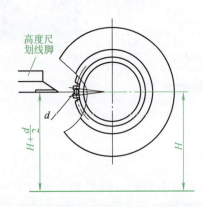

图 1-73 把外齿轮套的划线基准面
调整到水平位置的方法

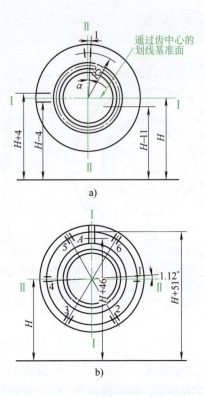

图 1-74 外齿轮套划线示意图
a) 齿中心平面在水平位置
b) 转过 90°以后的情况

1.6 零件的清洗

清洗就是去除金属零件表面的污物。污物又称污垢，是指在零件表面上的油脂、铁屑、杂物、灰尘、锈等。污物是零件在加工、运输、存储等过程中产生的，这些污物在零件表面上的存在是多余的，如果对零件实行进一步的加工，则对零件是有害的。因此，在零件的生产过程中，需要有对零件进行清洗的环节。

1.6.1 清洗剂的种类

传统的零件清洗剂有汽油、煤油、柴油等。使用这些清洗剂，不仅浪费能源，而且毒性大，易起火和污染环境。如今，随着科学技术的快速发展，出现了一大批先进、节能、高效、环保的清洗剂。目前，清洗剂的类型可分为三大类。第一类是以表面活性剂为主要成分的水基金属清洗剂，第二类是以汽油、煤油、柴油或卤代烃为主要成分的溶剂型金属清洗剂，第三类是以表面活性剂、有机溶剂为主要成分的复合型金属清洗剂。现在应用最广、最多的是水基金属清洗剂。以下着重介绍水基金属清洗剂。

水基金属清洗剂以表面活性剂为主要成分，水为溶剂，金属表面为清洗对象。

水基金属清洗剂由表面活性剂、多种助剂和水配合而成。其中表面活性剂含量为10%~40%，常用非离子表面活性剂与阴离子表面活性剂的复配物。多种助剂包括助洗剂（三聚磷酸钠、硅酸钠、碳酸钠、乙二胺四乙酸钠、次氨基三醋酸钠等）、缓蚀剂、稳定剂、增溶剂、泡沫稳定剂、清泡剂、香精、色料等。

水基金属清洗剂应满足的基本要求：①易溶于水，且泡沫适宜，能迅速溶解，清除附着于零件金属表面的各种污垢；②清洗时，无再沉积现象；③清洗过程对零件金属表面无腐蚀、无损伤，清洗后金属表面洁净、光亮，并有一定的防腐作用；④使用过程安全可靠，不污染环境，对人体无害；⑤原料易得，价格便宜。

常用水基金属清洗剂举例如下：

1. 机加工用清洗剂（见表1-5）

表1-5　机加工用清洗剂

成分	含量	成分	含量
烷基酚聚氧乙烯醚	20%~30%	异丁醇	10%~15%
脂肪醇聚氧乙烯醚	10%~15%	缓蚀剂	0.02%
十二烷基苯磺酸钠	20%~30%	水	余量

用途：通用清洗剂，可清洗各种钢材。

2. 741清洗剂（见表1-6）

表1-6　741清洗剂

成分	含量	成分	含量
月桂酸二乙醇酰胺	12%	油酸三乙醇胺	43%
脂肪醇聚氧乙烯醚	10%	水	余量
烷基酚聚氧乙烯醚	15%		

用途：清洗钢铁、铝合金，添加苯并三氮唑可清洗铜合金。

3. SP-1清洗剂（见表1-7）

表1-7　SP-1清洗剂

成分	含量	成分	含量
聚醚2040	25%	油酸三乙醇胺	6%
聚醚2070	1.5%	亚硝酸钠	3%
聚醚2020	1.5%	蓝色颜料、香精	微量
TX-10	3%	水	余量

用途：清洗钢铁、铝合金，适用于压力喷淋、超声波清洗。

4. HD-2清洗剂（见表1-8）

表1-8　HD-2清洗剂

成分	含量	成分	含量
磺化油（DAH）	39%	石油磺酸钠	6%
油酸二异丙醇酰胺	39%	水	余量
聚醚	16%		

用途：清洗轴承、机床等。

5. 77-1 清洗剂（见表1-9）

表1-9　77-1 清洗剂

成分	含量	成分	含量
聚醚	35%	油酸三乙醇胺	30%
脂肪酸二乙醇酰胺	15%	稳定剂	15%
油酸钠	5%	水	余量

用途：清洗黑色金属、电动机等。

6. 机械加工零件清洗剂（见表1-10）

表1-10　机械加工零件清洗剂

成分	含量	成分	含量
单乙醇胺	17.5%~22.5%	三聚磷酸钠	0.2%~0.3%
油酸单乙醇胺	2.5%~7.5%	硼砂	0.2%~0.3%
甘油	2.5%~7.5%	水	余量

用途：清洗机械零件。

7. 金属零部件清洗剂（见表1-11）

表1-11　金属零部件清洗剂

成分	含量	成分	含量
肉豆蔻酸蔗糖酯	12%	石油磺酸三乙醇胺	4%
聚乙二醇单硬脂基醚	10%	丙二醇	3%
枸橼酸钠	5%	CMC	0.5%
葡萄糖酸钠	5%	水	余量

用途：清洗金属零部件，可用于喷射清洗钢材和金属零件。

8. 通用型金属清洗剂（一）（见表1-12）

表1-12　通用型金属清洗剂（一）

成分	含量	成分	含量
清洗剂105	2%	碳酸钠	1.3%
苯甲酸钠	0.15%	水	余量
磷酸三钠	1.2%		

说明：85~95℃下，清洗5~10min，适用于黑色金属零件去油垢，不适用于有色金属的清洗。

9. 通用型金属清洗剂（二）（见表1-13）

表1-13　通用型金属清洗剂（二）

成分	含量	成分	含量
辛基酚聚氧乙烯醚	20%	月桂酸二乙醇酰胺	10%
脂肪醇聚氧乙烯聚氧丙烯醚	15%	水	30%
油酸三乙醇胺	25%		

性能：pH 为 7~8，消泡。

应用范围：钢、铁、铝合金的清洗。

1.6.2 零件的清洗工艺

1. 零件清洗工艺的依据

(1) 依据污垢的特点设计清洗工艺　在设计一个清洗工艺时，首先要对污垢的性质、数量以及在清洗表面附着的情况进行了解。通常的清洗工艺是针对特定的污垢而设计的，一般是选用最经济的方法将大部分污垢去除，然后用其他方法对残留的污垢进行处理，用分步进行的方法组成一个清洗工艺。

(2) 依据对洗净程度的要求选择清洗工艺　在选择清洗工艺时，必须考虑清洗要达到的洗净程度。对不同洗净程度要求的清洗应选择不同的清洗工艺。洗净程度要求越高，清洗成本也越高，而且生产成本是以几何级数递增的。

2. 清洗工艺的要求

(1) 可靠性　要求选用的清洗工艺及设备有稳定的清洗质量，能达到所要求的洗净程度。

(2) 对清洗对象的影响　在清洗过程中对清洗对象造成的损伤尽可能小，并且不能对清洗对象产生二次污染。

(3) 有利于自然环境的保护　要求清洗工艺及设备能够防止或尽可能减少清洗废液、噪声、废气等的产生。

(4) 效率　要求清洗工艺及设备具有效率高、节约劳动力的特点。

(5) 良好的作业环境　要求所用的清洗工艺及设备能保持良好的作业环境，使工人的健康和安全得到保证。

(6) 经济性　应采用既能达到洗净程度要求、成本又低的清洗工艺及设备。

3. 清洗工艺的分类

根据清洗时使用的清洗剂种类把清洗工艺分为两大类：一类是使用水、各种水溶液、有机溶剂等液体清洗剂的工艺（称为湿式清洗工艺），另一类是以空气、二氧化碳等气体作为清洗介质的清洗工艺（称为干式清洗工艺，简称干洗）。

(1) 湿式清洗工艺　根据清洗阶段的不同特点，湿式清洗工艺可分为超声波清洗、喷射清洗、浸泡清洗、蒸气清洗、循环清洗、电解清洗、高压水射流清洗、喷雾清洗、摇动清洗等多种。湿式清洗工艺是目前工业清洗所采用的主要形式。

1) 超声波清洗。这是一种效果显著的强化清洗方法。优点是操作简单、清洗质量好、清洗速度快、能快速清洗有空腔和沟槽等形状复杂的零件。缺点是一次性投资较高。

最常见的超声波清洗是采用槽内浸洗，即将零件浸入盛有清洗液的超声波清洗槽内，超声换能器产生的超声振动由清洗槽底部辐射至清洗液内部进行清洗。这种方法适合清洗中小型零部件。对于尺寸和质量都较大的零件，可根据零件形状和局部清洗要求，将超声波换能器设计成特殊形状，以便进行局部清洗或浸洗。图 1-75 所示

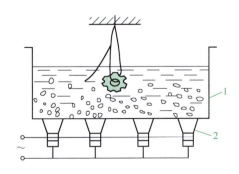

图 1-75　超声波清洗示意图

1—清洗槽　2—超声波换能器

为超声波清洗示意图。

2）喷射清洗。如果清洗对象是大型的、不易搬动的物体或外形结构决定它不适合浸泡在液槽中，需要把清洗液喷射到清洗对象表面，使之达到被清洗的目的。这类清洗称为喷射清洗。

影响喷射清洗效果的因素如下：

① 喷射液流的位置和作用力。如图1-76所示为喷嘴到清洗对象表面的喷射距离、喷射角度与清洗力的关系。可以看出，由喷嘴喷出具有一定动能的洗液，在运动中受到空气阻力的影响，动能逐渐降低，水平方向的运动速度逐渐减小，以致在重力的作用下下落。

图1-76中a是喷射流体的水平方向运动速度开始降低之前的位置，在这个位置洗液展开的面积最大，但此时洗液的有效动能较小造成清洗效果不好。图1-76中b的位置是喷嘴离清洗对象很近时的情况，此时流体的

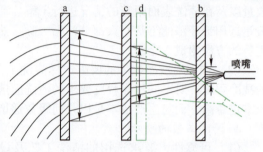

图1-76 喷射距离、喷射角度与清洗力的关系

冲击力大，但洗液展开的面积过小，总的清洗效果不好。而在图1-76中a、b位置之间有一个冲击力保持相对较大，而洗液的展开面积也保持相对较大的位置c存在，在这个位置上放置清洗对象，能取得较好的清洗效果。而图1-76中d是喷嘴以斜方向喷射洗液到清洗对象表面的最佳位置。斜向喷射比垂直喷射使污垢受到的解离作用更大。

② 喷射用喷嘴。不同形状的喷嘴适用于不同的清洗场合，如图1-77所示为各种形状的喷嘴。图1-77a所示是应用最广泛的一种喷嘴，洗液从喷嘴中喷出后以圆锥面形式展开。图1-77b所示是喷嘴尖端形成一个窄缝，使洗液呈扇形展开，在清洗平面状的表面时采用这种喷嘴较好。图1-77c所示是使流体呈棒状的喷嘴。这种方式对去除在狭缝间隙中或细孔中的污垢较合适。图1-77d所示是中空球形喷嘴，在球面上有许多细孔，使洗液呈发射状喷射，大型反应罐的内表面用这种清洗方法较好。

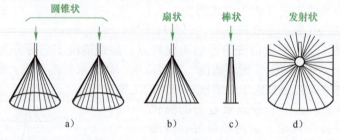

图1-77 各种形状的喷嘴

③ 喷射用洗液。一般喷射用的洗液是常温的水、热水、酸的水溶液、碱的水溶液、表面活性剂水溶液等。

④ 喷射清洗中应注意的问题。起泡性太高的洗液对喷射效果不利，所以尽可能选用起泡性低的洗液。喷射的洗液在清洗对象表面停留的时间短，所以洗液的清洗能力不能百分之百得到利用。喷射清洗存在废水收集、处理的问题。

3）浸泡清洗。将清洗对象放在清洗液中浸泡而后洗净的湿式清洗称为浸泡清洗。浸泡清洗的特点是清洗效果较好。这种方法特别适用于数量多的小型清洗对象。

浸泡清洗有以下两种类型：

① 清洗槽（清洗工艺）用溶剂、冲洗槽（冲洗工艺）用清水的类型。如图 1-78a 所示，在清洗槽中使用表面活性剂水溶液或有机溶剂作清洗液，而在后面的冲洗槽中用水作冲洗剂。清水类型的优点在于价格便宜和安全性好，而且能使在清洗槽中未能完全去除的水溶性污垢得以溶解去除。

使用清水类型应注意的问题是：由于冲洗槽中一般使用的是清水，清水中含有微量杂质，在干燥后留在清洗对象表面会使其洁净度变差。另外，用水作冲洗剂往往会产生大量废水，需要经过处理才能排放。

② 清洗槽（清洗工艺）、冲洗槽（冲洗工艺）都使用同一种溶剂的类型，如图 1-78b 所示。这种类型适合使用合成有机溶剂或石油类溶剂，去除油性污垢。这种类型的特点是：管理较容易，设备安排较紧凑，使用的溶剂可采用逆流方式运动，使溶剂的溶解能力得到充分利用，同时产生的废液量较少。

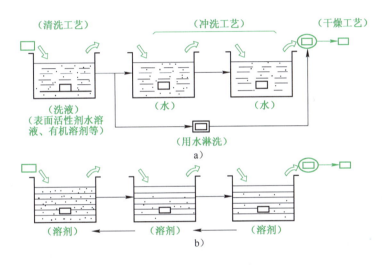

图 1-78　浸泡清洗的两种类型

使用同一种溶剂类型应注意的问题是：完全去除清洗对象表面的亲水性污垢比较难；有机溶剂大多存在毒性大、安全性差、易燃易爆等特点；石油类溶剂清洗零件后干燥较困难。

4）蒸气清洗。蒸气清洗是指利用有机溶剂蒸气进行清洗的方法。虽然蒸气也有直接的清洗作用，但主要还是利用液态溶剂的浸泡溶解作用，所以从本质上讲蒸气清洗仍是浸泡清洗的一种。这种方法适用于小型物品的精密清洗，目前广泛用于机械行业的脱脂清洗。

蒸气清洗有以下优点。

① 蒸发的溶剂蒸气不含污垢，所以能保持在清洁的状态下进行清洗去污。

② 清洗后的清洗对象受溶剂蒸气放热的影响温度上升，使之易于干燥。

③ 液体溶剂中含有的污垢在清洗槽下部集中浓缩，便于集中处理。

5）循环清洗。循环清洗是化学清洗中最常用的一种方法，主要适用于封闭系统的清洗。

循环清洗是在清洗对象中灌满清洗液，利用清洗泵提供的动力，使清洗剂做循环运动。它通常用于塔、换热器、压缩机等设备的清洗。

循环清洗设备由配溶液用的罐、泵、阀门、管道、流量计、加热器和分析仪器等部分组成。

循环清洗和浸泡清洗相比有以下特点：能使清洗液保持一定的温度和浓度，能取得有代表性的溶液样品，可以控制清洗液循环流动方向，有助于清除疏松但不溶解的污垢层。但是，循环清洗要使用较多的清洗液，要求清洗泵功率大，生产成本比浸泡清洗高。

(2) 干式清洗工艺　干式清洗不使用液体清洗剂，因而不需要进行清洗后的干燥处理。以空气为清洗介质的干式清洗工艺是在日常生活中广泛采用的清洗方法。随着科学发展，涌现出一些新的干式清洗技术，如紫外线-臭氧清洗、激光清洗和干冰清洗等，可以获得湿式清洗工艺无法达到的高洗净程度。

1) 紫外线-臭氧清洗。紫外线是一种波长在 100~400nm 范围的电磁波。波长在 210~296nm 的紫外线可使有机物污垢分解去除。

波长为 253.7nm 的紫外线能激发有机物污垢的分子，而波长为 184.9nm 的紫外线能激发氧气产生臭氧，并与紫外线协同作用促进有机物污垢的氧化，最终使有机物分子分解成挥发性的二氧化碳、水和氧气等。目前人们已经开发出了具有一定功率的实用型紫外线-臭氧清洗装置。

2) 激光清洗。激光是一种具有高能量的光束，当把激光束聚焦于物体表面时，激光束的光能会在瞬间转变成热能，使待清洗表面的污垢熔化而被去除。

激光清洗系统是由激光器、光纤、聚焦镜头、辅助气源和清洗喷嘴组成的。激光器产生的激光，经光纤传输到聚焦镜，聚焦后从喷嘴抵达待清洗工件表面。为吹去被激光汽化或熔化了的污垢，通常由辅助气源通过喷嘴吹出辅助加压气体，以增加激光清洗的效率，保护镜头，防止被飞溅物和烟尘污染。图 1-79 所示是激光清洗系统的示意图。

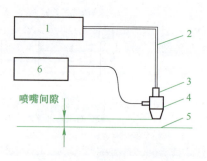

图 1-79　激光清洗系统的示意图

1—激光器　2—光纤　3—聚焦镜头
4—清洗喷嘴　5—待清洗工件　6—辅助气源

3) 干冰清洗。

① 干冰清洗的原理。干冰是固体状态的二氧化碳，外形与冰相似，在受热时不经过液态直接变成气体。干冰的密度为 $1.56g/cm^3$（-79℃），熔点为 -56.5℃（507kPa）。干冰清洗又称冷喷，是以压缩空气作为动力和载体，以干冰颗粒为被加速的粒子，通过专用的喷射清洗机喷射到被清洗物体表面。利用高速运动的固体干冰颗粒的冲击、升华、熔化等能量转换，使被清洗表面的污垢、残留杂质迅速被剥离清除。

② 干冰清洗的特点。干冰清洗与一般清洗相比，有清洗速度更快、效率更高、操作更简便等特点。干冰无毒，与化学试剂相比，对人体不产生危害，对环境不产生污染，同时，经干冰清洗后工件表面干燥洁净，不残留任何清洗介质，不会导致清洗表面返锈等，特别适用于电力和航空工业中不适合用液体进行清洗的零件。此外，干冰清洗对被清洗工件表面不产生机械损伤，原因是干冰在污垢表面会发生升华，其硬度远远小于喷砂中的硅砂。

③ 干冰清洗的应用。干冰清洗主要用于：清除食品机械设备的积炭结焦；去除轮船发动机工作仓、汽车制造中旧漆膜及密封胶；在不损伤汽车表面漆的前提下，清除各类标贴和印花，以及电器控制系统的污垢；橡胶和塑料加工中的挤出机、型模的除污；核工业中有害放射性物质的清除；变压器及其他电力设备在线清洗；航空发动机及机械设备的清洗；印刷设备和复印机内部的清洗等。

目前，干冰清洗技术和设备正在逐步完善和发展，其应用范围也将日益扩大。

1.7 零件的防护

金属零件的防护是控制零件材料腐蚀的一门技术。材料腐蚀是材料表面和环境介质发生化学反应，从而引起材料的退化和破坏。

金属材料腐蚀破坏的形式是多样的，在不同的条件下引起金属腐蚀的原因各不相同，而且影响因素也非常复杂。因此，根据不同的条件采用的防护技术也是多种多样的。在实践中常用的防护技术有：在介质中添加缓蚀剂、电化学保护、金属表面涂层保护、合理选择金属材料。本节主要介绍在介质中添加缓蚀剂、电化学保护、金属表面涂层保护。

1.7.1 在介质中添加缓蚀剂

金属腐蚀是一种公害，人们一直不断地研究和使用各种防护方法以避免或减轻金属腐蚀，其中的方法之一是在腐蚀介质中添加某些少量的化学药品，这些少量的化学药品可以显著地阻止或减缓金属的腐蚀。这些化学药品称为缓蚀剂。

在介质中添加缓蚀剂的防腐蚀方法，与其他防护方法相比有如下特点：
1）不改变金属构件的性质和生产工艺。
2）用量少，一般添加的添加剂质量分数在 0.1% ~1% 就可起到防腐蚀作用。
3）方法简单，无需特殊的附加设备。

因此，在各种防护方法中，在介质中添加缓蚀剂是一种工艺简便、成本低廉、适用性强、应用广泛的防腐蚀方法。

缓蚀剂种类繁多，迄今为止尚无统一的分类方法。下面介绍一种按缓蚀剂的性质进行的分类方法。

（1）氧化型缓蚀剂　如果在中性介质中添加适当的氧化性物质，它们在金属表面少量还原便能修补原来的覆盖膜，起到保护或缓蚀作用，这种氧化性物质称为氧化型缓蚀剂。在中性介质中钢铁材料常用的缓蚀剂有 $NaCrO_4$、$NaNO_2$、Na_2MoO_4 等。

（2）沉淀型缓蚀剂　这类缓蚀剂本身并无氧化性，但它们能与金属的腐蚀产物（2价铁离子、3价铁离子）或共轭阴极反应的产物（一般是氢氧根）生成沉淀，起到缓蚀或阻止金属腐蚀的作用。

（3）吸附型缓蚀剂　这类缓蚀剂容易在金属表面形成吸附膜，从而改变金属表面性质，阻滞腐蚀过程。根据吸附机理又可分为物理吸附型（如胺类、硫醇和硫脲等）和化学吸附型（如吡啶衍生物、苯胺衍生物、环状亚胺等）两类。一般钢铁在酸中常用的缓蚀剂有硫脲、喹啉、炔醇等衍生物，铜在中性介质中常用的缓蚀剂有苯并三氮唑等。

缓蚀剂的应用领域广泛，如在大气中的应用、在石油工业中的应用、在工业循环冷却水中的应用等。其中大气的腐蚀属于金属腐蚀中最普遍的一种腐蚀。为此，下面着重对大气缓蚀剂进行介绍。

大气腐蚀的因素是多方面的，如湿度、氧气、大气成分及大气腐蚀产物等。因此，使用缓蚀剂时既要考虑不同的环境因素，也要考虑使用范围。大气缓蚀剂有油溶性缓蚀剂、水溶性缓蚀剂及挥发性的气相缓蚀剂。

（1）油溶性缓蚀剂　这类缓蚀剂能溶于油中，即通常所说的防锈油。防锈油在零件表面形成油膜，缓蚀剂分子容易吸附于金属表面，阻滞因环境介质渗入而在金属表面上发生的腐蚀过程。各类油溶性缓蚀剂对金属的适应性能见表 1-14。

表 1-14 各类油溶性缓蚀剂对金属的适应性能

序号	缓蚀剂的种类	对金属的适应性	性能
1	羧酸类	适用于黑色金属	高分子长链羧酸类,具有防潮性能,复合使用效果更好
2	磺酸类	对黑色金属较好,对有色金属不稳定,低分子磺酸盐能使铁表面生成锈斑,分子质量在 400 以上,防锈性能较好	有良好的防潮和抗盐雾性能
3	酯类	与胺并用对黑色金属有效,个别对铸铁有效	作为助溶剂与其他缓蚀剂并用有防潮作用
4	胺类及含氮化合物	适用于黑色金属和有色金属,对铸铁也有效	耐盐雾、二氧化硫、湿热等性能
5	磷酸盐或硫代磷酸盐	大多数适合黑色金属,一般与其他添加剂并用	抑制油品氧化过程所生成的有机酸,大多数作为辅助添加剂或润滑的缓蚀剂

(2) 水溶性缓蚀剂 这类缓蚀剂是指以水为溶剂的缓蚀剂,可方便地用于机械加工过程的工序间防锈。大多数的无机盐都是优良的缓蚀剂,如亚硝酸钠、硼酸钠、硅酸钠等。它们的优点是节约能源(不用石油产品)、防锈膜除去简单、安全、价格便宜。

(3) 气相缓蚀剂(VPI) 这种缓蚀剂具有足够高的蒸气压,即在常温下能很快充满周围的大气中,吸附在金属表面上,从而阻滞环境大气对金属的腐蚀过程。蒸气压是气相缓蚀剂的主要特征之一。气相缓蚀剂种类很多,常用的有六类:有机酸类、胺类、硝基及其化合物、杂环化合物、胺有机酸的复合物、无机酸的胺盐。对钢有效的有尿素加亚硝酸钠、苯甲酸胺加亚硝酸钠等。对铜、铝、锌有效的有肉桂酸胍、铬酸胍、碳酸胍等。

气相缓蚀剂主要应用于气密空间,其主要使用方法如下:

1) 把气相缓蚀剂粉末撒在被防护金属表面上,或装入纸袋、纱布袋中,或压成丸子放置在被防护金属的四周。

2) 将气相防锈剂浸涂在纸上,经干燥后,用来包装工件。

3) 将工件浸于含气相缓蚀剂的液体中,然后放入塑料袋中包装。

4) 将气相缓蚀剂溶于油中,配制成气相防锈油。

5) 将气相缓蚀剂涂在基膜上(基膜材料是聚乙烯,双层),通过热压法做成气相防锈塑料袋,可用气相防锈塑料袋包装各种金属工件或成品。

1.7.2 电化学保护

用改变金属(介质)的电极电位来实现保护金属免受腐蚀的办法称为电化学保护。电化学保护的实质在于把要保护的金属结构通以电流使其进行极化。电化学保护有阴极保护和阳极保护两大类。

1. 阴极保护

阴极保护就是通过降低腐蚀电位而实现的电化学保护。阴极保护有牺牲阳极和外加电流两种保护方法。

(1) 牺牲阳极阴极保护方法 即靠阳极自身腐蚀速度的增加而提供对电偶阴极(被保护设备)的保护,如图 1-80 所示。这种方法不需要外加电源,设备简单,安装方便,不会产生杂散电流干扰，保护效果好，应用广泛。对牺牲阳极材料的要求是：电位要足够的负电荷，腐蚀均匀，每消耗单位质量发生的电量要大，自腐蚀小，材料来源充足，价格便宜，加工容易，安装方便。常用的牺牲阳极材料有镁和镁合金、锌和锌合金、铝和铝合金等。

（2）外加电流阴极保护方法　即由外部电源提供保护电流来实现的电化学保护。外加电流阴极保护系统由直流电源、辅助阳极、被保护设备、腐蚀介质组成。其中将被保护金属设备与直流电源的负极相连，成为阴极；将辅助阳极与直流电源的正极相连，成为阳极。当接通电源时，两者就组成宏观电池，从而实现阴极保护，如图1-81所示。

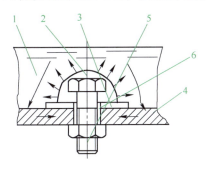

图1-80　牺牲阳极阴极保护示意图
（箭头表示电流方向）
1—腐蚀介质　2—牺牲阳极　3—绝缘垫
4—被保护设备　5—连接螺钉　6—屏蔽层

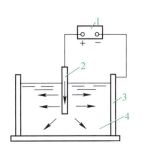

图1-81　外加电流阴极保护示意图
（箭头表示电流方向）
1—直流电源　2—辅助阳极
3—被保护设备　4—腐蚀介质

阴极保护是防止金属腐蚀比较有效的方法之一。其应用范围越来越广泛，常用于土壤、海水、淡水中金属结构的防护。对于无电源、介质电阻率较低的系统，或金属结构件复杂和密集的地区，宜采用牺牲阳极保护法；对于有电源、介质电阻率高、条件变化大、需要大电流保护的系统，应选用外加电流阴极保护法。

2. 阳极保护

阳极保护就是通过将可钝化金属的腐蚀电位提高到钝化电位来实现的电化学保护。阳极保护系统由直流电源、辅助阴极、被保护设备、腐蚀介质组成，如图1-82所示。被保护金属材料可由腐蚀状态进入钝化状态，使金属腐蚀速度降低而得到保护，常用的有不锈钢、钛材、碳素钢。辅助阴极材料常用的有高硅铸铁、铝青铜、石墨等。阳极保护主要应用于硫酸、磷酸、有机酸、液体肥料等介质中的金属设备的保护。

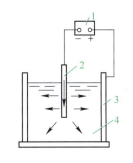

图1-82　阳极保护示意图
1—直流电源　2—辅助阴极
3—被保护设备　4—腐蚀介质

1.7.3　金属表面涂层保护

金属表面涂层保护的含义是：采用一定的方法，在金属表面上形成完整、致密的镀覆层，或采用金属、非金属材料涂覆在金属零件表面上，形成均匀的防护层。这些镀覆层（防护层）将金属零件与介质隔离开，大幅度提高金属零件的耐蚀性能。金属表面涂层保护是抵御各类腐蚀行之有效的手段。金属表面涂层保护的方法种类很多，下面介绍几种常用的方法。

1. 电镀

电镀是一种用电化学方法在镀件表面上沉积,形成金属或合金镀层的工艺方法。

图1-83所示是电镀装置示意图,以被镀工件为阴极,与电源的负极相连;镀层金属作为阳极,与电源正极相连;将阴极和阳极浸入含有镀层金属的电解质溶液中。在直流电的作用下,电解液中的金属阳离子向阴极移动,在阴极获得电子被还原成金属原子,并以电结晶的形式沉积于阴极表面形成镀层。现以酸性溶液镀铜为例简述电镀过程的基本原理。在阳极上,金属铜溶解,失去电子变成铜离子;在阴极上,铜离子得到电子被还原成金属铜。

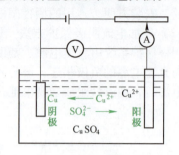

图1-83 典型电镀装置及离子运动方向

电镀可以把具有良好防腐蚀功能的金属元素如锌、镍、铬、铜、镉、金、银等,镀覆到金属零件表面上,形成厚度从几微米到几十微米的镀覆层,起到保护金属零件不被腐蚀的作用。

电镀工艺设备简单,操作方便,生产率高,成本低,在工业中应用相当广泛,但是环保与污染控制问题必须引起高度重视。

2. 发蓝

化学氧化是指金属表面与介质中的阴离子发生氧化反应而生成自身的氧化膜,一般在钢铁、铝、铜等金属及合金上进行。

发蓝是工业上常用的氧化处理方法之一。发蓝是将钢铁零件浸入含氢氧化钠、硝酸钠或亚硝酸钠的溶液中,在135~150℃温度下,浸泡15~90min,使钢铁零件表面形成四氧化三铁氧化膜。

经过发蓝处理的钢铁零件,表面生成了一层厚度仅为0.5~1.5μm的氧化膜。这层氧化膜阻断了钢铁零件与环境介质的接触,起到了防腐耐蚀的作用。同时由于氧化膜很薄,对钢铁零件的尺寸和精度几乎没有影响。

发蓝处理,不用电源,设备简单,工艺稳定,操作方便,成本低廉,应用广泛。

3. 涂料防护

涂料防护是将有机涂料采用一定方法涂覆于金属零件表面形成膜,以保护金属零件免受环境的侵蚀。

有机涂料简称涂料,俗称油漆。涂料一般由四部分组成,即成膜物质、颜料、分散介质、助剂,各组成部分的主要作用见表1-15。

表1-15 涂料的基本组成及主要作用

基本组成	典型品种	主要作用
成膜物质	合成高分子、天然树脂、植物油脂	是涂料的基础,黏结其他组分,牢固附着于被涂物表面,形成连续固体涂膜,决定涂料及涂膜的基本特征
颜料	钛白粉、滑石粉、铁红、铅黄、铝粉、云母	具有着色、遮盖、装饰作用,并能改善涂膜性能(如防锈、抗渗、耐热、导电、耐磨等),降低成本
分散介质	水、挥发性有机溶剂(如酯、酮类)	使涂料分散成黏稠液体,调节涂料流动性、干燥性和施工性,本身不能成膜,在成膜过程中挥发掉
助剂	固化剂、增塑剂、催干剂、流平剂等	本身不能单独成膜,但可改善涂料制造、贮存、施工、使用过程中的性能

涂料膜（涂层）保护金属零件的机理如下：

（1）屏蔽作用　金属表面涂了涂料后，把金属表面与环境隔开，起到了屏蔽作用。

（2）钝化缓蚀作用　借助涂料中的某些物质与金属反应，使金属表面钝化或生成保护性的物质。

（3）电化学保护作用　涂料中使用电位比铁低的金属（如锌等）作为填料，会起到牺牲阳极保护阴极的作用。

通常，涂层结构包括底漆、中间层和面漆。每层按需要涂刷一至数次。底漆直接与金属接触，是整个涂层体系的基础。它必须对金属表面具有良好的附着性能，还要能防腐蚀。中间层是为了与底漆、面漆结合良好，有时也为了增加涂层厚度以提高屏蔽作用。面漆直接与环境接触，要具有耐蚀性，同时还要满足美观的要求。

目前，常用的防腐涂料大多数属于树脂类或橡胶类涂料。一些典型涂料及其耐蚀性比较见表 1-16。

表 1-16　一些典型涂料及其耐蚀性比较

品　种	耐蚀性					耐氧化性	耐候性	耐磨性	耐热性
	酸	碱	盐	溶剂	水				
丙烯类	8	8	9	5	8	9	10	10	8
醇酸类	6	6	8	4	8	3	6	6	8
沥青类	10	7	10	2	8	2	4	3	4
氯化烃类	8	8	8	2	3	2	4	3	4
氯化橡胶类	10	10	10	4	10	0	8	6	8
环氧类	9	10	10	9	10	6	8	6	8
环氧-聚酯类	10	1	7	3	7	2	6	6	7
乳胶	2	1	6	1	2	1	10	6	5
含油料类	1	1	6	2	7	1	10	4	7
酚醛类	10	2	10	9	10	7	9	5	10
苯氧基类	3	9	10	5	10	6	4	6	8
硅酮类	4	3	6	2	8	4	9	4	10
乙烯类	10	10	10	5	10	10	10	7	3
氨基甲酸酯类	9	10	10	9	10	9	8	10	8
无机类	稀 2　浓 8	1	5	10	5	10	10	10	10

注："10"代表最好的保护，"1"代表最差的保护。

涂料防护施工，要根据涂料品种、性能、固化条件、施工要求以及被涂金属零件的材质、形状、大小、表面状况，选择适当的施工方法。常用的施工方法有刷涂法、浸涂法、喷涂法、淋涂法、静电喷涂法、电泳喷涂法、粉末涂装法等。

涂料防护的特点是：涂料品种多，适应性广，施工简单，不受被保护金属零件大小、形状的限制，应用极为广泛，比较经济。但是，涂层通常比较薄，力学性能一般较差，受冲击、强腐蚀和高温等条件下涂层易破坏而脱落，所以在苛刻条件下，应用受到一定的限制。

项目 2

锯削、锉削和錾削

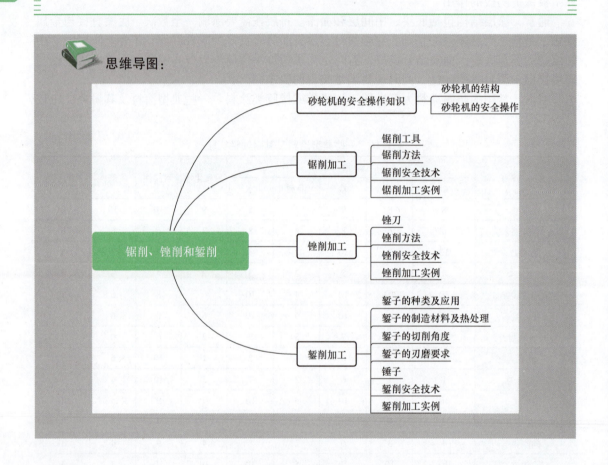

2.1 砂轮机的安全操作知识

2.1.1 砂轮机的结构

砂轮机主要是由基座、砂轮、电动机或其他动力源、托架、防护罩、吸尘装置和集水区等组成的,如图 2-1 所示。电动机置于基座的顶面,两端输出轴(根据不同砂轮型号输出轴的直径也不同)可分别安装砂轮,砂轮靠法兰盘和衬垫通过螺母锁紧在输出轴上,基座对应砂轮的底部位置具有一凹陷的集水区,方便操作者随时进行冷却工件。

2.1.2 砂轮机的安全操作

操作砂轮机应注意如下安全事项:

1）砂轮机的旋转方向要正确，只能使磨屑向下飞离砂轮。

2）砂轮机起动后，应在砂轮机旋转平稳后再进行磨削。若砂轮机跳动明显，应及时停机修整。

3）砂轮机托架和砂轮之间应保持 3mm 的距离，以防工件扎入造成事故。在开动砂轮机前要认真查看砂轮盘与防护罩之间有无杂物附着、堵塞，若有，一定要将杂物清理后方能开机。

4）磨削时应站在砂轮机的侧面，且用力不宜过大。

5）根据砂轮的使用说明书，选择与砂轮机主轴转数相符合的砂轮。

6）新领的砂轮要有出厂合格证，或检查试验标志。安装前若发现砂轮的质量、硬度、粒度和外观有裂缝等缺陷时，不能使用。

图 2-1　砂轮机

7）安装砂轮时，砂轮内孔与主轴的配合不宜太紧，应按间隙配合的技术要求，一般将间隙控制在 0.10mm 之内。

8）砂轮两面要装有法兰盘，其直径不得小于砂轮直径的 1/3，砂轮与法兰盘之间应垫好衬垫。

9）拧紧螺母时，要用专用的扳手，不能拧得太紧，严禁用硬的东西锤敲，防止砂轮受击碎裂。

10）砂轮装好后，要装防护罩、挡板和托架。挡板和托架与砂轮之间的间隙应保持在 3mm 内，并且挡板和托架的高度要略低于砂轮的中心。

11）新装砂轮起动时，不要过急，先点动检查，再经过空转 2~3min，待砂轮机运转正常后方能使用。

12）初磨时不能用力过猛，以免砂轮受力不均而发生事故。

13）过分细小、拿握不住的工件，不得在砂轮机上磨削，以防被卷入砂轮机、碾碎砂轮盘，从而造成事故。禁止磨削纯铜、铅、木头等，以防砂轮嵌塞。

14）不准两人同时在一块砂轮上刃磨。刃磨操作完毕，应及时关闭砂轮机电源，不得让砂轮机空转。

15）刃磨时间较长时，刀具应及时进行冷却，防止烫手。

16）经常修整砂轮表面的平衡度，保持良好的状态。

17）操作砂轮机的人员应戴好防护眼镜。

18）砂轮机吸尘装置必须完好有效，若发现故障，应及时修复，否则应停止工作。

2.2　锯削加工

用锯对材料或工件进行切断或切槽等的加工方法称为锯削。大型原材料和工件的分割通常利用机械锯进行，其不属于钳工的工作范围。钳工的锯削只是利用手锯对较小的材料和工件进行分割或切槽。常见的锯削工作如图 2-2 所示，分别为锯断各种原材料或半成品，锯去工件上的多余部分，在工件上锯出沟槽。

2.2.1　锯削工具

（1）手锯　手锯是钳工用来进行锯削的手动工具。

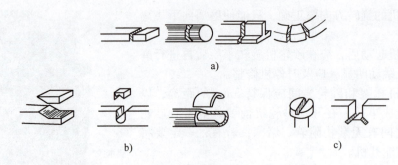

图 2-2　锯削的应用
a) 锯断各种原材料、半成品
b) 锯去工件上的多余部分　c) 在工件上锯出沟槽

手锯由锯弓（锯架）和锯条两部分组成。

1) 锯弓是用来张紧锯条的。锯弓可分为固定式锯弓和可调式锯弓两类，如图 2-3 所示。图 2-3a 所示为固定式锯弓，图 2-3b 所示为可调式锯弓。

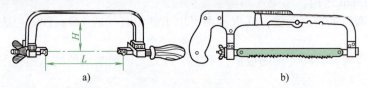

图 2-3　锯弓的构造
a) 固定式　b) 可调式

固定式锯弓为整体结构，只能安装一种规格的锯条（L 尺寸是不能改变的）。可调式锯弓分为两部分，使用时可安装几种长度规格的锯条（其 L 尺寸可改变）。另外，可调式锯弓手柄的结构形状在锯削时便于用力，故锯削时使用较多的为可调式锯弓。

锯弓按其材料的形状又可分为两种，即钢板结构和钢管结构。

钢板结构的锯弓其规格为：固定式 $L=300\text{mm}$，$H=64\text{mm}$（H 为最大锯切深度，见图 2-3）；可调式 $L=200\text{mm}$、$L=250\text{mm}$、$L=300\text{mm}$，$H=64\text{mm}$。

钢管结构的锯弓其规格为：固定式 $L=300\text{mm}$，$H=74\text{mm}$；可调式 $L=250\text{mm}$、$L=300\text{mm}$，$H=74\text{mm}$。

2) 锯条是手锯的重要组成部分，锯削时起切削作用。锯条一般用渗碳软钢冷轧而成，也有用碳素工具钢或合金钢制成，经热处理淬硬。锯条的长度规格是用其两端安装孔的中心距来表示的。锯条一般长度为 150~400mm，钳工常用的锯条长度为 300mm。

（2）锯条的选用　锯条是手锯的切削部分。正确选用锯条是锯削操作中不容忽视的问题。要做到合理选用锯条，必须先了解以下几点：

1) 锯削时要达到较高的工作效率，同时使锯齿具有一定的强度。因此，切削部分必须具有足够的容屑槽以及保证锯齿较大的楔角。目前使用的锯条锯齿角度是：前角为 0°，楔角为 50°，后角为 40°。锯齿角度如图 2-4 所示。

2) 锯削时，锯入工件越深，锯缝两边对锯条的摩擦阻力越大，甚至会把锯条咬住。制造时将锯条上的锯齿按一定规律左右错开排列成一定的形状称为锯路。锯路有交叉形、波浪形等。锯齿排列如图 2-5 所示。锯条有了锯路，使工件的锯缝宽度大于锯条背部的厚度，锯条便不会被锯缝咬住，减小了锯条与锯缝的摩擦阻力，锯条不致摩擦过热而加快磨损。

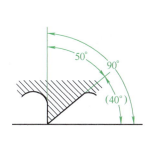

图2-4 锯齿角度

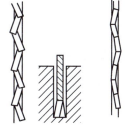

图2-5 锯齿排列

3）锯齿粗细是用锯条上每25mm长度内的齿数来表示的。目前有14、18、24和32齿等几种，分别为粗齿、中齿、细齿和极细齿。

锯削时锯齿的粗细应根据锯削材料的软硬和锯削面的厚薄来选择。粗齿锯条的容屑槽较大，适用于锯削软材料和锯削面较大的工件。因为此时每锯一次的切屑较多，粗齿的容屑槽大，就不致产生堵塞而影响切削效率。

细齿锯条适用于锯削硬材料。硬材料不易锯入，每锯一次的切屑较少，不致堵塞容屑槽，选用细齿锯条可使同时参加切削的齿数增加，从而使每齿的切削量减少，材料容易被切除，锯削比较省力，锯齿也不易磨损。

锯削面较小（薄）的工件，如锯割管子和薄板时必须选用细齿锯条，否则，锯齿很容易被钩住以致崩齿。

（3）锯条的安装　手锯是在向前推进时进行切削的，所以安装锯条时要保证齿尖向前，图2-6所示为锯条安装方向。另外，安装锯条时其松紧也要适当。安装得过紧，锯条受力大，锯削时稍有阻滞而产生弯折时，锯条很容易崩断；安装得过松，锯条不但容易弯曲造成折断，而且锯缝容易歪斜。

锯条安装好后，还应检查锯条安装得是否歪斜、扭曲，因前后夹头的方榫与锯弓方孔有一定的间隙，若歪斜、扭曲，必须校正。

2.2.2 锯削方法

（1）锯削的基本方法　锯削的基本方法包括锯削时锯弓的运动方式和起锯方法。

1）锯弓的运动方式有两种。一种是直线往复运动，此方式适用于锯缝底面要求平直的槽子和薄型工件。另一种是摆动式，锯削时锯弓两端可自然上下摆动，这样可减小切削阻力，提高工作效率。

2）起锯是锯削工作的开始，起锯质量的好坏直接影响锯削质量。

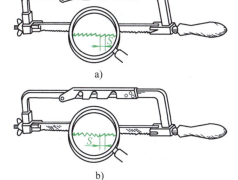

图2-6 锯条安装方向
a）正确　b）错误

起锯有近起锯和远起锯两种方法，如图2-7所示。在实际操作中多采用远起锯。锯削时，无论采用哪种起锯方法，其起锯角要小（α不超过15°为宜），若起锯角太大，锯齿会钩住工件的棱边，造成锯齿崩裂。但起锯角也不能太小，起锯角太小，锯齿不易切入，锯条易滑动而锯伤工件表面。

另外，起锯时压力要小，同时可用拇指挡住锯条，使锯条正确地锯在所需位置上，如图2-7d所示。

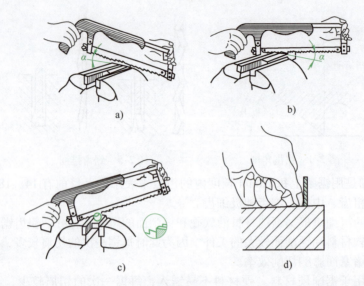

图 2-7 起锯方法

a）远起锯　b）近起锯　c）起锯角太大　d）用拇指挡住锯条起锯

3）发现锯齿崩裂应立即停止使用，取下锯条，在砂轮上把崩齿的地方小心地磨光，并把崩齿后面几齿磨低些。如图 2-8 所示为锯齿崩裂的处理。从工件锯缝中清除断齿后继续锯削。

(2) 锯削操作要点

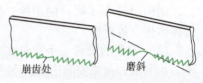

图 2-8 锯齿崩裂的处理

1）工件的夹持应稳当牢固，不可有弹动。工件伸出部分要短，并将工件夹在台虎钳的左侧。

2）压力、速度和往复长度要适当。锯削时，两手作用在手锯上的压力和锯条在工件上的往复速度，都将影响锯削效率。锯削时的压力和速度，必须按照工件材料的性质来确定。

锯削硬材料时，因不易切入，压力应大些，锯削软材料时，压力应小些。但不管何种材料，当向前推锯时，对手锯要加大压力，向后拉时，不但不要加大压力，还应把手锯微微抬起，以减少锯齿的磨损。每当锯削快结束时，压力应减小。钢锯的锯削速度以每分钟往复 20～40 次为宜。锯削软材料速度可快些，锯削硬材料速度应慢些。速度过快，锯齿易磨损；速度过慢，效率不高。锯削时，应使锯条全部长度都参加锯削，但不要碰撞到锯弓架的两端，这样锯条在锯削中的消耗平均分配于全部锯齿，从而延长锯条使用寿命。相反，若只使用锯条中间一部分，将造成锯齿磨损不匀，锯条使用寿命缩短。锯削时一般往复长度不应小于锯条长度的 2/3。

2.2.3 锯削安全技术

锯削时应注意如下安全事项：

1）要防止锯条折断时从锯弓上弹出伤人，因此要特别注意工件快锯断时锯弓压力要减小。锯条安装的松紧要恰当，不要突然用过大的力量锯削。

2）要防止工件被锯下的部分因跌落而损坏或伤人。当工件过大时，可用支承物支承。

3）无柄或无箍的直柄手锯不可使用，以防尾尖刺伤手掌。

2.2.4 锯削加工实例

技能训练 1　棒料和轴类零件的锯削

1）锯削前，根据工件材料性质、工件形状大小选择合适的锯条（粗细问题）及锯削方法。

2）把工件夹持在台虎钳上。工件夹持必须平稳，尽量保持水平位置，使锯条与工件保持垂直，以防止锯缝歪斜。

3）根据工件加工质量要求，选择适用的锯削方法。若被锯削工件锯后的断面要求比较平整、光洁时，锯削时应从一个方向连续锯削到结束。若锯削后工件的断面要求不太高时，每锯削到一定深度（不超过中心）可不断改变锯削方向，这样可减小锯削抗力，容易锯入，因此提高了工作效率。

如锯削毛坯材料时，断面质量要求不高，为了节省时间，可分几个方向锯削（都不超过中心），然后将毛坯折断。毛坯棒料的锯削如图 2-9 所示。

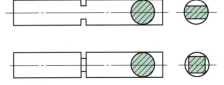

图 2-9　毛坯棒料的锯削

技能训练 2　管子的锯削

锯削前把管子水平地夹持在台虎钳上，不能夹得太紧，以免管子变形，对于薄壁管子或精加工过的管子都应夹在木垫内，如图 2-10 所示。

管子锯削时，不可从一个方向锯削到结束，否则，锯齿容易被钩住而崩齿（图 2-11b），锯出的锯缝因为锯条的跳动也不平整。所以当锯条锯到接近管子的内壁处，应将管子向推锯方向转过一个角度。锯条再依原有的锯缝继续锯削，不断转动，不断锯削，直至锯削结束。管子的锯削如图 2-11a 所示。

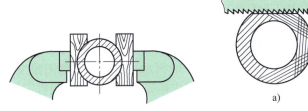

图 2-10　管子夹持方法

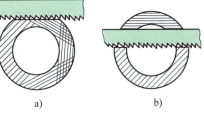

图 2-11　管子的锯削
a）正确　b）错误

2.3　锉削加工

用锉刀对工件进行切削加工的方法称为锉削。

锉削尺寸精度可达 0.01mm 左右，表面粗糙度值最小可达 $Ra\ 0.8\mu m$ 左右。锉削是钳工的主要操作技能之一。锉削的工作范围较广，可以锉削工件的内、外表面和各种沟槽。钳工在装配过程中也经常利用锉削对零件进行修整。

2.3.1　锉刀

锉刀是锉削的刀具。锉刀用高碳工具钢 T12 或 T13 制成，并经热处理淬硬，其硬度应为 62~67HRC。

（1）锉刀的构造　图 2-12 所示是锉刀的典型结构，按图样其各组成部分说明如下：

1）锉身是锉梢端至锉肩之间的部分。无锉肩的锉刀（如整形锉和异形锉）则以锉纹长度部分为锉身。

2）锉柄是锉身以外的部分（L_1 部分），是安装锉刀柄的部分。

3）锉身平行部分是锉身中素线互相平行的部分。

4）梢部是锉身截面尺寸开始逐渐缩小的始点到梢端之间的部分（l 部分）。

5）主锉纹就是在锉刀工作面上起主要锉削作用的锉纹。

6）主锉纹覆盖的锉纹是辅锉纹。

7）锉刀窄边或窄面上的锉纹是边锉纹。

8）主锉纹与锉身轴线的最小夹角称为主锉纹斜角 λ。

9）辅锉纹与锉身轴线的最小夹角称为辅锉纹斜角 ω。

10）边锉纹与锉身轴线的最小夹角称为边锉纹斜角 θ。

从图 2-12 所示可知，在锉刀工作面上有主锉纹和辅锉纹两种锉纹，主锉纹覆盖在辅锉纹上，使锉齿间断，达到分屑断屑作用，故双锉纹锉刀锉削时较省力。单锉纹锉刀锉削时由于全宽同时切削，需要较大的切削力，因此适用于铝等软金属的锉削。

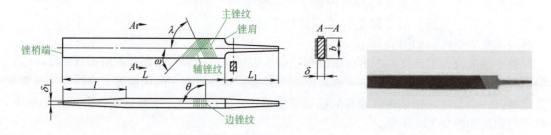

图 2-12　锉刀的各部分名称

双锉纹锉刀的主锉纹斜角与辅锉纹斜角制成不等角（具体数值见表 2-1），从而使锉齿沿锉刀轴线方向形成倾斜和有规律的排列，如图 2-13a 所示。这样锉出的刀痕交错不重叠，被锉削表面比较光滑。若主锉纹斜角与辅锉纹斜角制成相等角，那么锉齿沿锉刀轴线平行排列，如图 2-13b 所示，锉出的表面产生沟纹，得不到光滑的表面。

表 2-1　钳工锉的锉纹参数（摘自 QB/T 3844—1999）

规格/mm	主锉纹条数					辅锉纹条数
	锉纹号					
	1	2	3	4	5	
100	14	20	28	40	56	为主锉纹条数的75%~95%
125	12	18	25	36	50	
150	11	16	22	32	45	
200	10	14	20	28	40	
250	9	12	18	25	36	
300	8	11	16	22	32	
350	7	10	14	20	—	
400	6	9	12	—	—	
450	5.5	8	—	—	—	
极限偏差	±5%（其极限偏差值不足 0.5 条时可圆整为 0.5 条）					±8%

(续)

规格/mm	边锉纹条数	主锉纹斜角 λ		辅锉纹斜角 ω		边锉纹斜角 θ
		1~3号锉纹	4~5号锉纹	1~3号锉纹	4~5号锉纹	
100 125 150 200 250 300 400 450	为主锉纹条数的 100%~120%	65°	72°	45°	52°	90°
极限偏差	+20%	±5°				±10°

注：扁锉可制成二面边纹、一面边纹或不制边纹；三角锉、半圆锉可制边纹。

(2) 锉刀的种类　锉刀可分为钳工锉、异形锉和整形锉三种。

1) 钳工锉是钳工常用的锉刀，钳工锉按其断面形状又可分为齐头扁锉、半圆锉、三角锉、方锉和圆锉，以适应各种表面的锉削。钳工锉的断面形状如图2-14所示。

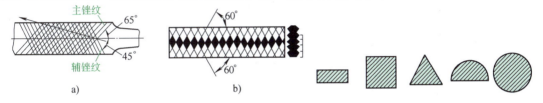

图2-13　锉齿的排列

图2-14　钳工锉的断面形状

2) 异形锉是用来加工零件上特殊表面的，有弯的和直的两种，如图2-15所示。

3) 整形锉用于修整工件上的细小部位，它可由5把、6把、8把、10把或12把不同断面形状的锉刀组成一组（套），如图2-16所示。

各种类别、规格的锉刀，按GB/T 5806—2003规定，可用锉刀编号加以表示。锉刀编号依次是由类别代号、型式代号和其他代号、规格、锉纹号组成。

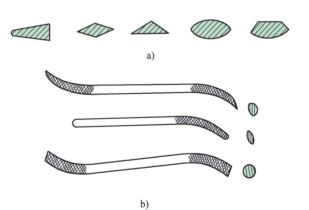

图2-15　异形锉

a) 断面不同的各种直的异形锉　b) 弯的异形锉

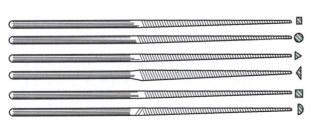

图2-16　整形锉

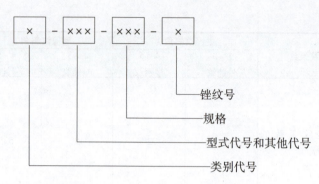

锉刀的类别与型式代号见表2-2。

表2-2 锉刀的类别与型式代号

类别	类别代号	型式代号	型式	类别	类别代号	型式代号	型式
钳工锉	Q	01	齐头扁锉	整形锉	Z	01	齐头扁锉
		02	尖头扁锉			02	尖头扁锉
		03	半圆锉			03	半圆锉
		04	三角锉			04	三角锉
		05	方锉			05	方锉
		06	圆锉			06	圆锉
异形锉	Y	01	齐头扁锉			07	单面三角锉
		02	尖头扁锉			08	刀形锉
		03	半圆锉			09	双半圆锉
		04	三角锉			10	椭圆锉
		05	方锉			11	圆边扁锉
		06	圆锉			12	菱形锉
		07	单面三角锉				
		08	刀形锉				
		09	双半圆锉				
		10	椭圆锉				

锉刀的其他代号规定如下：p表示普通型，b表示薄型，h表示厚型，z表示窄型，t表示特窄型，l表示螺旋型。

锉刀的锉纹号是反映锉刀粗细的参数。钳工锉的锉纹号按每10mm轴向长度内锉纹条数的多少划分为1~5号，见表2-1。1号锉纹至5号锉纹，锉齿由粗到细。

锉刀编号示例见表2-3。

表2-3 锉刀编号示例

锉刀编号	锉刀类型、规格
Q-02-200-3	钳工锉类的尖头扁锉，200mm，3号锉纹
Y-01-170-2	异形锉类的齐头扁锉，170mm，2号锉纹
Z-04-140-00	整形锉类的三角锉，140mm，00号锉纹
Q-03h-250-1	钳工锉类的半圆锉，厚型250mm，1号锉纹

（3）锉刀的选用和保养　每种锉刀都有它适当的用途和相应的使用场合，只有合理地选择，才能充分发挥它的效能且不致过早地丧失锉削能力。锉刀的选择取决于工件锉削余量的大小、精度要求的高低、表面粗糙度的大小和工件材料的性质。各类锉刀能达到的加工精度见表2-4，以供参考。

表 2-4　各类锉刀能达到的加工精度

锉　刀	适 用 场 合		
	加工余量/mm	尺寸精度/mm	表面粗糙度 Ra/μm
粗锉	0.5～1	0.2～0.5	100～25
中锉	0.2～0.5	0.05～0.2	12.5～6.3
细锉	0.05～0.2	0.01～0.05	12.5～3.2

锉刀断面形状的选择，取决于工件锉削表面的形状，不同表面的锉削如图 2-17 所示。

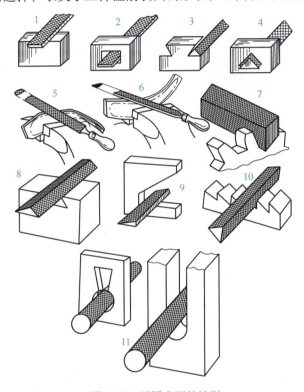

图 2-17　不同表面的锉削

1、2—锉平面　3、4—锉燕尾和三角孔　5、6—锉曲面　7—锉楔角
8—锉内角　9—锉菱形　10—锉三角形　11—锉圆孔

锉削软材料时，如果没有专用的单齿纹软材料锉刀，则选用粗锉刀。锉刀长度规格的选择，取决于工件锉削表面的大小。

合理选用锉刀是保证锉削质量、充分发挥锉刀效能的前提，正确使用和保养锉刀则是延长其使用寿命的一个重要环节，因此，锉刀使用时必须注意以下几点：

1) 不可用锉刀锉削毛坯的硬皮及淬硬的表面，否则，锉纹很快磨损而丧失锉削能力。

2) 锉刀应先用一面，用钝后再用另一面。

3) 发现锉屑嵌入纹槽内，应及时用铜丝刷顺着齿纹方向将锉屑刷去，如图 2-18 所示。

4) 锉削中不得用手摸锉削表面，以免再锉时打滑。锉刀严禁接触油类。黏着油脂的锉刀一定要用煤油清洗干净，涂上白粉。

5) 锉刀放置时不能叠放，不能与其他金属硬物相碰，以免损坏锉齿。

6) 不可用锉刀代替其他工具敲打或撬物。

2.3.2 锉削方法

钳工要掌握锉削技能和提高锉削质量必须要正确握持锉刀且有正确的锉削姿势。

（1）锉刀的握法　正确握锉刀有助于提高锉削质量。锉刀的种类较多，所以锉刀的握法还必须随着锉刀的大小、使用的地方不同而改变。较大锉刀的握法，如图2-19所示。其握法是用右手握着锉刀柄，柄端顶住拇指根部的手掌，拇指放在锉刀柄上，其余手指由下而上地握着锉刀柄，如图2-19a所示。左手在锉刀上的放法有三种，如图2-19b

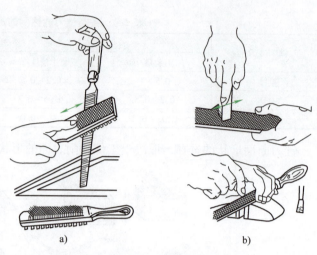

图2-18　清除锉屑
a）用铜丝刷　b）用铜片

所示。两手结合起来的握锉姿势如图2-19c所示。中、小型锉刀的握法如图2-20所示。握持中型锉刀时，右手的握法与握大锉刀一样，左手只需大拇指和食指轻轻地扶刀，如图2-20a所示。在使用小型锉刀时，为了避免锉刀弯曲，用左手的几个手指压在锉刀的中部，如图2-20b所示。使用最小型锉刀只用一只右手握住锉刀，食指放在上面，如图2-20c所示。

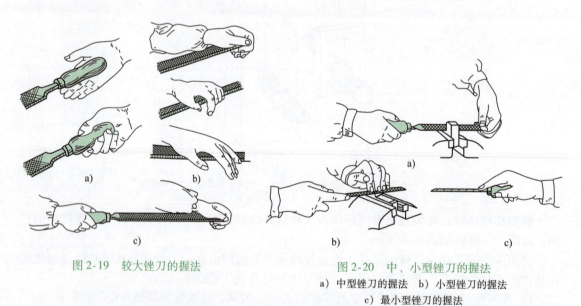

图2-19　较大锉刀的握法　　　　图2-20　中、小型锉刀的握法
　　　　　　　　　　　　　　a）中型锉刀的握法　b）小型锉刀的握法
　　　　　　　　　　　　　　　　c）最小型锉刀的握法

（2）锉削姿势　正确的锉削姿势对钳工来说是十分重要的，只有姿势正确，才能做到既提高锉削质量和锉削效率，又减轻劳动强度。锉削时的姿势如图2-21所示，身体的重心落在左脚上，右膝要伸直，脚始终站稳不可移动，靠左膝的屈伸而作往复运动。开始锉削时身体要向前倾斜10°左右，右肘尽可能缩到后方，如图2-21a所示。当锉刀推出1/3行程时身体前倾到15°左右，使左膝稍弯曲，如图2-21b所示。锉刀推出2/3行程时，身体前倾到18°左右，左、右臂均向前伸出，如图2-21c所示。锉刀推出全程时，身体随着锉刀的反作

用力退回到15°位置,如图2-21d所示。行程结束后,把锉刀略提高使手和身体回到初始位置,如图2-21a所示。为了保证锉削表面平直,锉削时必须掌握好锉削力的平衡。锉削力由水平推力和垂直压力两者合成,推力主要由右手控制,压力是由两手控制的。锉削时锉刀两端伸出工件的长度随时都在变化,因此,两手对锉刀的压力大小也必须随着变化。如图2-22所示为锉削力的平衡。开始锉削时左手压力要大,右手压力要小而推力要大,如图2-22a所示。随着锉刀向前推进,左手压力减小,右手压力增大。当锉刀推进至中间时,两手压力相同,如图2-22b所示。再继续推进锉刀时,左手压力逐渐减小,右手压力逐渐增加,如图2-22c所示。锉刀回程时不加压力以减少锉纹的磨损,如图2-22d所示。锉削时速度不宜太快,一般为30~60次/min。

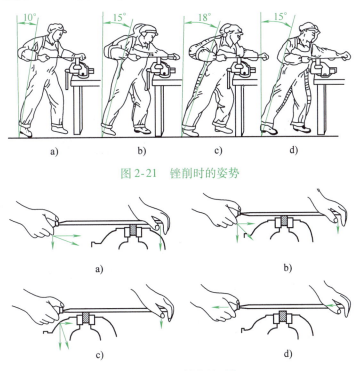

图2-21 锉削时的姿势

图2-22 锉削力的平衡

2.3.3 锉削安全技术

锉削时应注意如下安全事项:

1) 不使用无柄或柄已开裂的锉刀。锉刀柄要装紧,否则不但用不上力,而且可能因柄脱落而刺伤手腕。
2) 不能用嘴吹铁屑,以防铁屑飞进眼睛;也不准用手清除铁屑,以防手上扎入铁刺。
3) 锉刀安置时不要露在钳桌外面,以防跌落扎伤脚或损坏锉刀。
4) 锉削时不要用手摸锉削表面,因手上有油污,会使锉削时锉刀打滑而造成损伤。
5) 不准将锉刀用作其他用途。

2.3.4 锉削加工实例

技能训练 平面的锉法

平面的锉法有以下三种:

1）顺向锉法，如图 2-23 所示，它是顺着同一方向对工件进行锉削，是最基本的锉削方法。用此方法锉削可得到正直的锉痕，比较整齐美观，适用于工件表面最后的锉光和锉削不大的平面。

2）交叉锉法，如图 2-24 所示，它是从两个交叉方向对工件进行锉削。锉削时锉刀与工件的接触面增大，容易掌握好锉刀的平稳。锉削时还可从锉痕上反映出锉削面的高低情况，表面容易锉平，但锉痕不正直。所以当锉削余量较多时可先采用交叉锉法，余量基本锉完时再改用顺向锉法，使锉削表面锉痕正直、美观。

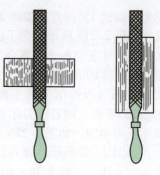

图 2-23　顺向锉法

3）推锉法，如图 2-25 所示，它是用两手对称地横握锉刀，用大拇指推动锉刀顺着工件长度方向进行锉削。推锉法适合在锉削窄长平面和修整尺寸时应用。

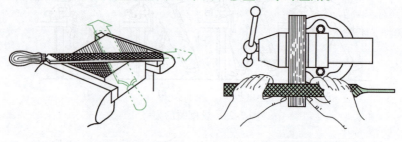

图 2-24　交叉锉法　　　　　图 2-25　推锉法

锉削平面时，不管采用顺向锉法还是交叉锉法，每当抽回锉刀时，锉刀要向旁边移动一些（见图 2-26），这样可使整个加工面得到均匀的锉削。

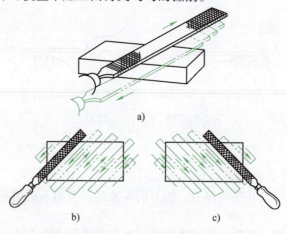

图 2-26　锉刀的移动

2.4　錾削加工

用锤子敲击錾子对工件进行切削加工的方法称为錾削。錾削的加工效率较低，主要用在不便使用机械加工的场合，如清除毛坯件表面多余金属、分割材料、开油槽等，有时也用作较小平面的粗加工。此外，通过錾削加工的练习，可以提高敲击的准确性，为装拆机械设备打下扎实的基础。

2.4.1 錾子的种类及应用

錾子的形状是根据工件不同的錾削要求而设计的。钳工常用的錾子有扁錾、尖錾和油槽錾等，如图2-27所示。

（1）扁錾（阔錾）　切削部分扁平、刃口略带弧形。用来錾削凸缘、毛刺和分割材料，应用最为广泛。

（2）尖錾（狭錾）　切削刃较短，切削刃两端侧面略带倒锥，防止在錾削沟槽时被沟槽卡住。主要应用于錾削沟槽和分割曲线形板料。

（3）油槽錾　切削刃很短并呈圆弧形。錾子斜面制成弯曲形，便于在曲面上錾削沟槽。主要用于錾削沟槽。

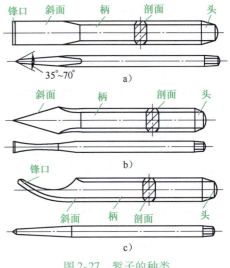

图2-27　錾子的种类
a）扁錾　b）尖錾　c）油槽錾

2.4.2 錾子的制造材料及热处理

錾子是錾削工件的刀具，用碳素工具钢（T7A或T8A）经锻打成形后再进行刃磨和热处理而成。切削部分经热处理后硬度可达到56~62HRC。

錾子的热处理包括淬火和回火两个过程，从而保证錾子切削部分具有适当的硬度而又不至于太脆。

热处理时，先把錾子切削部分的20mm左右长度加热至750~780℃（呈暗樱红色），然后迅速将5~6mm浸入冷水中冷却（图2-28），并将錾子沿水平面微微移动，这样既可以加速冷却，同时由于水平面的波动，使錾子淬硬部分和未淬硬部分不至于有明显的界线，避免錾削时容易沿此线断裂。待冷却到露出水面的部分呈黑色时，从水中取出，利用錾子上部热量进行余热回火，此时要注意观察錾子颜色的变化。一般刚出水时錾子刃口是白色，随着温度逐渐上升后由白色变为黄色，再由黄色变为蓝色。当呈现黄色时把錾子全部浸入冷水中冷却，此回火温度称为黄火。当呈现蓝

图2-28　錾子的淬火

色时，将錾子全部浸入冷水中冷却，此时的回火温度称为蓝火。黄火的錾子硬度较高，韧性较差。蓝火的錾子硬度较低，韧性较好。所以一般采用两者之间的硬度——黄蓝火。这样既能达到较高的硬度，又能保持一定的韧性。但应注意錾子出水后，由白色变为黄色，由黄色变为蓝色的时间很短，只有数秒，所以要取得"黄蓝火"就必须把握好时机。

2.4.3 錾子的切削角度

1. 錾子的切削部分

錾子切削部分包括前、后两个刀面和一条切削刃。

前面 A_γ 是切屑流过的表面。

后面 A_α 是与工件上切削中产生的表面相对的表面。

切削刃是刀具前面上拟作切削用的刃。

2. 錾子切削时的几何角度

为了认识錾子在切削时的角度（图2-29），需要先选定两个坐标平面。

切削平面：切削平面就是通过切削刃选定点与切削刃相切并垂直于基面的平面。图2-29中切削平面与切削表面重合。

基面：基面就是通过切削刃选定点，并平行或垂直于刀具在制造、刃磨及测量时适合于安装或定位的一个平面或轴线。切削平面与基面相互垂直，构成了确定錾子几何角度的坐标平面。

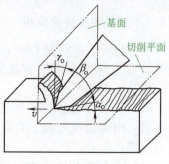

图2-29 錾削时的角度

1) 楔角 β_o 是前面与后面之间的夹角。楔角越大，切削部分的强度越高，但錾削时阻力也越大，不易切入材料，所以楔角的大小应根据工件材料的软硬来选择。錾削硬材料，楔角应大些；錾削软材料，楔角选小些。錾削硬钢和铸铁等硬材料时，楔角取 $\beta_o = 60° \sim 70°$；錾削钢料和中等硬度材料时，楔角取 $\beta_o = 50° \sim 60°$；錾削铜和铝等软材料时，楔角取 $\beta_o = 30° \sim 50°$。

2) 后角 α_o 是后面与切削平面之间的夹角。后角的作用是减少后面与切削平面之间的摩擦，使刀具容易切入材料。后角的大小，是由錾削时錾子被掌握的位置所决定的。后角一般取 $\alpha_o = 5° \sim 8°$，后角太大会使錾子切入太深，錾削发生困难；后角太小则容易使錾子滑出工件表面，也不能正常錾削。后角对錾削的影响如图2-30所示。

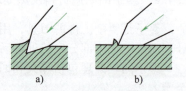

图2-30 后角对錾削的影响

3) 前角 γ_o 是前面与基面之间的夹角。前角的作用是减少切屑的变形和使切削轻快。前角越大切削越省力，但在后角一定的情况下，要增加前角，就要减小楔角，因为 $\beta_o = 90° - (\gamma_o + \alpha_o)$，这将降低切削部分的强度。因此錾削时前角的大小在选择好楔角后已被确定了。

2.4.4 錾子的刃磨要求

錾子切削部分的好坏，直接影响到錾削质量和工作效率，所以錾子必须通过正确的刃磨，使切削刃十分锋利。刃磨时，錾子在旋转着的砂轮轮缘上（高于砂轮中心）做左右移动，如图2-31所示，錾子锋口的两面应交替刃磨，并保持宽度一样。

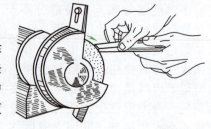

图2-31 錾子在砂轮上刃磨

錾子刃磨的要求：楔角的大小与工件材料硬度相适应，楔角被錾子中心线等分（油槽錾例外），切削刃呈一条直线（油槽錾切削刃呈一圆弧）。刃磨过程中錾子应经常浸水冷却，防止过热退火。

2.4.5 锤子

錾削是利用锤子的锤击力而使錾子切入金属的，锤子是錾削工作中不可缺少的工具，而且也是钳工在装拆零件时的重要工具。

(1) 锤子的构造　锤头是由锤头和锤柄两部分组成的，如图2-32所示。锤子的规格是根据锤头的质量来决定的。钳工用的锤子有0.25kg、0.5kg、1kg等几种；英制有1/2lb、1lb、

$1\frac{1}{2}$lb 等几种。锤头是用 T7 钢制成,并经淬硬处理。锤柄的材料选用坚硬的木材,如用胡桃木、檀木等,其长度应根据不同规格的锤头选用,如 0.5kg 的锤子锤柄长一般为 350mm。木柄安装在锤头孔中必须牢固可靠,要防止锤头脱落造成事故。为此装锤柄的孔做成椭圆形的,且两端大中间小,木柄敲紧后,端部再打入楔子就不易松动了,如图 2-33 所示。

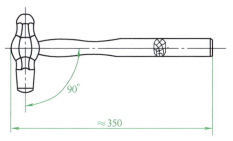

图 2-32 锤子

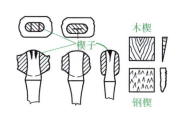

图 2-33 锤柄端部打入楔子

(2) 锤子的使用 锤子使用时要注意两点:一是握锤,二是挥锤。

1) 握锤分紧握法和松握法两种。紧握法如图 2-34 所示,用右手食指、中指、无名指和小指握紧锤柄,锤柄伸出 15~30mm,大拇指压在食指上。松握法如图 2-35 所示,只有大拇指和食指始终握紧锤柄。锤击过程中,当锤子打向錾子时,中指、无名指、小指一个接一个依次握紧锤柄,挥锤时以相反的次序放松。此法使用熟练可增加锤击力。

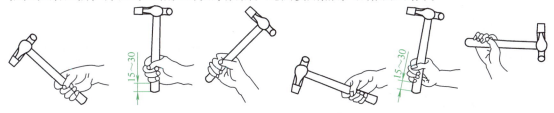

图 2-34 锤子紧握法　　　　　　　图 2-35 锤子松握法

2) 挥锤的方法有手挥、肘挥和臂挥三种。手挥只有手腕的运动,锤击力小,一般用于錾削的开始和结尾。錾削油槽由于切削量不大也常用手挥。肘挥是用腕和肘一起挥锤,如图 2-36 所示,其锤击力较大,应用最广泛。臂挥是用手腕、肘和全臂一起挥锤,如图 2-37 所示,臂挥锤击力最大,用于需要大力錾削的场合。

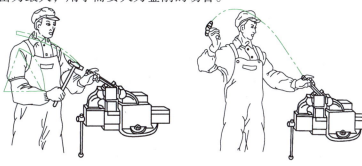

图 2-36 肘挥　　　　　　　图 2-37 臂挥

2.4.6 錾削安全技术

錾削时应注意以下安全事项:

1）錾子要经常刃磨锋利，过钝的錾子不但錾削费力，錾削的表面不平整，而且易产生打滑现象而引起手部划伤事故。

2）錾子头部有明显的毛刺时（图3-38）要及时磨掉，避免碎裂伤人。

3）发现锤子木柄有松动或损坏时，要立即装牢或更换，以免锤头脱落飞出伤人。

4）要防止錾削碎屑飞出伤人，必要时操作者可戴上防护眼镜。

5）錾子头部、锤子头部和木柄都不应沾油，以防滑出。

6）錾削加工疲劳时要适当休息，手臂过度疲劳时，容易击偏伤手。

图 2-38　錾子头部的毛刺

2.4.7　錾削加工实例

（1）錾削平面　錾削平面采用扁錾，每次錾削金属厚度为0.5~2mm。錾削较窄平面时錾子的刃口与錾削方向应保持一定的角度，如图2-39所示，这样錾削时导靠较稳。錾削较大平面时，可先用尖錾间隔开槽，槽的深度应保持一致，冉用扁錾錾去剩余部分，这样比较省力，如图2-40所示。

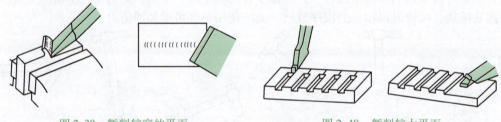

图 2-39　錾削较窄的平面　　　　图 2-40　錾削较大平面

（2）錾削板料　在没有剪切设备的情况下，可用錾削方法分割薄板料或薄板工件，常见的有以下几种情况：

1）薄板夹持在台虎钳上錾切，先将薄板料牢固地夹持在台虎钳上，錾切线与钳口平齐，然后用扁錾沿着钳口并斜对着薄板料（约45°）自右向左錾切，如图2-41所示。錾切时，錾子的刃口不能平对着板料，否则錾切时不仅费力，而且由于板料的弹动和变形，造成切断处产生不平整或撕裂，形成废品，如图2-42所示就是错误的錾削方法。

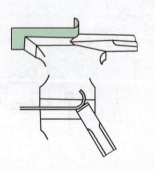
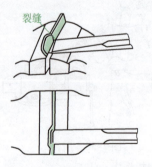

图 2-41　薄板料的錾切法　　　　图 2-42　错误錾切薄板的方法

2）錾切较大薄板料时，当薄板料不能夹在台虎钳上进行錾切时，可用软钳铁垫在铁砧或平板上，然后从一面沿錾切线（必要时距錾切线 2mm 左右作加工余量）进行錾切，如图 2-43 所示。

3）錾削形状较为复杂的薄板件时，为了减少工件变形，一般先按轮廓线钻出密集的排孔，然后利用扁錾、尖錾逐步錾切，如图 2-44 所示。

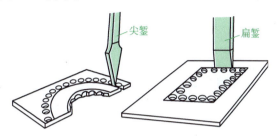

图 2-43　大尺寸薄板料錾切　　　图 2-44　工件形状比较复杂的錾切

项目 3 刮削和研磨加工

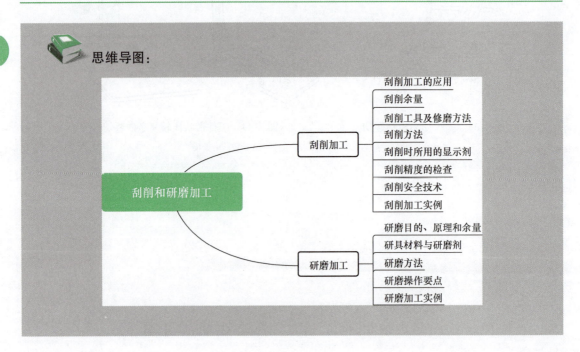

思维导图：

3.1 刮削加工

3.1.1 刮削加工的应用

用刮刀刮除工件表面薄层而达到精度要求的方法称为刮削。

刮削加工属于精加工。它具有切削量小、切削力小、产生热量小、加工方便和装夹变形小等特点。通过刮削后的工件表面，不仅能获得很高的几何精度、尺寸精度、接触精度、传动精度，还能形成比较均匀的微浅凹坑，创造良好的存油条件。另外，通过刮削加工后的工件表面，由于多次反复地受到刮刀的推挤和压光作用，能使工件表面组织紧密，得到较低的表面粗糙度值。鉴于以上特点和精度要求，刮削加工适用于利用一般机械加工手段难以达到，所以必须采用刮削的方法来进行加工的表面，如机床导轨面、转动轴颈和轴承之间的接触面、工具和量具的接触面以及密封表面等。因而刮削加工在机械制造中仍属于一项重要的加工方法。

3.1.2 刮削余量

由于每次的刮削量很少，要求留给刮削加工的余量不宜太大，一般在 0.05~0.4mm，具体数值要根据工件刮削面积大小而定。刮削面积大，加工误差也大，所留余量应大些；反之,余量可小些。合理的刮削余量见表3-1。当工件刚度较小、容易变形时,刮削余量可取大些。

表 3-1 刮削余量　　　　　　　　　　　　　　　　　　　（单位：mm）

平面的刮削余量					
平面宽度	平面长度				
	100~500	500~1000	1000~2000	2000~4000	4000~6000
100以下	0.10	0.15	0.20	0.25	0.30
100~500	0.15	0.20	0.25	0.30	0.40
孔的刮削余量					
孔径	孔长				
	100以下		100~200		200~300
80以下	0.05		0.08		0.12
80~180	0.10		0.15		0.25
180~360	0.15		0.20		0.35

3.1.3 刮削工具及修磨方法

1. 刮刀

刮刀是刮削的主要工具,刀头部分应具有足够高的硬度,刃口必须锋利,一般采用碳素工具钢 T10A、T12A 或弹性较好的 GCr15 滚动轴承钢锻制而成。刮削硬工件时,也可焊上硬质合金。根据用途不同,刮刀可分为平面刮刀和曲面刮刀两大类。

(1) 平面刮刀　平面刮刀如图 3-1 所示,主要用于刮削平面(如平板、工作台等),也可用于刮削外曲面。按所刮表面的精度要求不同,可分为粗刮刀、细刮刀和精刮刀三种。刮刀的楔角 β 的大小,应根据粗、细、精刮的要求而定,如图 3-2a 所示。粗刮刀 β 为 90°~92.5°,切削刃必须平直;细刮刀 β 为 95°左右,切削刃稍带圆弧;精刮刀 β 为 97.50°左右,切削刃圆弧半径比细刮刀小些。在刃磨时必须避免出现如图 3-2b 所示的几种错误形状。

常用平面刮刀规格见表 3-2。

(2) 曲面刮刀　曲面刮刀主要用于刮削内曲面(如滑动轴承的内孔等)。曲面刮刀有多种形状,常用的有三角刮刀和蛇头刮刀等(图 3-3)。三角刮刀断面呈三角形,可用三角锉刀改制,也可用碳素工具钢 T10A 直接锻制。在三个面上开有三条凹形刀槽,刀槽开在两刃中间,切削刃边上只留 2~3mm 的棱边。蛇头刮刀断面形状呈矩形,在两个平面上开有凹形刀槽,刀头部具有四个圆弧形的切削刃。粗刮刀圆弧的曲率半径大,精刮刀圆弧的曲率半径小。

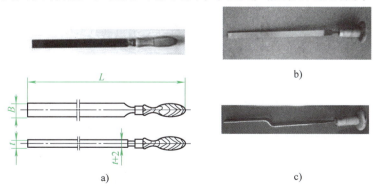

图 3-1 平面刮刀
a) 普通平面刮刀　b) 直角刮刀　c) 弯头刮刀

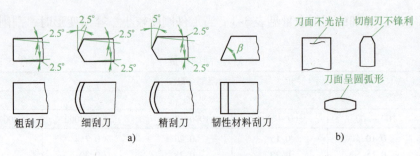

图 3-2　刮刀头部角度和形状
a）刮刀头部角度　b）刮刀头部错误形状

表 3-2　平面刮刀规格　　　　　　　　　　（单位：mm）

种类	尺寸		
	全长 L	宽度 B	厚度 t
粗刮刀	450～600	25～30	3～4
细刮刀	400～500	15～20	2～3
精刮刀	400～500	10～12	1.5～2

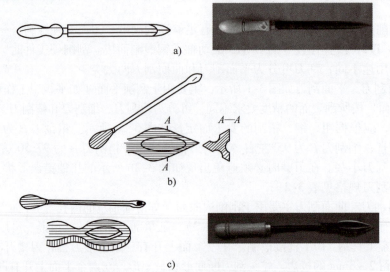

图 3-3　曲面刮刀形状
a）三角刮刀　b）柳叶刮刀　c）蛇头刮刀

刮刀刮削时的几何角度如图 3-4 所示。平面刮削采用负前角刮削，曲面刮削常采用正前角刮削。

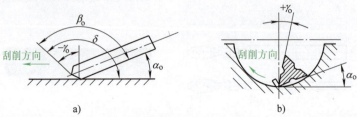

图 3-4　刮削时的几何角度
a）平面刮削　b）曲面刮削

项目3 刮削和研磨加工

(3) 刮刀的刃磨 为了更好地进行刮削,要求刮刀的切削刃保持光滑而锋利,因而,需要经常刃磨。刃磨刮刀的方法如下:

1) 粗磨平面刮刀(铲刀)。如图3-5所示,起动砂轮,把淬硬的刮刀顶端搁在砂轮搁架上,沿着砂轮轮线来回移动,使刃口窄侧面及宽平面互成平行或垂直(刃口可磨成稍带弧形)。刃磨时要注意防止刮刀弹跳,及时用水冷却,避免刮刀退火。

2) 细磨平面刮刀。经砂轮粗磨后的刮刀,刃口仍然存在细微的凹痕并带有毛刺,还要进一步在油石或放有研磨剂的平板上进行细磨。在油石上细磨时,需放适量的柴油或机油。刃磨时,刮刀的刀身要垂直于油石表面,两个宽平面和切削刃顶端面要交替着磨。注意,两切削刃应在两宽平面上(图3-6),不能出现负前角,否则将不锋利,失去刃磨的意义。条件许可的情况下,刮刀的两宽平面最好在平面磨床上磨光。刮刀在使用中需要刃磨时,只需垂直地刃磨切削刃顶端面即可。刃磨时,刃磨方向最好与刮刀宽平面垂直。这样,保证刮刀切削刃口的平整和锋利,工作起来也方便。同时,为了避免刃磨时刮刀的刃口钩住油石,刃口和运动方向应形成一个较小的角度。

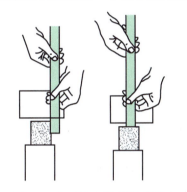

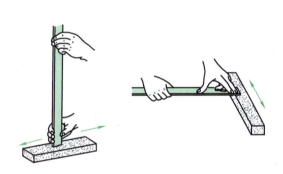

图3-5 在砂轮上粗磨平面刮刀   图3-6 在油石上细磨平面刮刀

2. 校准工具

校准工具是用来磨研点和检验刮面准确性的工具,有时也称为研具,常用的有以下几种:

(1) 标准平板用来校验较宽的平面 标准平板的面积尺寸有多种规格,选用时应使标准平板的面积大于刮面的3/4,标准平板的结构和形状如图3-7所示。

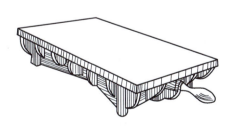

图3-7 标准平板的结构和形状

(2) 校准直尺用来校验狭长的平面 校准直尺的形状如图3-8所示。图3-8a所示是桥式直尺,用来校验机床较大导轨的直线度。图3-8b所示是工字形直尺,它有单面和双面两种。双面工字形直尺即两面都经过精刮并且互相平行。这种双面的工字形直尺,常用来校验狭长平面相对位置的准确性。桥式和工字形两种直尺,可根据狭长平面的大小和长短,适当采用。

3. 角度直尺

角度直尺用来校验两个刮面呈一定角度的组合平面,如燕尾导轨。其形状如图 3-8c 所示。两基准面应经过精刮,并呈所需的标准角度,如 55°、60°等。第三面只是作为放置时的支承面,所以没有经过精密加工。

各种直尺不用时,应将其吊起。不便吊起的直尺,应安放平稳,以防变形。

检验曲面刮削的质量,多数是用与其相配合的轴作为校准工具。例如齿条和蜗轮的齿面,则用与其相啮合的齿轮和蜗杆作为校准工具。

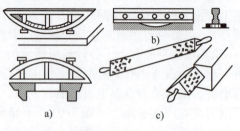

图 3-8 校准直尺和角度直尺

3.1.4 刮削方法

1. 平面刮削方法及步骤

(1) 平面刮削方法

1) 手刮法(图 3-9a)。刮削时右手握刮刀柄,右手 4 指向下蜷曲握住刮刀近头部约 50mm 处,刮刀和刮面呈 25°~30°角。左脚向前跨一步,上身随着推刮而向前倾斜,以增加左手压力,便于看清刮刀前面的研点情况。右臂利用上身摆动使刮刀向前推进,在推进的同时,左手下压,引导刮刀前进,当推进到所需距离后,左手迅速提起,这样就完成了一个手刮动作。这种刮削方法动作灵活、适应性强,适合于各种工作位置,对刮刀长度要求不太严格,姿势可合理掌握,但手易疲劳,因此不宜在加工余量较大的场合采用。

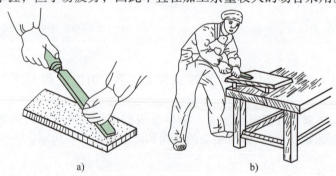

图 3-9 平面刮削方法
a) 手刮法 b) 挺刮法

2) 挺刮法(图 3-9b)。刮削时将刮刀柄放在小腹右下侧,双手握住刀身,左手在前,握于距刮刀切削刃约 80mm 处,右手在后。切削刃对准研点,左手下压,利用腿部和臀部的力量将刮刀向前推进,当推进到所需距离后,用双手迅速将刮刀提起,这样就完成了一个挺刮动作。挺刮法是用下腹肌肉施力,每刀切削量较大,因此适合大余量的刮削,工作效率较高,但需要弯曲身体操作,故腰部易疲劳。

(2) 平面刮削的步骤 可按粗刮、细刮、精刮和刮花四个步骤进行。

1) 粗刮。当加工表面有明显的加工刀痕、严重锈蚀或刮削余量较大(0.05mm 以上)时,就需要进行粗刮。刮削时采用连续推铲方法,刮削的刀迹连成长片。在整个刮削平面上均匀地刮削,不能出现中间高、边缘低的现象。当刮削到每 25mm×25mm 内有 2~3 个研点时,粗刮即可结束,转入细刮。

2) 细刮。用细刮刀在刮削面上刮去稀疏的大块研点,进一步改善不平现象。刮削时采用短刮法(刀迹长度约为切削刃的宽度),随着研点的增多,刀迹逐步缩短。在刮第一遍时,刀痕的方向应一致,刮第二遍时,要交叉刮削,以消除原方向的刀迹。在刮削过程中,要防止刮刀倾斜,以免将刮削面划出深痕。对发亮的研点要刮重些,对暗淡的研点则刮轻些,直至显示出的研点轻重均匀。在整个刮削面上,每 25mm×25mm 内出现 12~15 个研点时,即可进行精刮。

3) 精刮。在细刮的基础上,进一步增加刮削表面的显点数量,使工件符合预期的精度要求。刮削时,用精刮刀采用点刮法(刀迹小,如同显示出的小研点)。精刮时,落刀要轻,提刀要快,在每个刮点上只刮一刀,不应重复,并始终交叉地进行刮削。当研点增多到每 25mm×25mm 内有 20 个研点以上时,可分三类区别对待:最大最亮的研点全部刮去,中等研点在其顶部刮去一小片,小研点留着不刮。这样连续刮几遍,就能很快达到所要求的研点数。在刮到最后三遍时,交叉刀迹大小应一致,排列整齐,以使刮削面更美观。

4) 刮花。刮花是在刮削面或机器外露表面上利用刮刀刮出装饰性花纹,**以增加刮削面的美观,并能使滑动件之间形成良好的润滑条件。**同时还可以根据花纹的消失情况来判断平面的磨损程度。在接触精度要求高、研点要求多的工件上,不应该刮成大块花纹,否则,不能达到所要求的刮削精度。一般常见的花纹有以下几种:

① 斜纹花纹,即小方块,如图 3-10a 所示,它是用精刮刀与工件边成 45°角方向刮成的。花纹的大小按刮削面大小而定。刮削面大,刀花可大些;刮削面狭小,刀花可小些。为了排列整齐和大小一致,可用软铅笔划成格子,一个方向刮完再刮另一个方向。

② 鱼鳞花纹,常称为鱼鳞片,如图 3-10b 所示。先用刮刀的右边(或左边)与工件接触,再用左手把刮刀逐渐压平并同时逐渐向前推进,即随着左手向下压的同时,还要把刮刀有规律地扭动一下,扭动结束即推动结束,立即起刀,这样就完成一个花纹。如此连续地推扭,就能刮出如图 3-10b 所示的鱼鳞花纹来。如果要从交叉两个方向都能看到花纹的反光,就应该从两个方向起刮。

③ 半月花纹,在刮这种花纹时,刮刀与工件呈 45°角左右。刮刀除了推挤,还要靠手腕的力量扭动。以图 3-10c 中一段半月花纹 edc 为例,刮前半段 ed 时,将刮刀从左向右推挤,而后半段 dc 靠手腕的扭动来完成。连续刮下去就能刮出 f 到 a 一行整齐的花纹。刮 g 到 k 一行则相反,前半段从右向左推挤,后半段靠手腕从左向右扭动。这种刮花操作,要有熟练的技巧才能进行。

除了上述的三种常见花纹,还有其他的多种花纹,需要时,可进一步观察和练习。

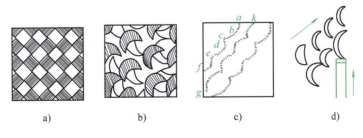

图 3-10 刮花的花纹
a) 斜纹花纹 b) 鱼鳞花纹 c) 半月花纹 d) 鱼鳞花纹的刮法

2. 曲面刮削方法

曲面刮削的原理和平面刮削一样，但刮削时的角度有所不同。以三角刮刀为例，三角刮刀是保持切削刃的正前角来刮削。曲面刮削时，是用曲面刮刀在曲面内做螺旋运动。刮削时，用力不可太大，否则容易发生抖动，表面产生振痕。每刮一遍之后，下一遍刀迹应交叉进行，即左手使刮刀做左、右螺旋方向运动。刀迹与孔中心线约呈45°。交叉刮削可避免刮面产生波纹，研点也不会成为条状。

3.1.5 刮削时所用的显示剂

校准工具与工件对研时所用的有颜色的涂料称为显示剂。显示剂用来显示工件误差的位置和大小。

1. 显示剂的种类

（1）红丹粉　红丹粉分铅丹（原料为氧化铅，呈橘红色）和铁丹（原料为氧化铁，呈红褐色）两种，颗粒较细，用全损耗系统用油调合后使用，广泛用于钢和铸铁工件。

（2）蓝油　蓝油是用普鲁士蓝粉和蓖麻油及适量全损耗系统用油调合而成的，呈深蓝色，研点小而清晰，多用于精密工件和有色金属及其合金的工件。

2. 显点方法及注意事项

显点应根据工件的不同形状和被刮面积的大小区别进行。

（1）中、小型工件的显点　一般是基准平板固定不动，工件被刮面在平板上推磨。若被刮面等于或稍大于基准平板面，则推磨时工件超出平板的部分不得大于工件长度 L 的1/3，如图3-11所示。小于平板的工件推磨时最好不出头，否则，其显点不能反映出真实的平面度误差。

（2）大型工件的显点　一般是以平板在工件被刮面上推磨，采用水平仪与显点相结合来判断被刮面的误差。通过水平仪可以测出工件的高低不平状况，而刮削仍按照显点分轻重进行。

（3）重量不对称的工件显点　推研时应在工件某个部位托或压，如图3-12所示，但用力大小要适当、均匀。显点时还应注意，若两次显点有矛盾则说明用力不适当，应分析原因并及时纠正。

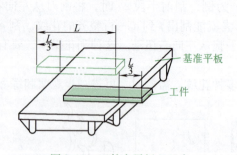
图3-11　工件在平板上显点

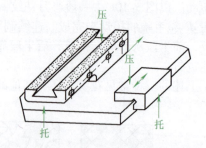
图3-12　重量不对称的工件显点

3. 显示剂的使用方法

显示剂一般涂在工件表面，在工件表面显示的是红底黑点，没有闪光，容易看清。在调和显示剂时应注意：粗刮时，可调得稀些，这样在刀痕较多的工件表面上，便于涂抹，显示的研点也大；精刮时，应调得稠些，涂在工件表面上，应该薄而均，这样显示出的点子细小，便于提高刮削精度。

3.1.6 刮削精度的检查

刮削精度一般包括几何精度、尺寸精度、接触精度及贴合程度、表面粗糙度等。由于工件的工作要求不同,刮削精度的检查方法也有所不同。常用的检查方法有以下两种:

1) 以接触点(或贴合点)的数目来检查刮削精度的方法。用边长为 25mm 的正方形方框罩在被检查面上,以方框内的研点数来表示刮削精度,如图 3-13 所示。各种平面接触精度的研点数见表 3-3。

图 3-13 用方框检查研点

表 3-3 各种平面接触精度的研点数

平面种类	每 25mm×25mm 内的研点数	应 用 举 例
一般平面	2~5	较粗糙机件的固定结合面
	5~8	一般结合面
	8~12	机器台面、一般基准面、机床导向面、密封结合面
	12~16	机床导轨及导向面、工具基准面、量具接触面
精密平面	16~20	精密机床导轨、直尺
	20~25	1 级平板、精密量具
超精密平面	>25	0 级平板、高精度机床导轨、精密量具

曲面刮削中,较多的是对滑动轴承的内孔刮削。各种不同接触精度的研点数见表 3-4。

表 3-4 滑动轴承内孔的研点数

轴承直径 /mm	机床或精密机械主轴轴承			锻压设备、通用机械的轴承		动力机械、冶金设备的轴承	
	高精度	精密	普通	重要	普通	重要	普通
	每 25mm×25mm 内的研点数						
≤120	25	20	16	12	8	8	5
>120	—	16	10	8	6	6	2

2) 用平面度公差和直线度公差表示。工件平面大范围内的平面度误差及机床导轨面的直线度误差等,是用方框水平仪进行检查的,如图 3-14a、b 所示。同时,其接触精度应符合规定的技术要求。

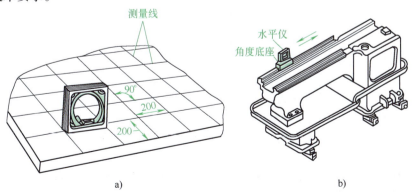

图 3-14 用方框水平仪检查刮削精度
a) 检查平面度误差 b) 检查直线度误差

3.1.7 刮削安全技术

刮削时应注意以下安全事项：

1) 刮削前，工件的锐边、锐角必须去掉，防止碰伤手。若工艺要求不允许倒角、去锐边的，刮削时应特别注意。

2) 刮削大型工件时，搬动要注意安全，安放要平稳。

3) 挺刮时，若因高度不够，操作者需站立在垫脚板上操作时，必须将垫脚板放置平稳后方可站立在上面操作，以免垫脚板放置不稳导致操作者用力后跌倒。

4) 刮削工件边缘时，不能用力过大、过猛，避免当刮刀刮出工件时，连刀带人一起冲出而产生事故。

5) 刮刀用完后，最好用纱布包裹后妥善安放。三角刮刀用毕不要放在经常与手接触的地方。不准将刮刀作其他用途。

3.1.8 刮削加工实例

技能训练 1　刮削原始平板

平板也称标准平板，是检验、划线及刮削中的基本工具，要求非常精密，可以在已有的标准平板上用合研显点的方法刮削。若没有标准平板，可用三块平板互研互刮的方法，刮成精密的平板（称为原始平板）。刮削原始平板可分为正研和对角研两个步骤进行。

（1）正研的方法和步骤　先将三块平板单独进行粗刮，去除机械加工的刀痕和锈斑等。然后将三块平板分别编为 1、2、3 号，按编号次序进行刮削。步骤如图 3-15 所示。

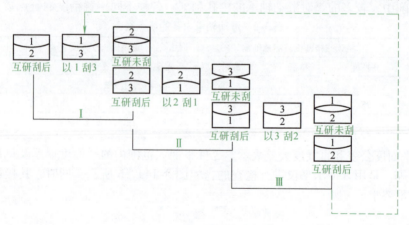

图 3-15　原始平板循环刮削法

1) 一次循环。先以 1 号平板为过渡基准，与 2 号平板互研互刮，使 1、2 号平板贴合。再将 3 号平板与 1 号平板互研，单刮 3 号平板，使 3 号与 1 号平板贴合。然后，2 号与 3 号平板互研互刮，使 2 号与 3 号平板贴合。此时 2 号与 3 号平板的平面度误差已有所改进。

2) 二次循环。在上一次循环基础上，按顺序以 2 号平板为过渡基准，1 号与 2 号平板互研，单刮 1 号平板，然后 1 号与 3 号平板互研互刮至全部贴合，这时 3 号与 1 号平板的平面度误差又有所改善。

3) 三次循环。在上一次循环基础上，按顺序以 3 号平板为过渡基准，2 号与 3 号平板互研，单刮 2 号平板，然后 1 号与 2 号平板互研互刮至全部贴合，这时 1 号与 2 号平板的平面度误差又进一步得到改善。

重复上述三个步骤依次循环进行刮削,平面度误差逐渐减小。循环次数越多,则平板越精密。直到三块平板中任取两块对研,显点基本一致,即每块平板在每 25mm×25mm 内达到 12 个研点左右时,正研即完成。

(2) 对角研的方法 在上述正研中,往往会在平板对角部位上产生平面扭曲现象,如图 3-16 所示,即 AB 对角高,而 CD 对角低,且三块平板高低位置相同,即同向扭曲,这是由于在正研中平板的高处(+)正好和平板的低处(-)重合所造成的。这时,就要采用对角研的刮削方法。将三块平板依次进行互研,研时高角对高角,低角对低角。经互研后,AB 角研点重,中间轻,CD 角无研点,扭曲现象会明显地显示出来,如图 3-17 所示。这样两块一组,对角互研,根据研点修刮,直至研点分布均匀和扭曲消失。最终使三块平板,无论是直研、调头研、对角研,研点情况完全均匀一致,研点数符合要求。有时为了使大面积的平板符合平面度要求,可用水平仪来配合测量,检查平板各个部位在垂直平面内的直线度,按测得的误差大小,分轻重进行修刮,以达到精度要求。

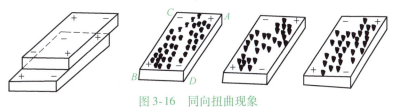

图 3-16 同向扭曲现象

技能训练 2 滑动轴承的刮削

滑动轴承的刮削是曲面刮削中最典型的实例,在生产中运用较广泛。

(1) 滑动轴承刮削工作图 滑动轴承刮削工作图如图 3-18 所示。

图 3-17 对角研示意图

(2) 准备工作

1) 备好若干把曲面刮刀以及磨石、显示剂、毛刷等用具。
2) 将工件去毛刺,并做好清理工作。

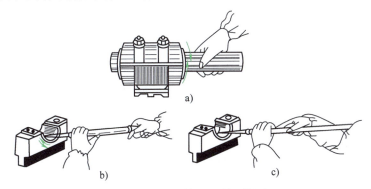

图 3-18 滑动轴承刮削工作图

(3) 刮研操作

1) 粗刮:先对滑动轴承单独进行粗刮,去除机械加工的刀痕。
2) 细刮:滑动轴承刮研应根据其不同形状和不同的刮削要求,选择合适的刮刀和显点方法。一般是以标准轴(也称工艺轴),或与其配合的轴作为内曲面研点的校准工具。

① 显点方法是将蓝油均匀地涂布在轴的圆周面上，或用红丹粉涂布在轴承孔表面，轴在轴承孔中来回旋转，如图 3-18a 所示。

② 刮削方法是根据研点用曲面刮刀在曲面内接触点上做螺旋运动刮除研点，如图 3-18b 所示，直至研点正确，精度符合要求。

③ 精刮。在细刮的基础上用小刀迹进行精刮，如图 3-18c 所示，使研点小而多，从而改善滑动轴承的接触精度，提高滑动轴承的润滑效果。

3.2 研磨加工

3.2.1 研磨目的、原理和余量

用研磨工具和研磨剂，从工件上研去一层极薄表面层的精加工方法，称为研磨。

1. 研磨目的

（1）得到较小的表面粗糙度值　与其他加工方法比较，经过研磨加工后的表面粗糙度值最小。各种加工方法获得表面粗糙度值的比较见表 3-5。一般情况下表面粗糙度值为 $Ra\ 0.1 \sim Ra\ 1.6\mu m$，最小可达 $Ra\ 0.012\mu m$。

表 3-5　各种加工方法获得表面粗糙度值的比较

加工方法	加工情况	表面放大的情况	表面粗糙度值 $Ra/\mu m$
车	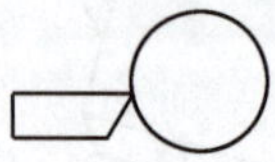	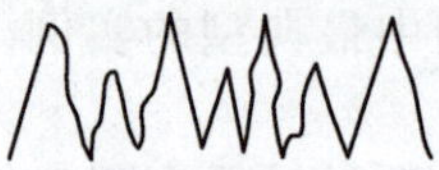	1.6 ~ 80
磨	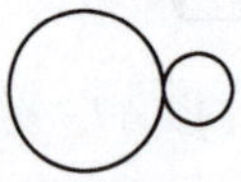	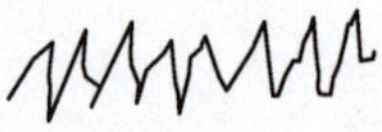	0.4 ~ 5
压光			0.16 ~ 2.5
珩磨	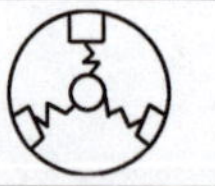		0.16 ~ 1.6
研磨	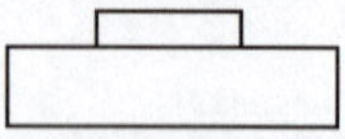		0.1 ~ 1.6

（2）达到精确的尺寸　经过研磨加工后，尺寸精度可达到 $0.001 \sim 0.005mm$。

（3）提高工件的几何精度　经过研磨加工后，几何误差可控制在 $0.005mm$ 内。

另外，经研磨的零件，由于有精确的几何形状和很小的表面粗糙度值，零件的耐磨性、耐蚀性和疲劳强度也都相应得到提高，从而延长了零件的使用寿命。

2. 研磨原理

研磨是以物理和化学作用除去零件表层金属的一种加工方法。

（1）物理作用　研磨时要求研具材料比被研磨的零件软。研磨时，涂在研具表面的磨料，在受到压力后嵌入研具表面成为无数切削刃。由于研具和零件做复杂的相对运动，使磨料对零件产生微量的切削与挤压，因而能从零件表面切去一层极薄的金属。

（2）化学作用　使用易使金属氧化的氧化铬和硬脂酸配制的研磨剂时，使被研表面与空气接触后很快形成一层氧化膜。氧化膜由于本身的特性又容易被磨掉，因此，在研磨过程中，氧化膜迅速地形成（化学作用），而又不断地被磨掉（物理作用），从而提高了研磨的效率。

3. 研磨余量

由于研磨是微量切削，每研磨一遍所能磨去的金属层不超过 0.002mm。因此，研磨余量不能太大，通常研磨余量在 0.005~0.03mm 范围内比较适宜。有时研磨余量就留在工件的公差之内。

3.2.2 研具材料与研磨剂

（1）研具材料　要使研磨剂中的微小磨料嵌入研具表面，研具表面的材料硬度应稍低于被研零件。但不可太软，否则会全部嵌入研具而失去研磨作用。材料的组织必须均匀，否则将使研具产生不均匀的磨损而直接影响零件的质量。

常用的研具材料有如下几种：

1) 灰铸铁具有润滑性好、磨耗较慢、硬度适中、研磨剂在其表面容易涂布均匀等优点。它是一种研磨效果较好、价廉易得的研具材料，因此得到广泛的应用。

2) 球墨铸铁比一般灰铸铁更容易嵌存磨料，而且嵌得均匀牢固，同时强度高，还能增加研具寿命，因此已得到广泛的应用。

3) 低碳钢的韧性较好，不容易折断，常用来制作小型的研具，如研磨螺纹和小直径工具、工件等。

4) 铜的性质较软，表面容易被磨料嵌入，适宜做低碳钢研磨加工范围内的研具。

（2）研磨剂　研磨剂是由磨料和研磨液调和而成的混合剂。

1) 磨料在研磨中起切削作用，与研磨加工的效率、精度、表面粗糙度有密切关系。常用的磨料有以下三类：

① 刚玉类磨料主要用于碳素工具钢、合金工具钢、高速工具钢和铸铁工件的研磨。这类磨料能研磨硬度为 60HRC 左右的工件。

② 碳化物磨料的硬度高于刚玉类磨料，因此除可用作一般钢制件的研磨外，主要用来研磨硬质合金、陶瓷与硬铬之类的高硬度工件。

③ 金刚石磨料分为人造和天然的两种。它的切削能力比刚玉类、碳化物磨料都高，使用效果也好，但价格昂贵，一般只用于硬质合金、硬铬、宝石、玛瑙和陶瓷等高硬度工件的精研磨加工。磨料的系列与用途见表3-6。

表3-6　磨料的系列与用途

系列	磨料名称	代号	特　性	适用范围
刚玉	棕刚玉	A	棕褐色。硬度高，韧性大，价格便宜	粗、精研磨钢、铸铁、黄铜
	白刚玉	WA	白色。硬度比棕刚玉高，韧性比棕刚玉差	精研磨淬火钢、高速工具钢、高碳钢及薄壁零件
	铬刚玉	PA	玫瑰红或紫红色。韧性比白刚玉高，磨削表面质量好	研磨量具、仪表零件及高精度表面
	单晶刚玉	SA	淡黄色或白色。硬度和韧性比白刚玉高	研磨不锈钢、高钒高速工具钢等强度高、韧性大的材料

(续)

系列	磨料名称	代号	特性	适用范围
碳化物	黑碳化硅	C	黑色,有光泽。硬度比白刚玉高,性脆而锋利,导热性和导电性良好	研磨铸铁、黄铜、铝、耐火材料及非金属材料
	绿碳化硅	GC	绿色。硬度和脆性比黑碳化硅高,具有良好的导热性和导电性	研磨硬质合金、硬铬、宝石、陶瓷、玻璃等材料
	碳化硼	DC	灰黑色。硬度仅次于金刚石,耐磨性好	精研磨和抛光硬质合金、人造宝石等硬质材料
金刚石	人造金刚石	JR	无色透明或淡黄色、黄绿色或黑色。硬度高,比天然金刚石略脆,表面粗糙	粗、精研磨硬质合金、人造宝石、半导体等高硬度脆性材料
	天然金刚石	JT	硬度最高,价格昂贵	
其他	氧化铁		红色至暗红色。比氧化铬软	精研磨或抛光钢、铁、玻璃等材料
	氧化铬		深绿色	

磨料粒度按颗粒尺寸分为多种号数,粒度号数大,磨料细。在选用时应根据精度高低来选取,常用的研磨粉见表3-7。

表3-7 常用的研磨粉

研磨粉号数	研磨加工类别	可达到的表面粗糙度值 $Ra/\mu m$
F100~F220	用于最粗的研磨加工	0.5~0.2
F280~F400	用于粗研磨加工	0.2~0.1
F500~F800	用于半粗研磨加工	0.1~0.05
F1000、F1200及微粉	用于精细研磨加工	0.05以上

2)研磨液在研磨加工中起调和磨料、冷却和润滑的作用。研磨液质量的高低和选用是否正确,直接关系着研磨加工的效果。一般应具备以下条件:

①有一定的黏度和稀释能力,磨料通过研磨液的调和与研具表面有一定的黏附性,使磨料对工件产生切削作用。同时研磨液对磨料有稀释作用。

②有良好的润滑和冷却作用。

③对工件无腐蚀作用,不影响人体健康,且易于清洗干净。

常用的研磨液有煤油、汽油、L-AN22与L-AN32全损耗系统用油、工业用甘油、透平油及熟猪油等。此外,根据需要在研磨液中再加入适量的石蜡、蜂蜡等填料和黏性较大而氧化作用较强的油酸、脂肪酸、硬脂酸等,则研磨效果更好。

一般工厂常采用成品研磨膏。使用时,加全损耗系统用油稀释即可。

3.2.3 研磨方法

研磨可分为手工研磨和机械研磨两种。手工研磨时,要使工件表面各处都受到均匀的切削,应选择合理的运动轨迹,合理的运动轨迹对提高研磨效率、工件的表面质量和研具的寿命都有直接的影响。

手工研磨运动轨迹的形式一般采用直线、摆动式直线、螺旋形、8字形和仿8字形等几种。

1)直线研磨运动轨迹,由于不能相互交叉,容易直线重叠,使工件难以得到很小的表面粗糙度值,但可获得较高的几何精度。所以它适用于有台阶的狭长平面的研磨。

2)摆动式直线研磨运动轨迹,由于某些量具的研磨(如研磨双斜面直尺、直角尺的侧面及圆弧测量面等)主要要求的是平面度误差,可采用摆动式直线研磨运动轨迹,即在左右摆动的同时做直线往复移动。

3）螺旋形研磨运动轨迹，是在研磨圆片或圆柱形工件的端面时采用的运动轨迹，能获得较小的表面粗糙度值和较小的平面度误差，其运动轨迹如图 3-19 所示。

4）研磨小平面工件，通常采用 8 字形或仿 8 字形研磨运动轨迹，能使相互研磨的面保持均匀接触，既有利于提高工件的研磨质量，又可使研具保持均匀地磨损，其运动轨迹如图 3-20 所示。

图 3-19　螺旋形研磨运动轨迹　　　　图 3-20　8 字形或仿 8 字形研磨运动轨迹

以上几种研磨运动轨迹，应根据工件被研磨面的形状特点合理选用。

3.2.4　研磨操作要点

研磨后工件表面质量的好坏，与能否合理选用研磨粉、研磨液以及研磨工艺是否合理有很大关系，与能否注意在研磨时的清洁工作也有直接影响。往往就是在研磨中忽视了清洁工作而造成废品，轻则使工件拉毛，重则拉出深痕。因此在研磨的整个过程中，要特别注意清洁，使工件表面不受到任何损伤。

3.2.5　研磨加工实例

技能训练 1　平面的研磨

平面的研磨应在非常平整的研磨平板（研具）上进行。研磨平板分有槽的和光滑的两种。有槽的研磨平板适用于粗研加工，因为在有槽的研板上，容易使工件压平，所以粗研时就不会使表面磨成凸弧面。有槽研磨平板结构如图 3-21 所示。光滑的研磨平板适用于精研加工，可提高研磨工件表面的精度。

研磨前，先用煤油或汽油把研磨平板的工作表面清洗干净并擦干，再在研磨平板上涂上适当的研磨剂。然后把已去除毛刺并清洗过的工件需研磨的表面合在研磨平板上，沿研磨平板的全部表面（使研磨平板的磨损均匀），以 8 字形或螺旋形的运动轨迹旋转和直线运动相结合的方式进行研磨，并不断地变换工件的运动方向，如图 3-22 所示。由于周期性的运动，使磨料不断在新的方向起作用，工件就能较快达到所需要的精度。

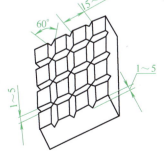
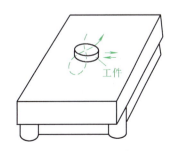

图 3-21　有槽研磨平板　　　　　　　　图 3-22　用 8 字形运动研磨平面

在研磨狭窄平面时，可用金属块作为导靠（金属块平面应相互垂直），研磨时，使金属块和工件紧紧地靠在一起，并跟工件一起研磨，如图3-23所示，以保证工件的研磨面与其侧面垂直，防止倾斜和产生圆角。按这种被研磨面的形状特点，应采用直线研磨运动轨迹。

技能训练2　圆柱面的研磨

圆柱面的研磨一般都以手工与机器的配合运动进行。圆柱面的研磨分为外圆柱面和内圆柱面的研磨。现分别叙述如下：

1. 外圆柱面的研磨

一般是在车床或钻床上用研套对工件进行研磨。研套的内径应比工件的外径大0.025~0.05mm。研套一般做成如图3-24所示的可调节式。图3-24a所示研套，内圈有开口的研套，外圈上有调节螺钉。当研磨一段时间后，若研套内径磨损，可拧紧调节螺钉，使研套的孔径缩小，来达到所需要的间隙。

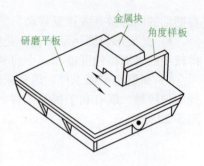

图3-23　狭窄平面的研磨

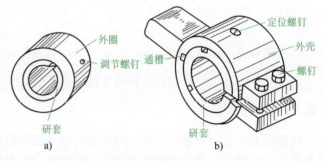

图3-24　研套

图3-24b所示的研套由研套和外壳组成。在研套上有一开口的通槽，在外径的三等分部位开有两定位通槽，以便用螺钉调节研套孔径的大小，并用定位螺钉来固定研套，以保证所需的研磨工作间隙。研套的长度一般为孔径的1~2倍。

在研磨外圆柱面时，工件可由机床带动，在工件上均匀涂上研磨剂，套上研套（其松紧程度，应以手用力能转动为宜）。通过工件的旋转运动和研套在工件上沿轴线方向做的往复运动进行研磨，如图3-25a、b所示。一般工件的转速在直径小于80mm时为100r/min，直径大于100mm时为50r/min。研套往复运动的速度是根据工件在研套上研磨出来的网纹控制的，如图3-25c所示。当往复运动的速度适当时，工件上研磨出来的网纹呈45°交叉线；往复速度太快，网纹与工件轴线夹角较小；往复速度太慢，网纹与工件轴线夹角较大。往复运动的速度不论太快还是太慢，都会影响工件的精度和耐磨性。

在研磨过程中，如果由于上道工序的加工误差造成工件直径大小不一，研磨时感觉到直径大的部位移动研套比较紧，而小的部位较松。此时可在直径大的部位多研磨几次，使直径尺寸基本一致为止。另外，研磨一段时间后，应将工件调头再研磨，这样能使轴容易得到准确的几何形状，并能使研套磨耗均匀。

2. 内圆柱面的研磨

与外圆柱面研磨恰恰相反，内圆柱面的研磨是将工件套在研磨棒上进行的。研磨棒的外径应比工件的内径小0.01~0.025mm。研磨棒有固定式和可调式两种，如图3-26所示。

图3-26a所示为固定式研磨棒。它是在圆柱体上开有环形槽或螺旋槽，以使研磨剂流动方便。固定式研磨棒，常做成几根不同的直径，磨损后就不能再使用了。但因其结构简单，所以常在单件生产和机器修理中使用。

图3-26b、c所示为可调式研磨棒，它们是以心棒锥体的作用来调节外套直径的。图3-26b所示是由一外圆锥体的心棒与开有通槽的内圆锥孔的外套组成。调节时，将心棒按

箭头方向敲紧即可使外套的外径胀大，反之缩小。图 3-26c 所示是由两端带有螺杆的锥体、内圆锥外套和两个调节螺母组成。调节时，将右螺母放松，再旋紧左螺母，可使外套外径胀大（外套上开有三条或多条不通的穿槽来保证直径的胀大、缩小）。当外套的外径调节到所需的尺寸后，拧紧右螺母，使其尺寸固定。使外套外径缩小时，则操作顺序相反。这种可调节的研磨棒，结构比较完善，故应用较为广泛。

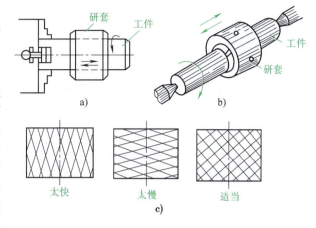

图 3-25 研磨外圆柱面

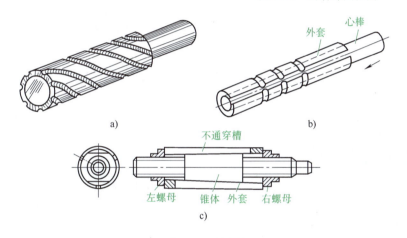

图 3-26 研磨棒
a) 固定式 b)、c) 可调式

研磨棒工作部分（即带内锥孔的套）的长度应大于工件长度，一般情况下，是工件长度的 1.5~2 倍。

内圆柱面研磨时，是将研磨棒夹在机床卡盘上，把工件套在研磨棒上进行研磨。

在调节研磨棒时，与工件的配合要适当，配合太紧，易将孔面拉毛；配合太松，孔会研磨成椭圆形。研磨时若工件的两端有过多的研磨剂被挤出，应及时擦掉，否则会使孔口扩大，研磨成喇叭口形状。若孔口要求精度很高，可将研磨棒的两端用砂布擦得尺寸略小一些，以克服孔口易扩大的缺陷。

项目 4 孔 加 工

思维导图：

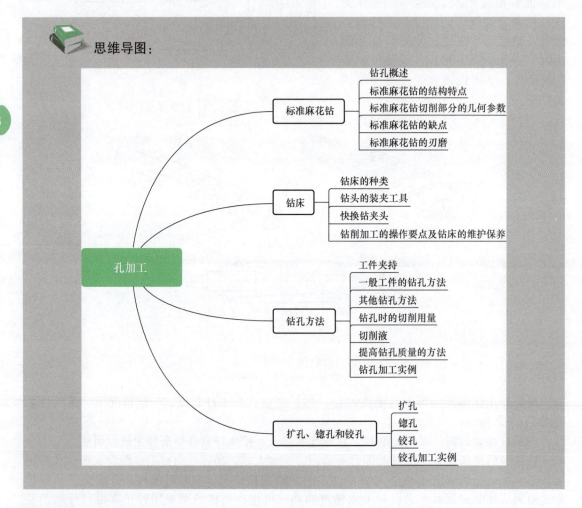

4.1 标准麻花钻

4.1.1 钻孔概述

标准麻花钻又称钻头。用钻头在实心材料上加工出孔的方法称为钻孔。

任何一种机器没有孔是不能装配的。要把两个以上的零件用螺钉、铆钉、销等连接起来，首先要在零件上钻出各种不同的孔，因此，钻孔在生产中是一项很重要的工作。

钻孔可以达到的标准公差等级一般为 IT10～IT11，表面粗糙度值一般为 Ra 50～Ra 12.5μm。

项目4 孔 加 工

所以,钻孔只能加工精度要求不高的孔或作为孔的粗加工。

钻孔时,钻头装夹在钻床(或其他机械)上,依靠钻头与工件之间的相对运动来完成切削加工。钻头切削运动由以下两种运动合成:

(1) 主运动 主运动是由机床或人力提供的运动,它使刀具和工件之间产生相对运动,从而使刀具前面接近工件并切除切削层。

(2) 进给运动 进给运动是由机床或人力提供的运动,它使刀具与工件之间产生附加的相对运动,加上主运动,可不断地或连续地切除切削层,并获得具有所需几何特性的已加工表面。

钻孔时在钻头的运动中(图4-1),钻头绕本身轴线的旋转运动为主运动,钻头沿轴线方向的直线移动为进给运动。钻孔时这两种运动是同时连续进行的,所以钻头是按照螺旋形运动来钻孔的。

图4-1 钻孔时钻头的运动

4.1.2 标准麻花钻的结构特点

钻头的种类较多,有麻花钻、扁钻、深孔钻、中心钻等,麻花钻是最常用的一种钻头。麻花钻主要由柄部、颈部和工作部分组成。麻花钻构造如图4-2所示。

1) 钻头的柄部是与钻孔机械的连接部分,钻孔时用来传递所需的转矩和轴向力。柄部有圆柱形和圆锥形(莫氏圆锥)两种型式,一般钻头直径小于 $\phi 13\mathrm{mm}$ 的采用圆柱形,钻头直径大于 $\phi 13\mathrm{mm}$ 的采用圆锥形。锥柄的扁尾能避免钻头在主轴孔或钻套中打滑,并便于用楔铁把钻头从主轴锥孔中打出。

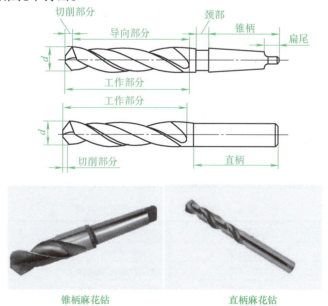

图4-2 麻花钻构造

2) 钻头的颈部在磨削钻头时供砂轮退刀用,一般也用来打印商标和规格。

3) 钻头的工作部分由切削部分和导向部分组成。切削部分由两条主切削刃、一条横刃、两个前面和两个后面组成,如图4-3所示。钻头担任主要的切削工作。导向部分有两条螺旋槽和两条窄的螺旋形棱边与螺旋槽表面相交成两条棱刃(副切削刃)。导向部分在切削过程中，使钻头保持正直的钻削方向并起修光孔壁的作用，通过螺旋槽排屑和输送切削液。导向部分还是切削部分的后备部分。

钻头直径由切削部分向柄部逐渐减小，形成倒锥，倒锥量为每100mm长度内减小0.05~0.10mm，这样可减少钻头与孔壁的摩擦。

4）钻头工作部分沿轴线的实心部分称为钻芯。它是用来连接两个刃瓣以保持钻头的强度和刚度，钻芯由切削部分向柄部逐渐增大，形成锥体。

4.1.3 标准麻花钻切削部分的几何参数

麻花钻的几何参数如图4-4所示，钻头切削部分的螺旋槽表面称为前面，切削部分顶端两个曲面称为后面，钻头的棱边称为副后面。如图4-4所示，钻孔时的切削平面为$P—P$，基面为$Q—Q$。

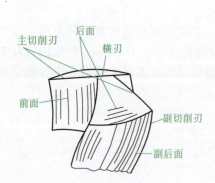

图4-3　钻头的切削部分

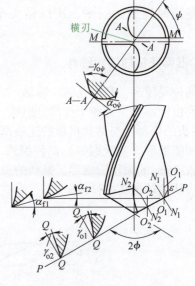

图4-4　麻花钻的几何参数

（1）顶角2ϕ　钻头两主切削刃在其平行平面$M—M$上的投影所夹的角，称为顶角。

标准麻花钻的顶角$2\phi = 118° \pm 2°$，钻孔时顶角的大小可根据工件材料的性质来确定。钻硬材料相比钻软材料2ϕ可选得大些，具体选择范围见表4-1。

（2）螺旋角β　主切削刃上最外缘处螺旋线的切线与钻头轴线之间的夹角称为螺旋角。

表4-1　钻削不同材料时顶角的选择

钻削材料	$2\phi/(°)$	钻削材料	$2\phi/(°)$
普通钢和铸铁	116~118	纯铜	125~135
合金钢和铸铁	120~125	硬铝合金和铝硅合金	90~100
不锈钢	110~120	胶木、电木、赛璐珞及其他脆性材料	80~90
黄铜和青铜	130~140		

螺旋角的大小与钻头直径有关，当钻头直径大于10mm时，$\beta = 30°$，当钻头直径小于10mm时，$\beta = 18° \sim 30°$。钻头直径越小，β也越小，钻头的强度增加。同一直径钻头的不同半径处螺旋角大小也不等，从钻头的外缘至中心螺旋角β逐渐减小。螺旋角一般用外缘处的数值来表示。

(3) 前角 γ_o。 主切削刃上任一前角,是这一点的基面与前面之间的夹角。它在主截面内,如图 4-4 所示的 N_1—N_1、N_2—N_2 剖面。

由于麻花钻的结构特点,其前角大小是变化的,前角自外缘向中心逐渐减小。外缘处前角最大,一般为 30° 左右,在 $d/3$ 范围内为负值,接近横刃处为 -30°,横刃处前角为 -60° ~ -54°,如图 4-4 所示的 A—A 剖面。

前角的大小与螺旋角有关(横刃处除外)。螺旋角越大,前角也越大,外缘处的前角与螺旋角数值接近。前角越大,切削刃越锋利,切削越省力。

(4) 侧后角 α_f 后面与切削平面之间的夹角。侧后角 α_f 是在假定工作平面——圆柱截面内,如图 4-4 所示的 O_1—O_1、O_2—O_2 剖面。

主切削刃上每一点的侧后角也是不等的,其变化规律与前角相反,外缘处的后角最小,越接近中心后角越大。一般麻花钻外缘处的后角按钻头直径大小分为:

$d < 15 \text{mm}$ $\alpha_f = 10° ~ 14°$

$d = 15 ~ 30 \text{mm}$ $\alpha_f = 9° ~ 12°$

$d > 30 \text{mm}$ $\alpha_f = 8° ~ 11°$

钻芯处的侧后角 $\alpha_f = 20° ~ 26°$,横刃的后角 $\alpha_{o\psi} = 30° ~ 36°$。

后角的作用是减少后面与加工表面之间的摩擦。钻硬材料时,为保证切削刃强度,后角可选小些;钻软材料时,后角可适当大些。

(5) 横刃斜角 ψ 横刃与主切削刃在垂直于钻头轴线平面上投影所得的夹角。

标准麻花钻的横刃斜角 $\psi = 50° ~ 55°$。刃磨后角时,当靠近钻芯处的后角磨得越大,则横刃斜角就越小。所以刃磨时横刃斜角的大小可用来判断靠近钻芯处的后角刃磨是否正确。

(6) 横刃长度 b 麻花钻由于钻芯的存在而产生横刃,标准麻花钻的横刃长度 $b = 0.18d$。

横刃太短会降低钻尖的强度,太长钻削时钻头定心困难,轴向阻力增大。

(7) 副后角 副切削刃上副后面与孔壁切线之间的夹角称为副后角。标准麻花钻的副后角为 0°。

4.1.4 标准麻花钻的缺点

标准麻花钻有如下缺点:

1) 钻头主切削刃上各点前角变化很大,最外缘处前角为 30°,接近横刃处为 -30°,横刃处为 -60° ~ -54°,切削条件很差。

2) 横刃太长,横刃处前角为负角,切削时横刃呈挤压刮削状态,会产生很大的轴向抗力,同时定心作用较差,钻头容易发生抖动。

3) 副后角为 0°,钻孔时副后面与孔壁之间摩擦严重,主切削刃与副后面交点处切削速度最高,产生热量多,此处磨损较快。

4) 主切削刃长,全宽参加切削,切屑较宽,对排屑不利,并阻碍切削液的流入。

4.1.5 标准麻花钻的刃磨

由于钻头磨钝和为了适应工件材料的变化,钻头的切削部分和角度需要经常刃磨,刃磨的部位是两个后面。手工刃磨钻头在砂轮机上进行,选择砂轮的粒度为 F46 ~ F80,砂轮的硬度为中软级。

1. 刃磨要领

1) 钻头轴线和砂轮面成 ϕ 角。

2）右手握住钻头导向部分前端，作为定位支点，刃磨时使钻头绕其轴线转动，同时掌握好作用在砂轮上的压力。

3）左手握住钻头的柄部做上下扇形摆动。

开始刃磨时（图4-5），钻头轴线要与砂轮中心水平线一致，主切削刃保持水平，同时用力要轻。随着钻尾向下倾斜，钻头绕其轴线向上逐渐旋转15°～30°，使后面磨成一个完整的曲面。旋转时加在砂轮上的压力逐渐增加，返回时压力逐渐减小。刃磨一两次后，转180°刃磨另一面。在刃磨过程中，要随时检查刃磨的正确性，并要适时将钻头浸入水中冷却。在磨到刃口时磨削量要小，停留时间要短，防止切削部分过热而退火。

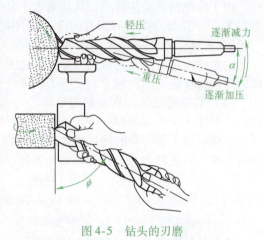

图4-5 钻头的刃磨

2. 刃磨要求

1）顶角2ϕ、侧后角α_f的大小要与工件材料的性质相适应，横刃斜角ψ为55°。

2）两条主切削刃应对称等长，顶角2ϕ应被钻头轴线平分。

3）钻头直径大于$\phi5mm$时还应磨短横刃。

钻头刃磨质量的好坏，对钻削质量、生产效率及钻头的寿命都有很大的影响，因此，钻头刃磨结束后，必须进行检查。在现代化和专业性很强的工厂内，对钻头的几何参数有专用的测量仪器。钳工对钻头刃磨后的检查一般采用目测、角度样板、钢直尺等简单测量工具。

4.2 钻　　床

钻床的种类、形式很多，但除了多头钻床和专业化钻床，平时钻孔常用的钻床有台式钻床、立式钻床和摇臂钻床三类。

4.2.1 钻床的种类

（1）台式钻床　图4-6所示的是一台最大钻孔直径为$\phi12mm$的台式钻床。其变速是通过安装在电动机主轴和钻床上的一组V带轮来实现的，共可获得五种不同转速，变速时应停止运转。

钻孔时，只要拨动进给手柄4使小齿轮通过主轴套筒上的齿条使主轴上下移动，实现进给和退刀。钻孔深度是通过调节标尺杆5上的螺母来控制的。根据工件的大小调节主轴与工件间的距离，先松开紧固手柄2，摇动升降手柄3，使螺母旋转。由于丝杠不转，则螺母做直线运动，从而带动头架6沿立柱7升降，使主轴与工件之间的距离得到调节。当头架升降到适当位置时，扳紧紧固手柄2。

<u>台式钻床转速高、效率高，使用方便灵活，适用于小工件的钻孔。但是，由于台式钻床的最低转速较高，故不适合锪孔和铰孔的加工。</u>

（2）立式钻床　立式钻床是钻床中较为普通的一种，它有多种型号，最大钻孔直径有$\phi25mm$、$\phi35mm$、$\phi40mm$、$\phi50mm$等几种。图4-7所示为Z525立式钻床，其最大钻孔直径为$\phi25mm$，使用范围较广。其结构主要由底座1、工作台2、主轴3、进给变速箱4、主轴变速箱5、电动机6和立柱7等部分组成。

项目4 孔 加 工

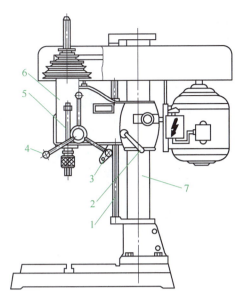 

图4-6 台式钻床
1—丝杠 2—紧固手柄 3—升降手柄 4—进给手柄 5—标尺杆 6—头架 7—立柱

通过操纵手柄，可使进给变速箱沿立柱导轨上下移动，从而调节主轴至工作台的距离。摇动工作台手柄，也可使工作台沿立柱导轨上下移动，以适应不同尺寸工件的加工。在钻削大工件时，还可将工作台拆除，将工件直接固定在底座1上加工。

Z525立式钻床主轴通过主轴变速箱内齿轮变速机构获得9种不同转速，最高转速为1362r/min，最低转速为97r/min。进给运动分为手动进给和机动进给两种形式。机动进给通过进给变速箱可得到9种不同进给量，最大进给量为0.81mm/r，最小进给量为0.1mm/r。在进行主轴变速或调整进给量时都必须先停机。

Z525立式钻床结构比较完善，具有一定的万能性，适用于小批量、单件的中型工件加工。由于其主轴变速和进给量调整范围较大，所以能进行钻孔、锪孔、铰孔和攻螺纹等加工。

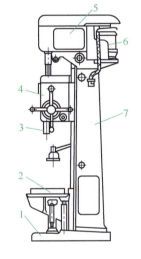 

图4-7 Z525立式钻床
1—底座 2—工作台
3—主轴 4—进给变速箱
5—主轴变速箱 6—电动机 7—立柱

(3) 摇臂钻床 若在大型工件上钻孔或在同一工件上钻多个孔时，可选用摇臂钻床。摇臂钻床是依靠移动钻轴来对准钻孔中心进行钻孔的，所以操作省力、灵活。图4-8所示为摇臂钻床，其主要由底座1、工作台2、立柱3、主轴变速箱4和摇臂5等组成，最大钻孔直径可达φ80mm。

钻孔时，根据工件加工情况需要，摇臂5可沿立柱3上下移动和绕立柱回转360°。主轴变速箱4可沿摇臂导轨做大范围移动，便于钻孔时借正钻头与钻孔之间的位置。由此可知，摇臂钻床能在很大范围内钻孔，比立式钻床更方便。钻孔时，中、小型工件可在工作台上固定；钻削大型工件，可将工作台2拆除，工件在底座上固定。摇臂和主轴变速箱位置调正结束后，都必须锁紧，防止钻孔时产生摇晃而发生事故。

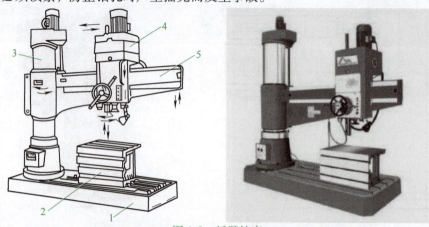

图4-8　摇臂钻床
1—底座　2—工作台　3—立柱　4—主轴变速箱　5—摇臂

由于摇臂钻床的主轴变速范围和进给量调整范围都很广，所以摇臂钻床加工范围很广，可用于钻孔、扩孔、锪孔、铰孔、攻螺纹等加工。

(4) 电钻　当工件很大，不能放置在钻床上钻孔，或者由于所钻的孔在工件上所处的位置不能采用钻床钻孔时，可采用电钻钻孔。电钻的规格（钻孔直径）有 $\phi 6mm$，$\phi 10mm$，$\phi 13mm$ 等几种。在使用电钻钻孔时，保证电气安全极为重要。操作 220V 的电钻时，要采取相应的安全措施。使用 36V 的电钻时相对比较安全。若使用一种双重绝缘结构的电钻时，则不必另加安全措施。电钻的外观形状如图4-9所示。

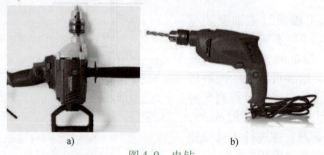

图4-9　电钻
a) 手提式　b) 手枪式

4.2.2　钻头的装夹工具

(1) 钻夹头　钻夹头用来装夹 $\phi 13mm$ 以内的直柄钻头，其结构如图4-10所示。钻夹头的夹头体1上端锥孔与夹头柄紧配，夹头柄另一端为莫氏锥体，装入钻床主轴锥孔内。钻夹头中的三个夹爪4用来夹紧钻头的直柄，当带有小锥齿轮的钥匙3带动夹头套2上的大锥齿轮转动时，与夹头套紧配的内螺纹圈5也同时旋转。因螺纹圈与三个夹爪上的外螺纹相配，于是三个爪便伸出或缩进，使钻柄被夹紧或松开。

(2) 钻头套　钻头套（图4-11）用于装夹锥柄钻头。当把较小的钻头柄装到较大的转轴锥孔内时，一般要通过钻头套来连接。使用时应根据钻头锥柄莫氏圆锥号和钻床主轴孔莫

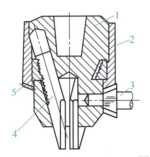

图 4-10 钻夹头

1—夹头体 2—夹头套 3—钥匙 4—夹爪 5—内螺纹圈

氏锥孔的号数来选择。立式钻床主轴孔一般为 3 号或 4 号莫氏锥孔,摇臂钻床主轴孔一般为 5 号或 6 号莫氏锥孔。钻头套的内外锥相差一个号,钻头套共有 5 个标号,见表 4-2。

有时用一个钻头套不能直接与钻床主轴锥孔相配时,可将几个钻头套配接起来使用,或用特制的钻头套。

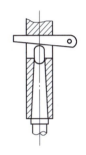

图 4-11 钻头套

表 4-2 钻头套标号与内外锥度

标 号	内锥孔(莫氏圆锥)	外圆锥(莫氏圆锥)
1 号钻头套	1	2
2 号钻头套	2	3
3 号钻头套	3	4
4 号钻头套	4	5
5 号钻头套	5	6

4.2.3 快换钻夹头

利用钻床在同一工件上加工许多直径不等、精度要求不同的孔时,就需要多次调换钻头或铰刀,此时若用普通的装夹工具(钻夹头、钻头套)来装夹钻头或铰刀,那么停机换装钻头或铰刀很浪费时间,而且多次借助于敲打来装卸钻头套和刀具,不仅容易损坏刀具和钻头套,还将直接影响到钻床的精度。如果使用快换钻夹头,就可在主轴旋转的情况下更换刀具,减少更换刀具的时间,提高生产效率,也减少了对钻床精度的影响。

快换钻夹头结构如图 4-12 所示。更换刀具时,只要将滑套 1 向上提起,钢珠 2 受离心力的作用而贴于滑套端部的大孔表面,使可换套筒 3 不再受到钢珠的卡阻。此时另一只手就可把装有刀具的可换套筒取出,再把另一个装有刀具的可

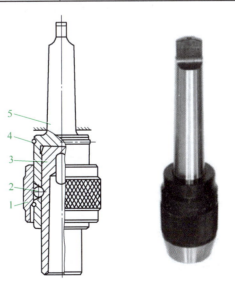

图 4-12 快换钻夹头

1—滑套 2—钢珠
3—可换套筒 4—弹簧环 5—夹头体

换套筒装上。放下滑套,两粒钢珠重新卡入可换套筒凹坑内,于是更换上的刀具便跟着插入主轴锥孔内的夹头体 5 一起转动。弹簧环 4 用来限制滑套上下位置。

4.2.4 钻削加工的操作要点及钻床的维护保养

在钻床钻削加工操作时,工件是固定的,是由钻头旋转并做轴向移动(进给运动)向深度钻削的。

1. 钻削加工的操作要点

1)每班工作前,首先要把钻床的外表滑动部位擦拭干净,注入润滑油,并将各操作手柄移到正确位置;然后开慢车,经过几分钟的试运转,待确定机械传动和润滑系统正常后,再开始工作。若发现钻床有故障时,应会同有关人员加以检查和调整。

2)采用正确的工件安装方案,在钻床工作台面或垫铁与工件的安装基准面之间,需保持清洁,使接触平稳;压紧螺钉的分布要对称,夹紧力要均匀牢靠;严禁用金属物体敲击工件,以防止工件变形。一般工件的夹持方法是采用图 4-13 所示的平口钳、V 形块和压板等。

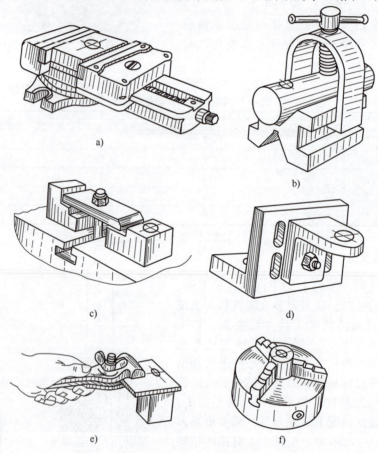

图 4-13 工件装夹方法
a)平口钳 b)V 形块 c)螺旋压板 d)角铁 e)手虎钳 f)自定心卡盘

3)工件在装夹过程中,应仔细校正,保证钻孔中心线与钻床的工作台面垂直。当所钻孔的位置精度要求比较高时,应在每个孔缘划参考线,以检查钻孔是否偏斜。对刀时要从不同的方向观察钻头横刃对正样冲眼的情况。钻孔前先锪出一个浅窝,确定无误之后,再正式钻孔。

4）通常，钻孔直径在 $\phi30\sim\phi35$mm 时，可一次钻出，若孔径大于此值，可分两次钻削，第一次钻削直径为 $(0.5\sim0.7)D$。

5）钻头在装夹前，应将其柄部和钻床主轴锥孔擦拭干净。钻头装好以后，可缓慢转动钻床主轴，检查钻头是否正直，当有摆动时，可调换不同方向装夹，将振摆调整到最小值。直柄钻头的装夹长度一般不小于15mm。

6）开始钻孔时，钻头要慢慢地接触工件，不能用钻头撞击工件，以免碰伤钻尖。在工件的未加工表面钻孔时，开始要用手进刀，这样当碰到过硬的质点时，钻头可以退让，避免打坏刃口。

7）在钻削过程中，工件对钻头有很大的抵抗力，使钻床的主轴箱或摇臂产生上抬的现象。在钻通孔时，当钻头横刃穿透工件以后，工件的抵抗力迅速下降，主轴箱或摇臂通过自重压下来，使进给量突然增加，导致扎刀，这时钻头很容易被扭断，特别是在钻大孔时，这种现象更为严重。因此，当钻孔即将穿透时，最好改用手动进给。

8）在摇臂钻床上钻大孔时，立柱和主轴箱一定要锁紧，以减少晃动和摇臂上抬量，否则钻头容易折断。

9）需要变换转速时，一定要先停机，以免打伤齿轮或其他部件。转换变速手柄时，应切实放到规定的位置上，当发现手柄失灵或不能移到所需要的位置时，应加以检查调整，不得强行扳动。

10）在钻床工作台、导轨等滑动表面上，不要乱放物件或撞击，以免影响钻床精度。工作完毕或更换工件时，应立即清理切屑及切削液。摇臂钻床在使用完后，要将摇臂降到近下端，将主轴箱移近立柱一端。下班前应在钻床没有涂漆的部位擦一些润滑油，以防止锈蚀。

11）操作者在离开钻床或更换工具、工件，以及总电源突然断电时，都要关闭钻床电门。

2. 钻床的维护保养

在使用机床设备时，要达到减少设备事故、延长机床使用寿命和提高设备完好率等目的，除了按照操作规程合理使用机床，还必须认真做好机床设备的维护保养工作。钻床在使用前后，操作者要认真检查、擦拭钻床各部位和注油保养，使钻床保持润滑清洁，发生事故要及时排除，并做一定记录。

钻床运转满500h应进行一次一级保养。一级保养是以操作者为主、维修人员配合，对钻床进行局部解体和检查，清洗所规定的部位，疏通油路，更换油线、油毡，调整各部位配合间隙，紧固各个部位。

立式钻床一级保养内容如下：

（1）外保养

1）外表清洁，无锈蚀，无污秽。

2）检查补齐螺钉、手球、手柄。

3）清洁工作台、丝杠、齿条、锥齿轮。

（2）润滑

1）油路畅通、清洁、无切屑。

2）清洗油管、油孔、油线、油毡。

3）检查油质，保持良好，油表正常、油位标准、油窗明亮。

(3) 冷却
1) 清洗水泵和过滤器。
2) 清洗全部切削液槽。
3) 根据情况调换切削液。
(4) 电气
1) 清扫电气箱、电动机。
2) 电气装置固定整齐。
3. 钻床工的安全操作规程
1) 工作前要检查并排除钻床周围的障碍物。
2) 工作中严禁戴手套，女工一定要戴工作帽。
3) 严禁开机后用手去拧紧钻夹头和用棉纱、油布擦主轴，变速应先停机。
4) 严禁直接用手或用棉纱勾切屑，或用嘴吹切屑。
5) 工件应装夹牢靠，禁止直接用手拿工件来钻孔，在小工件上钻小孔时，也要用手虎钳等工具夹牢工件。
6) 钻通孔时，工件应垫起，防止钻伤工作台。
7) 搬运、吊装或两人抬起工件时，应小心谨慎，防止伤人。
8) 注意安全用电。

4.3 钻孔方法

4.3.1 工件夹持

钻孔前一般都须将工件夹紧固定，以防钻孔时工件移动折断钻头或使钻孔位置偏移。工件的夹持方法主要根据工件的大小、形状和加工要求而定。例如，在钻 $\phi 8mm$ 以下的小孔时，可用手虎钳握住工件钻孔。若钻孔要求较高，批量又较大，可采用专门的钻夹具夹持工件来钻孔。

4.3.2 一般工件的钻孔方法

钻孔前应在工件上划出所要钻孔的十字中心线和直径。在孔的圆周上（90°位置）打四只样冲眼，用于钻孔后的检查。孔中心的样冲眼用于钻头定心，应大而深，使钻头在钻孔时不易偏离中心。

钻孔开始时，先调正钻头或工件的位置，使钻尖对准钻孔中心，然后试钻一浅坑。若钻出的浅坑与所划的钻孔圆周线不同心，可移动工件或钻床主轴予以借正。钻头较大，或浅坑偏得太多时，用移动工件或钻头很难取得效果，这时可在需多钻去一些的部位用样冲或油槽錾錾几条沟槽（图4-14），以减少此处的切削阻力使钻头偏移过来，达到借正的目的。当试钻达到同心要求后继续钻孔。孔将要钻穿时，必须减小进给量，如采用自动进给的，此时最好改为手动进给，以减少孔口的毛刺，并防止钻头折断或钻孔质量降低等现象。

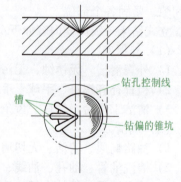

图4-14 用錾槽纠正钻偏的孔

钻不通孔时，可按钻孔深度调正挡块，并通过测量实际尺寸来控制钻孔深度。

钻深孔时，一般钻进深度达到直径的 3 倍时钻头要退出排屑，以后每钻进一定深度，钻头即退出排屑一次，以免切屑阻塞而扭断钻头。

钻直径超过 $\phi35mm$ 的孔可分两次钻削，先用 $(0.5 \sim 0.7)D$（D 为所需孔径）的钻头钻孔，再用所需孔径的钻头扩孔。这样可以减小转矩和轴向阻力，既保护了机床，同时又可提高钻孔质量。

4.3.3 其他钻孔方法

（1）在圆柱形工件上钻孔　在轴类或套类等圆柱形工件上钻与轴线垂直相交的孔，特别是当孔的中心线和工件中心线对称度要求较高时，可采用定心工具，如图 4-15a 所示。钻孔前利用百分表校正定心工具圆锥部分与钻床主轴保持较高的同轴度要求，使其振摆在 0.01 ~ 0.02mm 之内。然后移动 V 形块使定心工具圆锥部分与 V 形块贴合，用压板把 V 形块位置固定。

在钻孔工件的端面划出所需的中心线，用 90°角尺找正端面中心线使其保持垂直，如图 4-15b 所示。换上钻头将钻尖对准钻孔中心后，再把工件压紧。然后试钻一个浅坑，检查中心位置是否正确，若有偏差，可调整工件后再试钻，直至位置正确后钻孔。

对称度要求不高时，不必用定心工具，而用钻头的顶尖来找正 V 形块的中心位置，然后用 90°角尺找正工件端面的中心线，并使钻尖对准钻孔中心，压紧工件，进行试钻和钻孔。

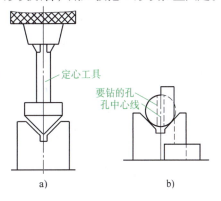

图 4-15　在圆柱形工件上钻孔

（2）钻半圆孔　对需钻半圆孔的工件，若孔在工件的边缘，可把两工件合起来夹持在机用平口虎钳内钻孔，如图 4-16a 所示，若只需一件，可取一块相同材料与工件拼合夹持在机用平口虎钳内钻孔。若在如图 4-16b 所示工件上钻半圆孔，则可先用同样材料嵌入工件内，与工件合钻一个圆孔，然后去掉嵌入材料，工件上即留下半圆孔。

（3）在斜面上钻孔　用普通钻头在斜面上钻孔，钻头必然会产生偏歪、滑移而无法定心，不仅不能钻孔，还可能折断钻头。为了在斜面上钻出合格的孔，可用立铣刀或錾子在斜面上加工出一个小平面，然后先用中心钻或小直径钻头在小平面上钻出一个锥坑或浅坑，再用钻头钻出所需要的孔，如图 4-17 所示。

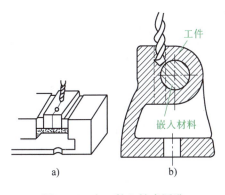

图 4-16　在工件上钻半圆孔

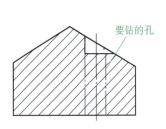

图 4-17　在斜面上钻孔

（4）钻壳体和衬套之间的骑缝螺纹底孔或销钉孔　由于壳体、衬套两者材料一般都不同，此时样冲眼应打在略偏于硬材料一边，以抵消因阻力小而引起钻头向软材料方向偏移。同时要选用短钻头，以增大钻头刚度，钻头的横刃要磨短，增加钻头的定心作用，减少偏移。

4.3.4　钻孔时的切削用量

1. 切削用量

切削用量是切削加工过程中切削速度、进给量和背吃刀量的总称，又称切削三要素。

（1）切削速度 v　钻孔时的切削速度，是指钻削时钻头切削刃上最大直径处的线速度。钻孔时的切削速度 v 可由下式计算：

$$v = \frac{\pi d n}{1000}$$

式中　d——钻头直径（mm）；
　　　n——钻头的转速（r/min）；
　　　v——切削速度（m/min）。

例　钻头直径为 $\phi 20\text{mm}$，在以 400r/min 的转速钻孔时，切削速度为多少？

解　$v = \dfrac{\pi d n}{1000} = \dfrac{3.14 \times 20\text{mm} \times 400\text{r/min}}{1000} = 25\text{m/min}$

（2）进给量 f　切削时主运动每转一转或每往复一次，工件与刀具在进给方向的相对位移称为进给量。钻孔时的进给量 f，是指钻头每转一转沿进给方向移动的距离，单位为 mm/r。

（3）背吃刀量 a_p　背吃刀量是指工件已加工表面与待加工表面之间的垂直距离。钻削时的背吃刀量等于钻头半径，如图 4-18 所示。

2. 切削用量的选择

钻削时合理选择钻削用量，可提高钻孔精度和生产率，并能防止机床过载或损坏。

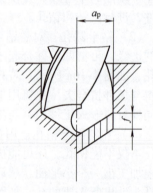

图 4-18　钻孔时的进给量和背吃刀量

由于钻孔时背吃刀量已由钻头直径所定，所以钻孔时的切削用量只需选择切削速度和进给量。选用较高的切削速度 v 和进给量 f，都能提高生产效率。但切削速度太高会造成强烈摩擦，降低钻头寿命。如果进给量太大，虽对钻头寿命影响较小，但将直接影响到已加工表面的残留面积，而残留面积越大，加工表面越粗糙。由此可知：对钻孔的生产率来说，v 和 f 的影响是相同的；对钻头使用寿命来说，v 比 f 的影响大；对钻孔的表面粗糙度来说，一般情况下，f 比 v 的影响大。因此，钻孔时选择切削用量的基本原则如下：在允许范围内，尽量选择较大的 f，当 f 受到表面粗糙度和钻头刚度的限制时，再考虑选择较大的 v。

具体选择时，应根据钻头直径、钻头材料、工件材料、表面粗糙度要求等方面决定。一般情况可查表 4-3 和表 4-4。当加工条件特殊时，可做一定的修整或按试验确定。

表 4-3 钻钢材时的切削用量（用切削液）

钢材的性能	进给量 f/(mm/r)												
好↓差	0.20	0.27	0.36	0.49	0.66	0.88							
	0.16	0.20	0.27	0.36	0.49	0.66	0.88						
	0.13	0.16	0.20	0.27	0.36	0.49	0.66	0.88					
	0.11	0.13	0.16	0.20	0.27	0.36	0.49	0.66	0.88				
	0.09	0.11	0.13	0.16	0.20	0.27	0.36	0.49	0.66	0.88			
		0.09	0.11	0.13	0.16	0.20	0.27	0.36	0.49	0.66	0.88		
			0.09	0.11	0.13	0.16	0.20	0.27	0.36	0.49	0.66	0.88	
				0.09	0.11	0.13	0.16	0.20	0.27	0.36	0.49	0.66	0.88
					0.09	0.11	0.13	0.16	0.20	0.27	0.36	0.49	0.66
						0.09	0.11	0.13	0.16	0.20	0.27	0.36	0.49
钻头直径 ϕ/mm	切削速度 v/(m/min)												
≤4.6	43	37	32	27.5	24	20.5	17.7	15	13	11	9.5	8.2	7	6
≤9.6	50	43	37	32	27.5	24	20.5	17.7	15	13	11	9.5	8.2	7
≤20	55	50	43	37	32	27.5	24	20.5	17.7	15	13	11	9.5	8.2
≤30	55	55	50	43	37	32	27.5	24	20.5	17.7	15	13	11	9.5
≤60	55	55	55	50	43	37	32	27.5	24	20.5	17.7	15	13	11

注：钻头为高速钢标准麻花钻。

表 4-4 钻铸铁时的切削用量

铸铁硬度 HBW	进给量 f/(mm/r)											
140~152	0.20	0.24	0.30	0.40	0.53	0.70	0.95	1.3	1.7			
153~166	0.16	0.20	0.24	0.30	0.40	0.53	0.70	0.95	1.3	1.7		
167~181	0.13	0.16	0.20	0.24	0.30	0.40	0.53	0.70	0.95	1.3	1.7	
182~199		0.13	0.16	0.20	0.24	0.30	0.40	0.53	0.70	0.95	1.3	1.7
200~217			0.13	0.16	0.20	0.24	0.30	0.40	0.53	0.70	0.95	1.7
218~240				0.13	0.16	0.20	0.24	0.30	0.40	0.53	0.70	0.95	1.3
钻头直径 ϕ/mm	切削速度 v/(m/min)											
≤3.2	40	35	31	28	25	22	20	17.5	15.5	14	12.5	11	9.5
≤8	45	40	35	31	28	25	22	20	17.5	15.5	14	12.5	11
≤20	51	45	40	35	31	28	25	22	20	17.5	15.5	14	12.5
>20	55	53	47	42	37	33	29.5	26	23	21	18	16	14.5

注：钻头为高速钢标准麻花钻。

4.3.5 切削液

合理使用切削液能有效地减小切削力、降低切削温度，从而延长刀具寿命，防止工件热变形和改善已加工表面质量。此外，选用高性能切削液也是改善某些难加工材料切削性能的一个重要措施。

1. 切削液的作用

（1）冷却作用　切削液浇注在切削区域内，利用热传导、对流和汽化等方式，降低切削温度和减小工艺系统热变形。

(2) 润滑作用　切削液渗透到刀具、切屑与加工表面之间，其中带油脂的极性分子吸附在刀具的前、后面上，形成了物理性吸附膜。若与添加在切削液中的化学物质发生化学反应，可形成化学性吸附膜，从而在高温时减小切屑、工件与刀面间的摩擦，减少粘结及刀具磨损，提高已加工表面质量。

(3) 排屑和洗涤作用　在磨削、钻削、深孔加工和自动化生产中利用浇注或高压喷射切削液来排除切屑或引导切屑流向，并冲洗散落在机床及工具上的细屑与磨粒。

(4) 防锈作用　切削液中加入防锈添加剂，使之与金属表面发生化学反应生成保护膜，起到防锈、防蚀作用。

此外，切削液还应具有抗泡性、抗真菌变质能力，达到排放时不污染环境、对人体无害和使用经济性等要求。

2. 切削液的种类及其应用

生产中常用的切削液有：以冷却为主的水溶性切削液和以润滑为主的油溶性切削液。

(1) 水溶性切削液　水溶性切削液主要分为：水溶液、乳化液和合成切削液。

1) 水溶液。水溶液是以软水为主，加入防锈剂、防霉剂，有的还加入油性添加剂、表面活性剂以增强润滑性。此外，添加极压抗磨剂可增加润滑膜的强度。

水溶液常用于粗加工和普通磨削加工。

2) 乳化液。乳化液是水和乳化油经搅拌后形成的乳白色液体。乳化油是一种油膏，它由矿物油和表面活性乳化剂（石油磺酸钠、磺化蓖麻油等）配制而成。表面活性剂的分子上带极性一头与水亲合，不带极性一头与油亲合，使水油均匀混合，并添加乳化稳定剂（乙醇、乙二醇等），使乳化液中油、水不分离。

乳化液的用途很广。有自行配制成乳化油含量较少的低浓度乳化液，它主要起冷却作用，用于粗加工和普通磨削加工；高浓度乳化液以润滑作用为主，用于精加工和用复杂刀具加工。

3) 合成切削液。合成切削液是国内外推广使用的高性能切削液。它是由水、各种表面活性剂和化学添加剂组成。它具有良好的冷却、润滑、清洗和防锈性能，热稳定性好，使用周期长。合成切削液中不含油，可节省能源，环保，国外的使用率达到60%，我国工厂使用率也日益增大。

国产DX148多效合成切削液、SLQ水基透明切削磨削液用于深孔钻削均有良好效果。

(2) 油溶性切削液　油溶性切削液主要有：切削油和极压切削油。

1) 切削油。切削油中有矿物油、动植物油和复合油（矿物油与动植物油的混合油），其中常用的是矿物油。

矿物油包括机械油、轻柴油和煤油等。它们的特点是：热稳定性好，资源丰富，价格便宜，但润滑性较差。它主要用于切削速度较慢的精加工、有色金属加工和易切削钢加工。机械油的润滑作用较好，故在普通精车、螺纹精加工中使用广泛。

煤油的渗透作用和冲洗作用较突出，故在精加工铝合金、精刨铸铁和用高速钢铰刀铰孔中，均能减小表面粗糙度值、提高刀具寿命。

2) 极压切削油。极压切削油是在矿物油中添加氯、硫、磷等极压添加剂配制而成的。它在高温下不破坏润滑膜，具有良好的润滑效果，故被广泛使用。

氯化切削油主要含氯化石蜡、氯化脂肪酸等，由它们形成的化合物，如$FeCl_2$，其熔点为600℃，且摩擦因数小，润滑性能好，适用于切削合金钢、高锰钢及其他难加工材料。氯化切削油在加工钢材时，能耐高温350℃。

硫化切削油是在矿物油中加入含硫添加剂（硫化鲸鱼油、硫化棉籽油等），含硫量（质量分数）为10%～15%，在切削时的高温作用下形成硫化亚铁（FeS）化学膜，其熔点在1100℃以上，因此，硫化切削油能耐高温750℃。

硫化切削油中的JQ-1精密切削润滑剂用于对20钢、45钢、40Cr钢和20CrMnTi等材料的钻、铰、铣和齿轮加工，均可获得很小的表面粗糙度值，并能提高刀具寿命。

含磷极压添加剂中有硫代磷酸锌、有机磷酸酯等。含磷润滑膜的耐磨性较含硫、氯的高。

此外，还有固体润滑剂。固体润滑剂中使用最多的是二硫化钼（MoS_2）。由MoS_2形成的润滑膜具有极小的摩擦因数（0.05～0.09）、高的熔点（1185℃），因此，高温不易改变它的润滑性能，此外还具有很高的抗压性能（3.1GPa）和牢固的附着能力。切削时可将MoS_2涂刷在刀面和工作表面上，也可添加在切削油中。

采用MoS_2能防止粘结和抑制积屑瘤形成，减小切削力，能显著延长刀具寿命和减小加工表面粗糙度值。使用表明，它用于车、钻、铰孔、深孔、攻螺纹、拉、铣等加工均能获得良好的效果。

3. 钻削各种材料所用的切削液（表4-5）

表4-5　钻削各种材料所用的切削液

工件材料	切削液（质量分数）
各类结构钢	3%～5%乳化液，7%硫化乳化液
不锈钢、耐热钢	3%肥皂加2%亚麻油水溶液，硫化切削油
纯铜、黄铜、青铜	基本不用，或5%～8%乳化液
铸铁	基本不用，或5%～8%乳化液，煤油
铝合金	基本不用，或5%～8%乳化液，煤油，煤油加柴油混合液
有机玻璃	5%～8%乳化液，煤油

4.3.6　提高钻孔质量的方法

钻孔时影响钻孔质量的因素很多，如钻孔前的划线、钻头的刃磨、工件的夹持，以及钻削时切削用量的选择、试钻及一些具体操作方法都会对钻孔质量产生影响，甚至造成废品。因此要保证或提高钻孔质量，就必须认真做好钻孔前的准备工作，掌握正确的钻削方法。

1. 认真做好钻孔前的准备工作

1）根据工件的钻孔要求，在工件上正确划线，检查后打样冲眼，孔中心的样冲眼要打得大一些、深一点。

2）按工件形状和钻孔的精度要求，采用合适的夹持方法，使工件在钻削过程中保持正确的位置。

3）正确刃磨钻头，按材料的性质决定顶角的大小，并可根据具体情况，对钻头进行修磨，改进钻头的切削性能。

2. 掌握正确的钻削方法

1）选定钻孔设备，遵照选择切削用量的基本原则，合理选择切削用量。

2）钻孔时，先进行试钻，若发现钻孔中心偏移，应采取借正的方法，位置借正后再正式钻孔。孔将要钻穿前，将机动进给改为手动进给，并减小进给量。

3）根据不同材料，正确选用切削液。

3. 钻孔时可能出现的问题和产生原因（表4-6）

表4-6 钻孔时可能出现的问题和产生原因

出现的问题	产生原因
孔大于规定尺寸	1. 钻头两切削刃长度不等，高低不一致 2. 主轴径向偏摆或工作台未锁紧，有松动 3. 钻头本身弯曲或装夹不好，使钻头有较大的径向圆跳动
孔壁粗糙	1. 钻头不锋利 2. 进给量太大 3. 切削液选择不当或供应不足 4. 钻头过短，排屑槽堵塞
孔歪斜	1. 工件上与孔垂直的平面与钻轴不垂直或主轴与台面不垂直 2. 工件安装时，安装接触面上的切屑未清除干净 3. 工件装夹不稳，钻孔时产生歪斜，或工件有砂眼 4. 进给量过大使钻头产生弯曲变形
孔位偏移	1. 工件划线不正确 2. 钻头横刃太长，定心不准，起钻过偏而没有校准
钻头呈多角形	1. 钻头后角太大 2. 钻头两主切削刃长短不一，角度不对称
钻头工作部分折断	1. 钻头用钝仍继续钻孔 2. 钻孔时未经常退钻排屑，使切屑在钻头螺旋槽内阻塞 3. 孔将钻通时没有减小进给量 4. 进给量过大 5. 工件未夹紧，钻孔时产生松动 6. 在钻黄铜一类软金属时，钻头后角太大，前角未修磨小，造成扎刀
切削刃迅速磨损或碎裂	1. 切削速度太高 2. 没有根据工件材料硬度来刃磨钻头角度 3. 工件表皮或内部硬度高或有砂眼 4. 进给量过大 5. 切削液不足

4.3.7 钻孔加工实例

技能训练

工件材料为铸铁，加工的孔径为 $\phi 20$mm，孔深为40mm，表面粗糙度值为 $Ra6.3\mu m$，公差等级为IT12，连续钻四个孔，四个孔的孔距为30mm±0.10mm。

其加工工艺过程如下：

1）在立式钻床上加工，钻头用标准麻花钻。

2）刃磨钻头，并修磨横刃。钻头刃磨时可用样板检查其刃磨角度，如图4-19所示。

3）工件用压板夹持在立钻的工作台上。

4）开机对中心和试钻。

5）选用切削速度为 250~270r/min，进给量为 0.05~0.1mm/r。

6）机动进给到35mm深处，改为手动进给，直至钻透。如此连续钻四个孔。

7）用游标卡尺测量（检查）孔距，如图4-20a所示。将测量结果减去孔的直径，则可得到孔距。或根据工件钻孔直径的大小，用两个配合较紧密的直销插入孔中，再用游标卡尺测量两销之间的距离，同样要将测量结果减去直销的直径，如图4-20b所示。

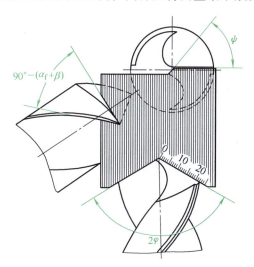

图 4-19　用样板检查刃磨角度

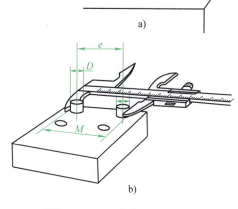

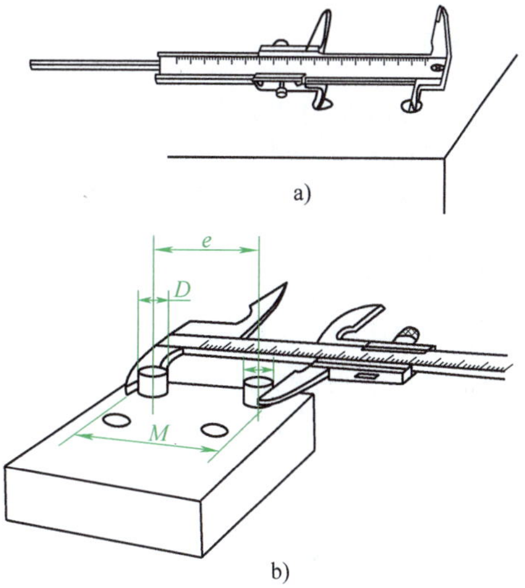

图 4-20　用游标卡尺测量孔距

4.4　扩孔、锪孔和铰孔

4.4.1　扩孔

用扩孔钻或麻花钻，将工件上原有的孔进行扩大的加工称为扩孔。

1. 扩孔的应用

由于扩孔的切削条件相比钻孔有较大的改善，所以扩孔钻的结构与麻花钻有很大的区别，如图4-21所示。其结构特点是：扩孔因中心不切削，故扩孔钻没有横刃，切削刃较短；由于背吃刀量 a_p 小，容屑槽较小、较浅，钻芯较粗；刀齿增加，整体式扩孔钻有 3~4 齿。基于上述特点，扩孔钻具有较好的刚度、导向性和切削稳定性，从而能在保证质量的前提下，增大切削用量。

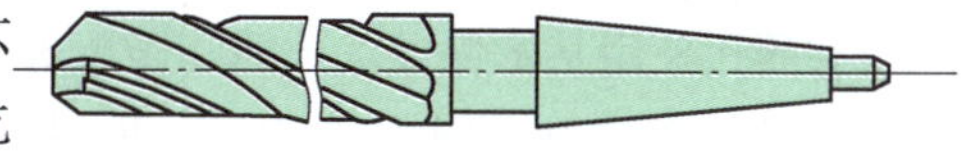

图 4-21　扩孔钻

扩孔加工标准公差等级可达 IT10~IT9，表面粗糙度值为 Ra 12.5~Ra 3.2μm。扩孔加工一般应用于孔的半精加工和铰孔前的预加工。

2. 扩孔的切削用量

（1）扩孔前钻孔直径的确定　用麻花钻扩孔，扩孔前钻孔直径为 $(0.5~0.7)D_0$（D_0 为要求孔径）。用扩孔钻扩孔，扩孔前钻孔直径为 $0.9D_0$。

（2）扩孔的背吃刀量　扩孔的背吃刀量为

$$a_p = \frac{1}{2}(D - d)$$

式中　d——原有孔的直径（mm）；

D——扩孔后的直径（mm）。

（3）扩孔的切削速度　扩孔的切削速度为钻孔的 1/2。

（4）扩孔的进给量　扩孔的进给量为钻孔的 1.5~2 倍。

实际生产中，一般用麻花钻代替扩孔钻。扩孔钻适用于批量扩孔加工。用麻花钻扩孔时，因横刃不参加切削,轴向切削抗力较小。此时应适当减小钻头后角,防止在扩孔时扎刀。

4.4.2 锪孔

用锪钻或改制的钻头将孔口表面加工成一定形状的孔和平面称为锪孔,如图 4-22 所示。

1. 锪钻的种类和特点

锪钻分柱形锪钻、锥形锪钻和端面锪钻三种。

(1) 柱形锪钻 用来锪柱形埋头孔的锪钻为柱形锪钻。柱形锪钻的结构如图 4-23 所示。柱形锪钻具有主切削刃和副切削刃,端面切削刃 1 为主切削刃,起主要切削作用,外圆切削刃 2 为副切削刃,起修光孔壁的作用。锪钻前端有导柱,导柱直径与工件原有的孔采用基本偏差为 f 的间隙配合,以保证锪孔时有良好的定心和导向作用。导柱分整体式和可拆式两种,可拆式导柱能按工件原有孔直径的大小进行调换,使锪钻应用灵活。

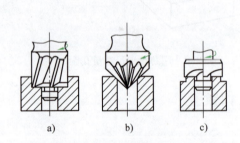

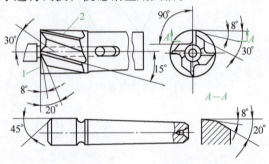

图 4-22 锪孔加工
a) 锪圆柱形埋头孔 b) 锪锥形埋头孔 c) 锪平面

图 4-23 柱形锪钻
1—端面切削刃(主切削刃) 2—外圆切削刃(副切削刃)

柱形锪钻的螺旋角就是它的前角,即 $\gamma_o = \beta = 15°$,后角 $\alpha_f = 8°$,副后角 $\alpha_f' = 8°$。

柱形锪钻也可用麻花钻改制。图 4-24a 所示为改制成带导柱的柱形锪钻。导柱直径 d 与工件原有的孔采用基本偏差为 f 的间隙配合。端面切削刃须在锯片砂轮上磨出,侧后角 $\alpha_f = 8°$,导柱部分两条螺旋槽锋口须倒钝。麻花钻也可改制成不带导柱的平底锪钻,如图 4-24b 所示,用来锪平底不通孔。

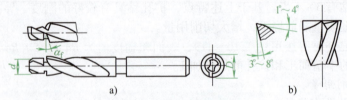

图 4-24 麻花钻改制的锪钻
a) 带导柱的柱形锪钻 b) 平底锪钻

(2) 锥形锪钻 用来锪锥形埋头孔的锪钻为锥形锪钻。

锥形锪钻的结构如图 4-25 所示,按其锥角大小可分 60°、75°、90°和 120°四种,其中 90°的使用最多。锥形锪钻直径 $d = 12 \sim 60\text{mm}$,齿数为 4~12 个。锥形锪钻的前角 $\gamma_o = 0°$,侧后角 $\alpha_f = 6° \sim 8°$。为了增加近钻尖处的容屑空间,每隔一切削刃将此处的切削刃磨去一块。

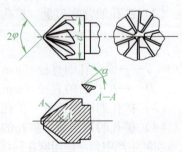

图 4-25 锥形锪钻

锥形锪钻也可用麻花钻改制。锥角大小按工件锥孔度数磨出，后角和外缘处前角磨得小些，避免锪孔时产生振痕。

（3）端面锪钻　用来锪平孔端面的锪钻称为端面锪钻。

端面锪钻为多齿形端面锪钻，其端面刀齿为切削刃，前端导柱用来定心、导向以保证加工后的端面与孔中心线垂直。简易的端面锪钻如图 4-26 所示。刀杆与工件孔配合端的直径采用基本偏差为 f 的间隙配合，保证良好的导向作用。刀杆上的方孔要尺寸准确，与刀片采用基本偏差为 h 的间隙配合，并且保证刀片装入后，切削刃与刀杆轴线垂直。前角由工件材料决定，锪铸铁孔时 $\gamma_o = 5° \sim 10°$；锪钢件时 $\gamma_o = 15° \sim 25°$。后角 $\alpha_o = 6° \sim 8°$，$\alpha'_o = 4° \sim 6°$。

在锪孔口下端面时，可将锪钻安装在图 4-27 所示的位置。但刀杆与钻轴或其他设备的连接要采用一定装置，防止锪削时脱落。

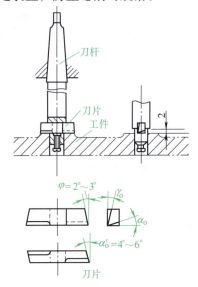
图 4-26　端面锪钻

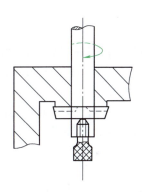
图 4-27　锪孔口下端面

2. 锪孔加工要点

锪孔方法与钻孔方法基本相同，但锪孔时刀具容易振动，特别是使用麻花钻改制的锪钻，使所锪端面或锥面产生振痕，影响锪削质量，故锪孔时应注意以下几点：

1）锪孔的切削用量，由于锪孔的切削面积小，锪钻的切削刃多，所以进给量为钻孔的 2~3 倍，切削速度为钻孔的 1/3~1/2。

2）用麻花钻改制锪钻时，后角和外缘处前角适当减小，以防止扎刀。两切削刃要对称，保持切削平稳。尽量选用较短钻头改制，减少振动。

3）锪钻的刀杆和刀片装夹要牢固，工件夹持要稳定。

4）锪钢件时，要在导柱和切削表面加机油或牛油润滑。

4.4.3　铰孔

用铰刀从工件孔壁上切除微量金属层，以提高孔的尺寸精度和降低表面粗糙度值的方法称为铰孔。

铰刀是一种尺寸精确的多刃刀具，铰削时切屑很薄，所以铰孔的标准公差等级可达 IT9~IT7，表面粗糙度值为 $Ra\ 3.2 \sim Ra\ 0.8 \mu m$，属于孔的精加工。

1. 铰刀的种类和特点

铰刀的种类很多。按铰刀的使用方法可分为手用铰刀和机用铰刀。按铰刀形状可分为圆柱铰刀和圆锥铰刀。按铰刀结构又可分为整体式铰刀和可调节式铰刀。

（1）整体圆柱铰刀 整体圆柱铰刀主要用来铰削标准系列的孔，其结构如图 4-28 所示，它由工作部分、颈部和柄部三部分组成。

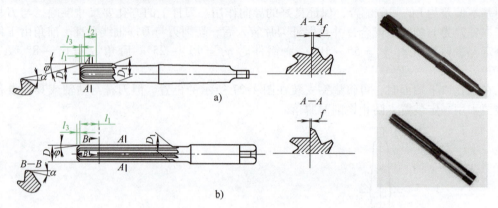

图 4-28 整体圆柱铰刀
a）机用铰刀 b）手用铰刀

1）工作部分包括引导部分、切削部分和校准部分。

2）引导部分（l_3），在工作部分前端，呈 45°倒角，其作用是便于铰刀开始铰削时放入孔中，并保护切削刃。

3）切削部分（l_1），担负主要切削工作。切削锥角 2φ 很小，一般手用铰刀 $\varphi=30'\sim 1°30'$，切削部分较长，这样定心作用好，铰削时轴向力小，工作省力。铰刀的前角 $\gamma_o=0°$，使铰削近乎刮削，从而细化孔壁表面。为了减少铰刀与孔壁的摩擦，铰刀切削部分和校准部分的后角 $\alpha_o=6°\sim 8°$。

4）校准部分（l_2），用来引导铰孔方向和校准孔的尺寸，也是铰刀的后备部分。为了减少与孔壁的摩擦，铰刀校准部分的切削刃上留有无后角、宽度仅 0.1～0.3mm 的棱边 f。将整个校准部分制成具有 0.005～0.008mm 的倒锥，这样也可防止孔口的扩大。

为了获得较高的铰孔质量，一般手用铰刀的齿距在圆周上不是均匀分布的，但为了便于制造和测量，不等齿距的铰刀常制成 180°对称的不等齿距，如图 4-29b 所示。采用不等齿距的铰刀，铰孔时切削刃不会在同一地点停歇而使孔壁产生凹痕，从而能将硬点切除，提高了铰孔质量。

机用铰刀铰孔时，铰刀靠机床带动连续转动，有些精度由机床加以保

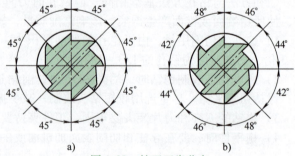

图 4-29 铰刀刀齿分布
a）均匀分布 b）不均匀分布

证，所以机用铰刀与手用铰刀在结构上存在一定的区别，如图 4-28 所示。

5）颈部为磨制铰刀时供退刀用，也用来印刻商标和规格。

6）柄部用来装夹和传递转矩，有直柄、锥柄和直柄带方榫三种形式。前两种用于机用

铰刀,后一种用于手用铰刀。

(2) 可调节手用铰刀　可调节手用铰刀在单件生产和修配工作中用来铰削非标准孔,其结构如图 4-30 所示。可调节手用铰刀由刀体、刀齿条及调节螺母等组成。刀体上开有六条斜底直槽,具有相同斜度的刀齿条嵌在槽内,并用两端螺母压紧,固定刀齿条。调节两端螺母可使刀齿条在槽中沿斜槽移动,从而改变铰刀直径。标准可调节铰刀的直径范围为 6~54mm。

可调节手用铰刀刀体用 45 钢制作,直径小于或等于 ϕ12.75mm 的刀齿条用合金工具钢制作,直径大于 ϕ12.75mm 的刀齿条用高速钢制作。

(3) 螺旋槽手用铰刀　螺旋槽手用铰刀用来铰削带有键槽的圆孔。用普通铰刀铰削带有键槽的孔时,切削刃易被键槽边勾住,造成铰孔质量降低或无法铰削。螺旋槽手用铰刀的切削刃沿螺旋线分布,如图 4-31 所示。铰削时,多条切削刃同时与键槽边产生点接触,切削刃不会被键槽边勾住,铰削阻力沿圆周均匀分布,铰削平稳,铰出的孔光洁。铰刀螺旋槽方向一般是左旋,可避免铰削时因铰刀顺时针方向转动而产生自动旋进的现象,左旋的切削刃还能将铰下的切屑推出孔外。

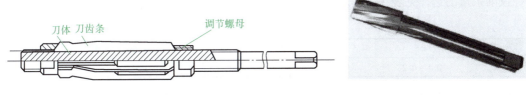

图 4-30　可调节手用铰刀　　　　图 4-31　螺旋槽手用铰刀

(4) 圆锥铰刀　圆锥铰刀是用来铰削圆锥孔的铰刀,如图 4-32 所示。常用的圆锥铰刀有以下四种:

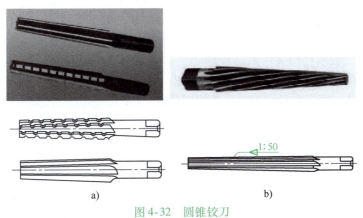

图 4-32　圆锥铰刀
a) 成套圆锥铰刀　b) 铰削定位销孔铰刀

1) 1:10 圆锥铰刀用来铰削联轴器上与锥销配合的锥孔。
2) 莫氏圆锥铰刀用来铰削 0~6 号莫氏锥孔。
3) 1:30 圆锥铰刀用来铰削套式刀具上的锥孔。
4) 1:50 圆锥铰刀用来铰削定位销孔。

1:10 锥孔和莫氏锥孔的锥度较大,为了铰孔省力,这类铰刀一般制成 2~3 把一套,其中一把是精铰刀,其余是粗铰刀,如图 4-32a 所示是两把一套的圆锥铰刀。粗铰刀的切削刃上开有螺旋形分布的分屑槽,以减轻切削负荷。

对尺寸较小的圆锥孔,铰孔前可按小端直径钻出圆柱孔,再用圆锥铰刀铰削即可。对尺寸和深度较大或锥度较大的圆锥孔,铰孔前的底孔应钻成阶梯形的孔,如图4-33所示。阶梯孔的最小直径按圆锥铰刀小端直径确定,其余各段直径可根据锥度公式推算。

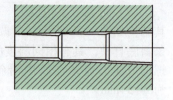

图4-33 阶梯孔

2. 铰孔方法

(1) 铰孔余量确定　铰削余量是指上道工序(钻孔或扩孔)完成后,在直径方向所留下的加工余量。

铰削余量不能太小或太大。铰削余量太小,上道工序的残留变形和加工刀痕难以纠正和除去,铰孔的质量达不到要求。同时铰刀处呈啃刮状态,磨损严重,降低了铰刀的使用寿命。铰削余量太大,则增加了每一刀齿的切削负荷,增加了切削热,使铰刀直径扩大,孔径也随之扩大。同时切屑呈撕裂状态,使铰削表面粗糙。正确选择铰削余量,应按孔径的大小,同时考虑铰孔的精度、表面粗糙度、材料的软硬和铰刀类型等多种因素。

铰削余量的选择见表4-7。

表4-7　铰削余量　　　　　　　　　　　　　　　　　　(单位:mm)

铰孔直径	<5	5~20	21~32	33~50	51~70
铰削余量	0.1~0.2	0.2~0.3	0.3	0.5	0.8

此外,铰削余量的确定,与上道工序的加工质量有很大关系。因此对铰削精度要求较高的孔,必须经过扩孔或粗铰,才能保证最后的铰孔质量。

(2) 机铰的切削速度和进给量　铰孔的切削速度和进给量要选择适当,过大或过小都将直接影响铰孔质量和铰刀的使用寿命。

使用普通高速钢铰刀铰孔,工件材料为铸铁时,切削速度v_c不应超过10m/min,进给量f在0.8mm/r左右。当工件材料为钢时,v_c不应超过8m/min,f在0.4mm/r左右。

(3) 切削液　铰削的切屑一般都很细碎,容易黏附在切削刃上,甚至夹在孔壁与校准部分棱边之间,将已加工表面拉毛。铰削过程中,热量积累过多也将引起工件和铰刀的变形或孔径扩大。因此,铰削时必须采用适当的切削液,以减少摩擦和散发热量,同时将切屑及时冲掉。

切削液的选择见表4-8。

表4-8　铰孔用切削液

工件材料	切削液
钢	1. 体积分数为10%~20%的乳化液 2. 铰孔要求较高时,可采用体积分数为30%的菜油加70%的乳化液 3. 高精度铰削时,可用菜油、柴油、猪油
铸铁	1. 不用 2. 煤油,但会引起孔径缩小(最大缩小量:0.02~0.04mm) 3. 低浓度乳化液
铝	煤油
铜	乳化液

(4) 铰孔时的切削用量　表4-9所列是高速钢铰刀铰孔时的切削用量参考数据,实际工作中还要根据刀具和机床的情况进行调整,最好是参照刀具厂商提供的刀具切削参数。

表 4-9 铰孔时的切削用量

刀具直径/mm	铸铁		钢		铜、铝及其合金	
	v_c/ (m/min)	f/ (mm/r)	v_c/ (m/min)	f/ (mm/r)	v_c/ (m/min)	f/ (mm/r)
6~10	2~6	0.3~0.5	1.2~5	0.3~0.4	8~12	0.3~0.5
10~15	2~6	0.5~0.1	1.2~5	0.4~0.5	8~12	0.5~1
15~25	2~6	0.8~2.5	1.2~5	0.5~0.6	8~12	0.8~1.5
25~40	2~6	0.8~2.5	1.2~5	0.4~0.6	8~12	0.8~1.5

(5) 铰孔工作要点

1) 工件要夹正、夹紧力要适当，防止工件变形，以免铰孔后工件变形部分回弹，影响孔的几何精度。

2) 手铰时，两手用力要均衡，保持铰削的稳定性，避免由于铰刀的摇摆而造成孔口喇叭状和孔径扩大。

3) 随着铰刀旋转，两手轻轻加压，使铰刀均匀进给。同时不断变换铰刀每次停歇位置，防止连续在同一位置停歇而造成振痕。

4) 铰削过程中或退出铰刀时，都不允许铰刀反转，否则将拉毛孔壁，甚至使铰刀崩刃。

5) 铰定位锥销孔时，两结合工件应位置正确，铰削过程中要经常用相配的锥销来检查铰孔尺寸，以防将孔铰深。一般用手按紧锥销时其头部应高于工件表面 2~3mm，然后用铜锤敲紧。根据具体情况和要求，锥销头部可略低或略高于工件表面。

6) 机铰时，要注意机床主轴、铰刀和工件孔三者同轴度误差是否符合要求。当上述同轴度误差不能满足铰孔精度时，铰刀应采用浮动装夹方式，调整铰刀与所铰孔的中心位置。

7) 机铰结束，铰刀应退出孔外后停机，否则孔壁有刀痕，退出时孔会被拉毛。

8) 铰孔过程中，按工件材料、铰孔精度要求合理选用切削液。

3. 铰孔产生废品的原因分析

铰孔精度和表面粗糙度的要求都很高，若所用铰刀质量不好，铰削余量或切削液选择不合理以及操作不当都会产生铰孔的废品。

铰孔时废品产生的形式及原因见表 4-10。

表 4-10 铰孔时废品产生的形式及原因

废品形式	废品产生的原因
孔壁表面粗糙度值超差	1. 铰削余量太大或太小 2. 铰刀切削刃不锋利，或粘有积屑瘤，切削刃崩裂 3. 切削速度太高 4. 铰削过程中或退刀时反转 5. 没有合理选用切削液
孔呈多棱形	1. 铰削余量太大 2. 工件前道工序加工孔的圆度超差 3. 铰孔时，工件夹持太紧造成变形
孔径扩大	1. 机铰时铰刀与孔中心线不重合，铰刀偏摆过大 2. 铰孔时两手用力不均，使铰刀晃动 3. 切削速度太高，冷却不充分，铰刀温度上升，直径增大 4. 铰锥孔时，未常用锥销试配、检查，铰孔过深
孔径缩小	1. 铰刀磨钝或磨损 2. 铰削铸铁时加煤油，造成孔径收缩

4.4.4 铰孔加工实例

技能训练 1

在 45 钢上,用 -15°刃倾角的铰刀,铰削直径为 $\phi 20^{+0.023}_{0}$ mm、孔深为 50mm 的孔,其表面粗糙度值为 $Ra\ 0.4$ mm。其铰削加工工艺过程如下:

1) 选用摇臂钻床来铰削。

2) 选用 $\phi 18$ mm 麻花钻钻孔,转速 $n=400\sim500$ r/min,进给量 $f=0.35\sim0.45$ mm/r。

3) 用 $\phi 19.8$ mm 的扩孔钻扩孔。扩孔时转速为 500r/min,进给量 $f=0.5$ mm/r。

4) 用 $\phi 20.015^{\ 0}_{-0.008}$ mm 的铰刀(图 4-34)铰孔,转速 $n=100$ r/min,进给量 $f=0.8$ mm/r。

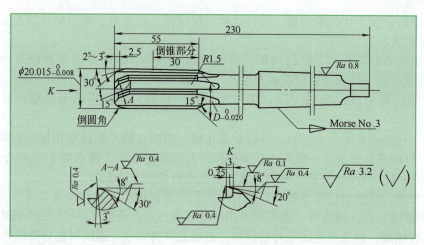

图 4-34 -15°刃倾角铰刀

5) 钻孔时的切削液为 10%(体积分数)的乳化油水溶液。铰孔时的切削液,采用硫化油(也可用体积分数为 75% 的柴油加 25% 的机油的混合液作为切削液)。

6) 铰削时应注意:浇入的切削液一定要充足,铰孔完毕时,应不停机退出铰刀,否则会在孔壁上留下刀痕,影响铰孔质量。

技能训练 2

钻、铰 8 个 $\phi 16$H8 的等分孔(图 4-35)。

1. 准备工作

(1) 工、夹、量具的准备 准备 $\phi 12$ mm 麻花钻、$\phi 15.7$ mm 扩孔钻、中心钻、$\phi 16$ mm 铰刀、划线工具、带莫氏锥柄的专用顶尖(图 4-36)、游标高度卡尺。

(2) 检查毛坯 检查毛坯时,清除尖角、毛刺。

(3) 检查钻床主轴 检查钻床主轴的径向圆跳动误差,并将主轴锥孔和莫氏锥柄擦拭干净。

2. 训练要求

(1) 工件要求

1) 8 个孔的尺寸精度为 $\phi 16$H8。

2) 8 个孔的位置度误差为 $\phi 0.2$ mm。

3) 8 个孔的表面粗糙度值为 $Ra\ 1.6\ \mu m$。

(2) 工具设备的使用和维护 带莫氏锥柄的专用顶尖、各种量具、铰刀要妥善保管,

项目 4 孔 加 工

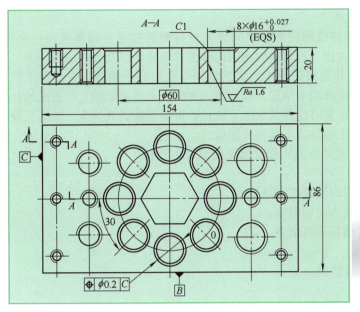

图 4-35 钻、铰孔

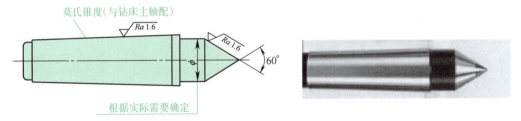

图 4-36 带莫氏锥柄的专用顶尖

切勿碰撞，也要注意对钻床的维护和保养。

（3）安全及其他 执行企业有关安全和文明生产的规定，做到工作场地整洁，工件、工具、量具摆放整齐。

3. 操作要领

1）划线时，分别以 B、C 面为基准，计算出孔中心的坐标尺寸（例如 O 孔中心的坐标尺寸为：当以 B 面为基准时是（$86/2 - 60/2 \times 0.707$）mm = 21.79mm；当以 C 面为基准时是（$154/2 + 60/2 \times 0.707$）mm = 98.21mm，用游标高度卡尺划出孔中心的十字线。

2）将工件装夹在机用台虎钳内，下面适当部位垫以 10mm 以上的垫板，并初步将其夹紧。

3）将专用顶尖安装在钻套内，然后安装在钻床主轴锥孔内。

4）校正工件，使孔的中心（十字线交点）与专用顶尖的轴线重合（注意从不同方向观察），并将工件夹紧，确定工件与机床的相对正确位置。

5）卸下专用顶尖，装上中心钻钻孔，换上 ϕ12mm 麻花钻钻孔，再换 ϕ15.7mm 扩孔钻扩孔，最后换装锪钻倒角。

6）依照上述方法加工其余各孔。

7）卸下工件，将其清理干净后装夹在台虎钳上，用 ϕ16mm 圆柱手用铰刀铰孔。

4. 容易出现的问题和解决办法

（1）孔歪斜　钻床工作台面与机用台虎钳之间或工件与垫铁之间有切屑或其他杂物。因此在安装工件前，必须将工作台面、机用台虎钳底面和工件安装面以及工件清理干净。

（2）孔的位置度误差超差　其原因是专用顶尖的轴线与孔中心不重合，这是由于校正同轴度误差时没有从不同方向校正其相对位置，仅从某一方向校正的视觉误差所造成的；或者是校正后同轴度达到要求，但夹紧时位置又发生了变化；再就是锥柄或钻床主轴锥孔没有擦拭干净，而导致的钻头轴线与主轴轴线不同轴所造成的。

（3）孔的表面粗糙度值大　孔的表面粗糙度值大的原因主要有：

1）铰削余量太大或太小。

2）铰刀的切削刃不锋利，刃口崩裂或有缺口。

3）不用切削液，或用了不适当的切削液。

4）退出铰刀时反转或容屑槽被切屑堵塞。

（4）孔径缩小或扩大

1）缩小的原因有铰刀磨损或磨钝。

2）扩大有如下原因：

① 铰刀中心线与孔的中心线同轴度误差大。

② 进给量或铰削余量大。

③ 没有使用切削液。

项目 5

螺 纹 加 工

思维导图：

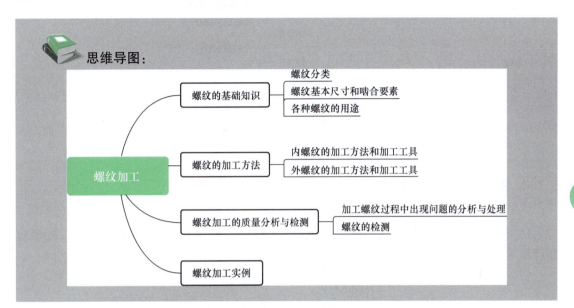

5.1 螺纹的基础知识

5.1.1 螺纹分类

螺纹的分类方法和种类很多。螺纹按牙型不同可分为三角形螺纹、梯形螺纹、矩形螺纹、锯齿形螺纹和圆弧螺纹；按螺旋线条数不同可分为单线螺纹和多线螺纹；按螺纹母体形状不同分为圆柱螺纹和圆锥螺纹等。

钳工常用和加工的螺纹都是三角形螺纹。三角形螺纹有米制和寸制两种。米制三角形螺纹的牙型角为 60°，分粗牙普通螺纹和细牙普通螺纹两种。细牙螺纹由于螺距小、升角小、自锁性好，常用于承受冲击、振动或变载荷的连接，也可用于调整机构的场合。寸制三角形螺纹的牙型角为 55°。

螺纹的一般分类如下：

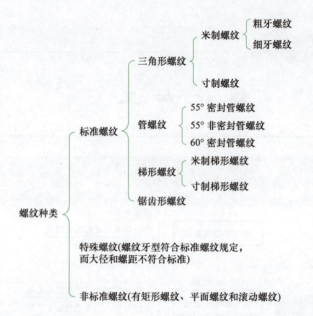

5.1.2 螺纹基本尺寸和啮合要素

（1）**螺纹要素**　螺纹要素包括牙型、公称直径、螺距（或导程）、线数、精度和旋向等。

1）牙型是在通过螺纹轴线的截面上螺纹的轮廓形状，有三角形、矩形、梯形、圆弧和锯齿形等牙型，如图5-1所示。

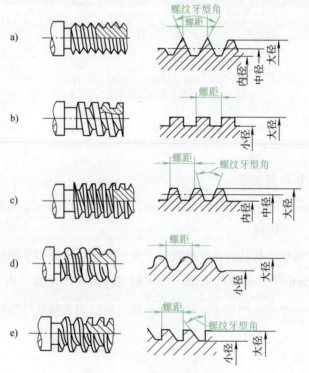

图5-1　各种螺纹的剖面形状

a）三角形螺纹　b）矩形螺纹　c）梯形螺纹　d）圆弧螺纹　e）锯齿形螺纹

2）螺纹直径

① 大径（D、d）是与外螺纹牙顶或内螺纹牙底相重合的假想圆柱面（或圆锥面）的直径，也称公称直径。代号为D（内螺纹）、d（外螺纹）。

② 小径（D_1、d_1）是与外螺纹的牙底或内螺纹的牙顶相重合的假想圆柱面（或圆锥面）的直径。代号为D_1（内螺纹）、d_1（外螺纹）。

③ 中径（D_2、d_2）是在大径和小径之间，设想有一圆柱面（或圆锥面），在其轴向截面内，素线上的牙宽和槽宽相等，则该假想圆柱面的直径称为中径。代号为D_2（内螺纹）、d_2（外螺纹）。

3）线数（n）是指一个螺纹上螺旋线的数目。螺纹可分单线螺纹、双线螺纹和多线螺纹。沿一条螺旋线所形成的螺纹称为单线螺纹；沿两条或两条以上、在轴向等距分布的螺旋线所形成的螺纹称为双线或多线螺纹。

4）螺距（P）是相邻两牙在中径线上对应两点间的轴向距离。导程（P_h）是指一条螺旋线上相邻两牙在中径线上对应两点间的轴向距离。单线螺纹$P = P_h$，多线螺纹$P_h = nP$。

5）螺纹精度受螺纹公差带和旋合长度影响。螺纹公差带的位置由基本偏差决定，外螺纹的上偏差（es）和内螺纹的下偏差（EI）为基本偏差。

螺纹旋合长度分为三组，分别称为短旋合长度 S、中等旋合长度 N 和长旋合长度 L。普通螺纹旋合长度见表5-1。

表 5-1　普通螺纹旋合长度　　　　　　　　　　（单位：mm）

基本大径 D、d		螺距 P	旋合长度			
			S	N		L
>	≤		≤	>	≤	>
0.99	1.4	0.2	0.5	0.5	1.4	1.4
		0.25	0.6	0.6	1.7	1.7
		0.3	0.7	0.7	2	2
1.4	2.8	0.2	0.5	0.5	1.5	1.5
		0.25	0.6	0.6	1.9	1.9
		0.35	0.8	0.8	2.6	2.6
		0.4	1	1	3	3
		0.45	1.3	1.3	3.8	3.8
2.8	5.6	0.35	1	1	3	3
		0.5	1.5	1.5	4.5	4.5
		0.6	1.7	1.7	5	5
		0.7	2	2	6	6
		0.75	2.2	2.2	6.7	6.7
		0.8	2.5	2.5	7.5	7.5
5.6	11.2	0.75	2.4	2.4	7.1	7.1
		1	3	3	9	9
		1.25	4	4	12	12
		1.5	5	5	15	15
11.2	22.4	1	3.8	3.8	11	11
		1.25	4.5	4.5	13	13
		1.5	5.6	5.6	16	16
		1.75	6	6	18	18
		2	8	8	24	24
		2.5	10	10	30	30

（续）

基本大径 D、d		螺距 P	旋合长度			
			S	N		L
>	≤		≤	>	≤	>
22.4	45	1	4	4	12	12
		1.5	6.3	6.3	19	19
		2	8.5	8.5	25	25
		3	12	12	36	36
		3.5	15	15	45	45
		4	18	18	53	53
		4.5	21	21	63	63
45	90	1.5	7.5	7.5	22	22
		2	9.5	9.5	28	28
		3	15	15	45	45
		4	19	19	56	56
		5	24	24	71	71
		5.5	28	28	85	85
		6	32	32	95	95
90	180	2	12	12	36	36
		3	18	18	53	53
		4	24	24	71	71
		6	36	36	106	106
		8	45	45	132	132
180	355	3	20	20	60	60
		4	26	26	80	80
		6	40	40	118	118
		8	50	50	150	150

根据螺纹配合的要求，将公差等级和公差位置组合，可得出各种公差带，普通螺纹公差带一般按表 5-2 和表 5-3 选用，其极限偏差值规定可查阅 GB/T 2516—2003。

表 5-2 内螺纹推荐公差带

公差精度	公差带位置 G			公差带位置 H		
	S	N	L	S	N	L
精密	—	—	—	4H	5H	6H
中等	(5G)	6G	(7G)	5H	6H	7H
粗糙	—	(7G)	(8G)	—	7H	8H

表 5-3 外螺纹推荐公差带

公差精度	公差带位置 e			公差带位置 f			公差带位置 g			公差带位置 h		
	S	N	L	S	N	L	S	N	L	S	N	L
精密	—	—	—	—	—	—	—	(4g)	(5g4g)	(3h4h)	4h	(5h4h)
中等	—	6e	(7e6e)	—	6f	—	(5g6g)	6g	(7g6g)	(5h6h)	6h	(7h6h)
粗糙	—	(8e)	(9e8e)	—	—	—	—	8g	(9g8g)	—	—	—

在表 5-2 和表 5-3 中，螺纹公差带按短、中、长三组旋合长度给出了精密、中等、粗糙三种精度，选用时，可按下述原则考虑：

精密：用于精密螺纹，当要求配合性质变动较小时采用。

中等：一般用途。

粗糙：对精度要求不高或制造比较困难时采用。

常用的精度等级为中等。表中括号内的公差带尽可能不用。

6）螺纹的旋向分左旋和右旋两种。顺时针方向旋入的螺纹称为右旋螺纹；逆时针方向旋入的螺纹称为左旋螺纹。判别螺纹旋向时，当螺纹从左向右升高的为右旋螺纹；螺纹从右向左升高的为左旋螺纹。如图 5-2 所示为判别螺纹旋向的方法。

（2）螺纹代号　主要用来反映螺纹各基本要素。标准螺纹代号其表示顺序是：牙型　公称直径×螺距（导程/线数）－公差带－旋向。

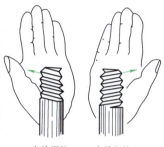

图 5-2　判别螺纹旋向的方法

1）GB/T 197—2018 中对普通螺纹代号的规定如下：

粗牙普通螺纹用字母"M"及"公称直径"表示；细牙普通螺纹用字母"M"及"公称直径×螺距"表示。

当螺纹为左旋时，在螺纹代号之后加写"LH"。

2）梯形螺纹代号应符合 GB/T 5796.4—2022 标准，用"Tr"表示。单线螺纹用"Tr"及"公称直径×螺距"表示；多线螺纹用"Tr"及"公称直径×导程 P 螺距"表示；当螺纹为左旋时，需加注"LH"。

3）锯齿形螺纹代号应符合 GB/T 13576.1—2008 标准，用"B"表示。单线螺纹用"B"及"公称直径×螺距"表示；多线螺纹用"B"及"公称直径×导程（P 螺距）"表示；当螺纹为左旋时，需在后面加注"LH"。

4）普通螺纹、梯形螺纹和锯齿形螺纹代号示例见表 5-4。

表 5-4　螺纹代号示例

螺纹代号	代号说明
M24	公称直径为 24mm 的粗牙普通螺纹
M24×1.5	公称直径为 24mm，螺距为 1.5mm 的细牙普通螺纹
M24×1.5－LH	公称直径为 24mm，螺距为 1.5mm 的左旋细牙普通螺纹
Tr40×7	公称直径为 40mm，螺距为 7mm 的单线梯形螺纹
Tr40×14（P7）－LH	公称直径为 40mm，导程为 14mm，螺距为 7mm 的左旋多线梯形螺纹
B40×7	公称直径为 40mm，螺距为 7mm 的单线锯齿形螺纹
B40×14（P7）－LH	公称直径为 40mm，导程为 14mm，螺距为 7mm 的左旋多线锯齿形螺纹

（3）螺纹标记　螺纹完整标记由螺纹代号、螺纹公差带代号和螺纹旋合长度代号所组成。

1）普通螺纹公差带代号包括中径公差带代号与顶径（外螺纹大径和内螺纹小径）公差带代号。公差带代号是由表示其大小的公差等级数字和表示其位置的字母组成，如 6H、6g 等。如果两公差带相同，则只标注一个。螺纹公差带代号标注在螺纹代号之后，中间用"－"分开。

内、外螺纹装配在一起，其公差带代号用斜线分开，左边表示内螺纹公差带代号，右边表示外螺纹公差带代号。

例：M20×2-6H/6g；M20×2-6H/5g6g-LH。

一般情况下，不标螺纹旋合长度，其螺纹公差带按中等旋合长度 N 确定；必要时，在螺纹公差带代号之后加注旋合长度代号 S 或 L；特殊需要时，可注明旋合长度的数值，中间用"-"分开。

例：M10-5g6g-S；M10-7H-L；M20×2-7g6g-40。

2）梯形螺纹标记与普通螺纹标记的组成及标注方法基本相同，区别是梯形螺纹公差带代号只标注中径公差带。

例：Tr40×7-7H；Tr40×7-7e；Tr40×7-7e-LH；Tr40×7-7H/7e。

可加注旋合长度的梯形螺纹标记。

例：Tr40×14（P7）-8e-L；Tr40×7-7e-140。

3）管螺纹的标记。

① 55°密封管螺纹标记是用螺纹特征代号和尺寸代号组成，示例见表5-5。

表 5-5　55°密封管螺纹标记示例

螺 纹 特 征	特 征 代 号	尺 寸 代 号	螺 纹 标 记
圆锥内螺纹	Rc	$1\frac{1}{2}$	$Rc1\frac{1}{2}$
圆柱内螺纹	Rp	$1\frac{1}{2}$	$Rp1\frac{1}{2}$
圆锥外螺纹	R_1、R_2	$1\frac{1}{2}$	$R_1 1\frac{1}{2}$ 或 $R_2 1\frac{1}{2}$

注：与英制密封圆柱内螺纹配合使用 R_1，与英制密封圆锥内螺纹配合使用 R_2。

当螺纹为左旋时，在尺寸代号后加注"LH"，例如：$R_1 1\frac{1}{2}LH$。

内、外螺纹装配在一起时，内、外螺纹的标记用斜线分开，左边表示内螺纹，右边表示外螺纹，标记示例见表5-6。

表 5-6　内、外螺纹装配的标记示例

螺纹配合情况	尺寸代号为 $1\frac{1}{2}$ 的螺纹标记
圆锥内螺纹与圆锥外螺纹的配合	$Rc1\frac{1}{2}/R_2 1\frac{1}{2}$
圆柱内螺纹与圆锥外螺纹的配合	$Rp1\frac{1}{2}/R_1 1\frac{1}{2}$
左旋圆锥内螺纹与圆锥外螺纹的配合	$Rc1\frac{1}{2}/R_2 1\frac{1}{2}LH$

② 55°非密封管螺纹的标记由螺纹特征代号、尺寸代号和公差等级代号组成。螺纹特征代号用字母 G 表示；螺纹公差等级代号对外螺纹分 A、B 两级标注，对内螺纹则不标记。

$1\frac{1}{2}$ 螺纹的标记示例如下：

内螺纹：$G1\frac{1}{2}$。

A 级外螺纹：$G1\frac{1}{2}A$。

B 级外螺纹：$G1\frac{1}{2}B$。

当螺纹为左旋时，在公差等级代号后加注"LH"。例如：$G\frac{1}{2}LH$；$G1\frac{1}{2}A-LH$。

内、外螺纹装配时，内、外螺纹的标记用斜线分开，左边表示内螺纹，右边表示外螺纹。例如：

右旋螺纹装配：$G1\frac{1}{2}/G1\frac{1}{2}A$；$G1\frac{1}{2}/G1\frac{1}{2}B$。

左旋螺纹装配：$G1\frac{1}{2}/G1\frac{1}{2}A-LH$。

③ 60°密封管螺纹的标记由螺纹特征代号和螺纹尺寸代号组成。60°圆锥管螺纹（包括内、外螺纹）特征代号为 NPT；60°圆柱内螺纹代号为 NPSC。对左旋螺纹，后面加注"LH"。

例如：

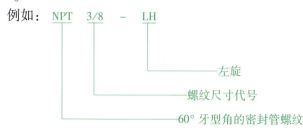

NPT3/8 则表示右旋的。

（4）普通螺纹各部分尺寸关系　螺纹的基本尺寸有大径、中径、小径、螺距和牙型角等，如图 5-3 所示。其中大径、螺距一般在设计时根据需要确定，其他基本尺寸可按规定计算得出。由于普通螺纹原始三角形是等边三角形，所以普通螺纹牙型角为 60°，原始三角形的高则为

$$H = \frac{\sqrt{3}}{2}P = 0.866P$$

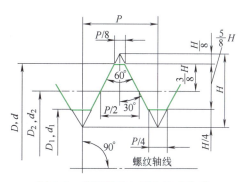

图 5-3　普通螺纹各部分尺寸关系

D、d—内、外螺纹大径　D_2、d_2—内、外螺纹中径　P—螺距
D_1、d_1—内、外螺纹小径　H—原始三角形高度

普通内、外螺纹的中径、小径可按规定由下式计算：

内螺纹中径：　　　　$D_2 = D - 2 \times \frac{3}{8}H = D - 0.6495P$

外螺纹中径：　　　　$d_2 = d - 2 \times \frac{3}{8}H = d - 0.6495P$

内螺纹小径：　　　　$D_1 = D - 2 \times \frac{5}{8}H = D - 1.0825P$

外螺纹小径：　　　　$d_1 = d - 2 \times \frac{5}{8}H = d - 1.0825P$

5.1.3　各种螺纹的用途

螺纹零件作为可拆卸的连接件和传动件，在各种机械、仪器和日常生活中得到广泛应

用,下面介绍几种螺纹的应用情况。

(1) 三角形螺纹　三角形螺纹根部强度较高,螺纹的自锁性好,因此,三角形螺纹主要应用在各种连接件上,如螺杆、螺母等。

(2) 梯形和矩形(非标准)螺纹　螺纹的传动效率和强度较高,因此主要应用在传动和受力较大的机械上,如台虎钳和螺旋千斤顶上的螺杆采用矩形螺纹,各种机床上传动丝杠采用梯形螺纹。

(3) 锯齿形螺纹　主要应用在承受单向作用力的机械上,如压力机的螺杆。

(4) 圆弧螺纹　应用于管件的连接,如水管连接和螺纹灯泡等。

(5) 寸制螺纹　一般应用较少,主要用于某些进口机械的备件和维修件。

5.2　螺纹的加工方法

5.2.1　内螺纹的加工方法和加工工具

在圆柱内表面上形成的螺纹称为内螺纹。钳工利用丝锥在圆柱内表面上加工出内螺纹的操作技能称为攻螺纹。

攻螺纹要用丝锥、铰杠和保险夹头等工具。

(1) 丝锥　丝锥是钳工加工内螺纹的工具,分手用和机用两种,有粗牙、细牙之分。手用丝锥一般用合金工具钢或轴承钢制造,机用丝锥都用高速钢制造。

1) 丝锥由工作部分和柄部两部分组成,如图 5-4 所示。工作部分包括切削部分和校准部分。

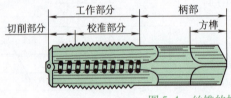 

图 5-4　丝锥的构造

切削部分担负主要切削工作。切削部分沿轴向开有几条容屑槽,形成切削刃和前角,同时能容纳切屑。在切削部分前端磨出锥角,使切削负荷分布在几个刀齿上,从而使切削省力,刀齿受力均匀,不易崩刃或折断,丝锥也容易正确切入。

校准部分有完整的齿形,用来校准已切出的螺纹,并保证丝锥沿轴向运动。丝锥校准部分有 0.05~0.12mm/100mm 的倒锥,以减小与螺孔的摩擦。

柄部有方榫,用来传递切削转矩。

2) 校准丝锥的前角 $\gamma_o = 8° \sim 10°$,为了适应不同的工件材料,前角可在必要时做适当增减,见表5-7。切削部分的锥面上磨有后角,手用丝锥 $\alpha_o = 6° \sim 8°$,机用丝锥 $\alpha_o = 10° \sim 12°$,齿侧没有后角。手用丝锥的校准部分没有后角,对 M12 以上的机用丝锥铲磨出很小的后角。

表 5-7　丝锥前角的选择

被加工材料	铸青铜	铸铁	高碳钢	黄铜	中碳钢	低碳钢	不锈钢	铝合金
前角 γ_o	0°	5°	5°	10°	10°	15°	15°~20°	20°~30°

3) 为了减小攻螺纹时手用丝锥的切削力和提高丝锥的使用寿命,将攻螺纹时的整个切削量分配给几支丝锥来担负。故 M6~M24 的丝锥一套有 2 支,M6 以下及 M24 以上的丝锥

一套有 3 支。M6 以下因丝锥小容易折断，所以为 3 支一套；大的丝锥因切削负荷很大，需分几支逐步切削，所以也为 3 支一套。细牙丝锥不论大小均为 2 支一套。

在成套丝锥中，切削量的分配有两种形式，即锥形分配和柱形分配，如图 5-5 所示。

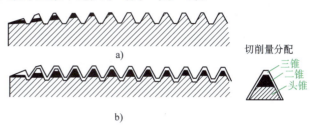

图 5-5 丝锥切削量分配
a）锥形分配 b）柱形分配

锥形分配如图 5-5a 所示，每套中丝锥的大径、中径、小径都相等，只是切削部分的长度及锥角不同。头锥的切削部分长度为 5~7 个螺距，二锥切削部分长度为 2.5~4 个螺距，三锥切削部分长度为 1.5~2 个螺距。

柱形分配如图 5-5b 所示，其头锥、二锥的大径、中径、小径都比三锥的小。头锥、二锥的中径一样，大径不一样，头锥的大径小，二锥的大径大。柱形分配的丝锥，其切削量分配比较合理，使每支丝锥磨损均匀，使用寿命长，攻螺纹时较省力。同时，因末锥的两侧刃也参加切削，所以螺纹表面粗糙度数值较低。在攻螺纹时丝锥顺序不能搞错。

大于或等于 M12 的手用丝锥采用柱形分配；小于 M12 的采用锥形分配。所以攻制 M12 或 M12 以上的通孔螺纹时，最后一定要用末锥攻过才能得到正确的螺纹直径。

（2）铰杠　铰杠是用来夹持丝锥柄部的方榫、带动丝锥旋转切削的工具。铰杠有普通铰杠和丁字形铰杠两类，每类铰杠又分为固定式和活络式两种，如图 5-6 所示。

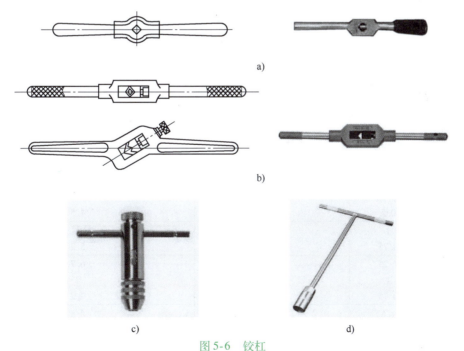

图 5-6 铰杠
a）固定铰杠 b）活络铰杠 c）活络丁字形可调节铰杠 d）丁字形铰杠

固定铰杠的方孔尺寸与板的长度应符合一定的规格，使丝锥受力不致过大，以防折断，一般在攻制 M5 以下螺纹时使用。

活络铰杠的方孔尺寸可以调节，故应用广泛。活络铰杠的规格以其长度表示，使用时根据丝锥尺寸大小合理选用，一般按表5-8所列范围选用。

表5-8 活络铰杠适用范围

活络铰杠规格/in	6	9	11	15	19	24
适用丝锥范围	M5～M8	M8～M12	M12～M14	M14～M16	M16～M22	M24以上

丁字形铰杠则在攻制工作台阶旁边或机体内部的螺孔时使用。丁字形可调节的铰杠是用一个四爪的弹簧夹头来夹持不同尺寸的丝锥，一般用于M6以下的丝锥，大尺寸的丝锥一般用固定式，通常是按需要制成的专用丝锥。

（3）攻螺纹的工艺过程 攻螺纹前首先应确定螺纹底孔直径和掌握正确的操作。

1）底孔直径的确定。用丝锥加工内螺纹时，丝锥除对材料起切削作用外，还对材料产生挤压。因此，螺纹的牙型产生塑性变形，使牙型顶端凸起一部分，材料塑性越大，则挤压凸起部分越多。此时如果螺纹牙型顶端与丝锥刀齿根部没有足够的空隙，就会使丝锥轧住或折断，所以攻螺纹前的底孔直径必须大于螺纹标准中规定的螺纹小径。底孔直径的大小，应根据工件材料的塑性大小和钻孔的扩张量来考虑，使攻螺纹时既有足够的空间来容纳被挤出的金属材料，又能保证加工出的螺纹有完整的牙型。

在钢和塑性较大材料上攻制普通螺纹时，钻孔用钻头的直径应为

$$D_0 = D - P$$

式中 D——内螺纹大径（mm）；

P——螺距（mm）。

在铸铁和塑性较小的材料上攻制普通螺纹时，钻孔用钻头的直径为

$$D_0 = D - (1.05 \sim 1.1)P$$

例1 在中碳钢工件和铸铁件上，分别攻制M14的螺纹，钻孔用的钻头直径分别是多少？

解 中碳钢属于塑性较大的材料，钻头直径 $D_0 = D - P = 14\text{mm} - 2\text{mm} = 12\text{mm}$。

铸铁件属于脆性材料，钻头直径 $D_0 = D - 1.1P = 14\text{mm} - 1.1 \times 2\text{mm} = 11.8\text{mm}$。

攻螺纹底孔的钻头直径也可在表5-9中查得。

表5-9 攻普通螺纹底孔的钻头直径　　　　　　　　　　　　（单位：mm）

螺纹大径 D	螺距 P	钻头直径 D_0	
		铸铁、青铜、黄铜	钢、可锻铸铁、纯铜、层压板
5	0.8	4.1	4.2
	0.5	4.5	4.5
6	1	4.9	5
	0.75	5.2	5.2
8	1.25	6.6	6.7
	1	6.9	7
	0.75	7.1	7.2
10	1.5	8.4	8.5
	1.25	8.6	8.7
	1	8.9	9
	0.75	9.1	9.2
12	1.75	10.1	10.2
	1.5	10.4	10.5
	1.25	10.6	10.7
	1	10.9	11

(续)

螺纹大径 D	螺距 P	钻头直径 D_0	
		铸铁、青铜、黄铜	钢、可锻铸铁、纯铜、层压板
14	2	11.8	12
	1.5	12.4	12.5
	1	12.9	13
16	2	13.8	14
	1.5	14.4	14.5
	1	14.9	15
18	2.5	15.3	15.5
	2	15.8	16
	1.5	16.4	16.5
	1	16.9	17
20	2.5	17.3	17.5
	2	17.8	18
	1.5	18.4	18.5
	1	18.9	19

在攻不通孔螺纹时，由于丝锥切削部分带有锥角不能切出完整的螺纹牙型，所以为了保证螺孔的有效深度，底孔的钻孔深度一定要大于所需的螺孔深度，一般取

钻孔深度 = 所需螺孔深度 + 0.7D

式中　D——螺纹大径（mm）。

具体如图 5-7 所示。

2）攻螺纹的实际操作。攻内螺纹的工序如图 5-8 所示。

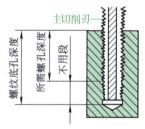

图 5-7　钻孔深度与所需螺孔深度

① 底孔直径确定后钻孔、孔口倒角（攻通孔时两面孔口都应倒角）。

② 攻螺纹时丝锥必须放正，当丝锥切入 1~2 圈时，用钢直尺或 90°角尺在两个互相垂直的方向检查，如图 5-9 所示。发现不垂直时，加以校正。

③ 丝锥位置校正并切入 3~4 圈时，只须均匀转动铰杠。每正转 1/2~1 圈要倒转 1/4~1/2 圈，以利断屑、排屑。塑性材料更应注意，攻不通螺孔时，丝锥上要做好深度标记，并经常退出丝锥，清除切屑，具体如图 5-10 所示。

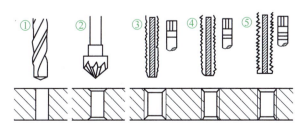

图 5-8　攻内螺纹的工序
①—钻孔　②—扩孔口　③~⑤—切削螺纹

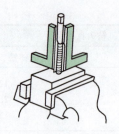 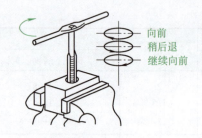

图 5-9 用 90°角尺检查丝锥位置　　图 5-10 攻螺纹方法

④ 攻较硬材料时，要头锥、二锥交替使用。在调换丝锥时，应先用手将丝锥旋入至不能旋进时，再用铰杠转动，以防螺纹乱牙。

⑤ 机器攻螺纹时，合理选用切削速度，丝锥与螺孔要满足同轴度要求，攻通孔时，丝锥的校准部分不能全部出头，否则倒转退出时会造成乱牙。

⑥ 攻塑性材料时要加切削液，以增加润滑、减小阻力和提高螺纹的表面质量。切削液的选用可参见表 5-10。

表 5-10　攻螺纹用的切削液

工件材料及螺纹精度		切削液	工件材料及螺纹精度	切削液
钢	精度要求一般	L-AN32 全损耗系统用油、乳化液	可锻铸铁	乳化油
	精度要求较高	菜油、二硫化钼、豆油	黄铜、青铜	全损耗系统用油
不锈钢		L-AN46 全损耗系统用油、豆油、黑色硫化油	纯铜	浓度较高的乳化油
灰铸铁	精度要求一般	不用	铝及铝合金	机油加适当煤油或浓度较高的乳化油
	精度要求较高	煤油		

5.2.2　外螺纹的加工方法和加工工具

在圆柱或圆锥的外表面上加工出的螺纹称为外螺纹。钳工利用板牙在圆柱（锥）表面上加工出外螺纹的操作称为套螺纹。

(1) 套螺纹前圆杆直径的确定　与攻螺纹时一样，圆板牙在工件上套螺纹时，材料同样受到挤压而变形，螺纹的牙尖也要被挤高一些，所以圆杆直径应稍小于螺纹大径。圆杆直径可用下列公式计算：

$$d_0 = d - 0.13P$$

式中　d_0——圆杆直径（mm）；
　　　d——外螺纹大径（mm）；
　　　P——螺距（mm）。

例 2　在钢的圆杆上套 M14 螺纹，此时圆杆直径应为多少？

解　$P = 2$mm，圆杆直径 $d_0 = 14$mm $- 0.13 \times 2$mm $= 13.7$mm。

(2) 圆板牙　圆板牙是钳工用来加工外螺纹的工具。圆板牙由切削部分、校准部分和排屑孔组成。其本身就像一个圆螺母，在它上面钻有几个排屑孔而形成刃口，如图 5-11a 所示。

圆板牙的切削部分为两端的锥角（2φ）部分。它不是圆锥面，而是经铲磨而成的阿基米德螺旋面，形成的后角 $\alpha_o = 7° \sim 9°$，锥角 $\varphi = 20° \sim 25°$。圆板牙前面是圆孔，因此前角大

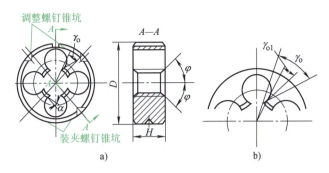

图 5-11 圆板牙
a) 外形和角度 b) 圆板牙前角变化

小沿着切削刃而变化,外径处前角 γ_o 最小,内径处前角 γ_{o1} 为最大,如图 5-11b 所示,一般 $\gamma_o=8°\sim12°$。板牙的中间一段是校准部分,也是套螺纹时的导向部分。

板牙的校准部分因套螺纹时的磨损会使螺纹尺寸变大而超出公差范围,为延长板牙的使用寿命,M3.5 以上的圆板牙,其外圆上有一条 V 形槽(图 5-11a)。当尺寸超差时,可用片状砂轮沿 V 形槽割出一条通槽,用铰杠上的两个螺钉顶入板牙上面的两个偏心锥孔坑内,使圆板牙尺寸缩小,其调节范围为 0.1~0.25mm。若在 V 形槽开口处旋入螺钉,能使板牙直径增大。板牙下部两个其轴线通过板牙中心的螺钉坑是用螺钉将板牙固定在铰手中并用来传递转矩的。板牙两端面都有切削部分,一端磨损后,可换另一端使用。

管螺纹板牙可分为圆柱管螺纹板牙和圆锥管螺纹板牙,其结构与圆板牙基本相仿。但圆锥管螺纹板牙只是在单面制成切削锥,如图 5-12 所示,故圆锥管螺纹板牙只能单面使用。

(3) 套螺纹的工艺过程

1) 按规定确定圆杆直径,同时将圆杆顶端倒角至 15°~20°,便于起削,如图 5-13 所示。锥体的小端直径要比螺纹的小径小,这样可消除螺纹起端处的锋口。

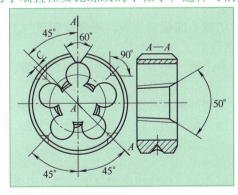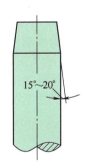

图 5-12 圆锥管螺纹板牙   图 5-13 圆杆倒角

2) 套螺纹时,切削力矩很大,圆杆不易夹持牢固,甚至会使圆杆表面损坏,所以要用硬木做的 V 形块或原铜板作为衬垫,才能可靠地夹紧,如图 5-14 所示。

3) 套螺纹时应保持板牙端面与圆杆轴线垂直,避免切出的螺纹单面或螺纹牙一面深一面浅。

4) 开始套螺纹时,两手转动板牙的同时要施加轴向压力,当板牙切入后,不需要加压,只需要均匀转动板

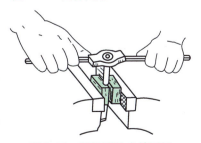

图 5-14 用 V 形块夹持圆杆

牙。为了断屑，板牙也要经常倒转。

5）为了提高螺纹表面质量和延长板牙使用寿命，套螺纹时要加切削液。一般用浓的乳化液、全损耗系统用油，要求高的可用菜油或二硫化钼。

5.3　螺纹加工的质量分析与检测

5.3.1　加工螺纹过程中出现问题的分析与处理

1. 内螺纹牙型乱牙、歪斜

1）内螺纹底孔过小或工件材料较硬，丝锥不易切进，如果压力不平衡，刀具产生摇摆，易将前几牙螺纹切乱、切歪斜。

2）用成组丝锥攻螺纹，若头锥攻歪斜，而用二锥强制进行纠正，往往会将部分牙型切乱。

3）在塑性较好的金属上攻螺纹，若用力过猛，刀具不及时倒转，又未加切削液，易使切屑堵塞，造成切削热过高，将切出的螺纹挤坏。

4）当丝锥磨钝、崩刃或刃口上有粘屑，也会将螺纹牙型刮乱。

2. 内螺纹直径扩大、缩小和产生锥度

1）攻螺纹时，用力不平衡，铰杠掌握不稳，会使螺孔攻大或攻成喇叭口状。

2）丝锥磨损严重时，加工出的螺孔直径易缩小。

3. 内螺纹牙型表面粗糙度值大

1）丝锥刃齿的前后面容屑槽的表面粗糙度值高于 $Ra\ 0.8\mu m$ 或有锈蚀及伤痕时，增大了切削过程的摩擦力，使切削易结瘤，将牙型刮毛。攻螺纹时若切屑过多，堵塞在刀具与螺孔之间，使切削刃磨损快，也会影响螺纹牙型质量。若底孔的预加工表面粗糙度值高于 $Ra\ 6.3\mu m$ 时，切出的螺纹表面粗糙度值也会大。

2）丝锥切削刃的前、后角过小时，使切屑不能顺利形成，而且使后面与工件加工表面摩擦增大，也会影响螺纹牙型的表面粗糙度值。

3）丝锥切削刃磨损或崩刃时，切削中易出现"啃刀"现象，切屑黏附加剧，也会影响螺纹的表面粗糙度。

4）用负刃倾角的丝锥加工通孔螺纹时，切屑流向已加工面，会把螺纹表面刮伤。

5）螺纹底孔直径尺寸不符合要求，切削余量过大，使切屑变形严重，也会影响螺纹的表面粗糙度。

4. 螺纹过早损坏

1）经过刃磨的丝锥，若将前、后角磨得太大，会使切削刃过尖，使刀齿强度减弱。

2）断屑、排屑不良，容屑槽被切屑严重堵塞，继续攻削时，会将刀齿挤崩或扭断丝锥。

3）刀齿磨钝或粘结有积屑瘤时，在攻螺纹中更易使切屑堆积在刀齿上，而且越积越厚，使转矩不断增大，会导致刀齿崩坏，甚至将丝锥扭断。

4）攻螺纹时丝锥产生歪斜，使切削层一边厚一边薄，严重时易将刀齿崩坏或扭断丝锥。

5）底孔太小。

6）攻不通孔的螺孔时，丝锥已经攻到底但仍在用力，易使丝锥折断。

7）在切削过程中，用力过猛，或只进不反转，使攻削负荷不断增大，都会损坏刀齿，甚至扭断丝锥。

5. 解决攻螺纹时出现问题的方法

1) 对所有加工的螺纹底孔，要检查其直径是否符合要求，若孔小了应扩大后再攻螺纹。

2) 用二锥攻螺纹时，必须用手将二锥切削部分旋入螺孔后，再攻螺纹。

3) 手工攻螺纹时，一定要使丝锥与工件孔端面垂直。可采用校正丝锥垂直的工具，如图 5-15、图 5-16 和图 5-17 所示。

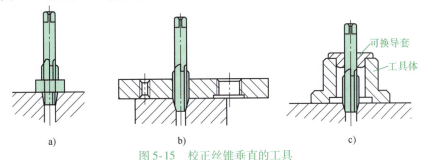

图 5-15　校正丝锥垂直的工具
a) 利用光制螺母校正丝锥　b) 板形多孔位校正丝锥工具
c) 可换导套多用校正丝锥工具

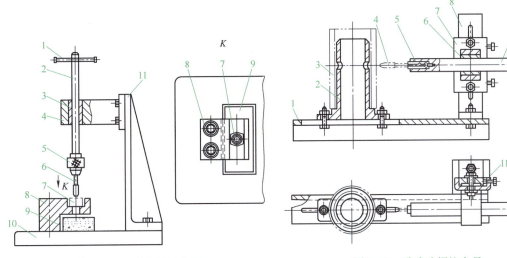

图 5-16　立式攻螺纹夹具
1—手柄　2—铰杠　3—导向套　4—横臂　5—夹头
6—丝锥　7—工件　8—工件夹具　9—积屑盒
10—底座　11—支架

图 5-17　卧式攻螺纹夹具
1—底座　2—工件定位心套　3—工件　4—丝锥
5—弹簧夹头　6—衬套　7—导向架　8—支架板
9—铰杠　10—手柄　11—压板

4) 在塑性材料上攻螺纹时，一定要加切削液。

5) 机器攻螺纹时，应注意丝锥与钻轴同心。攻通孔时，尽量采用大刃倾角的丝锥，使排屑顺利；攻不通孔时，注意力要高度集中，先量好孔深，并在丝锥上做深度记号。

6) 为了保证螺纹的加工精度和表面粗糙度，必须按照手工攻螺纹和机器攻螺纹的注意事项和正确的操作方法进行。

7) 机器攻螺纹时，钻底孔及攻螺纹最好在工件一次装夹中完成，以保证攻螺纹的位置精度。

6. 套螺纹时出现的问题和原因

（1）螺纹乱牙　以下情况会出现螺纹乱牙：套螺纹时圆杆直径太大，起套困难；板牙套螺纹时歪斜太多，强行借正；未进行必要的润滑；板牙未经常倒转进行断屑。

（2）螺纹形状不完整　以下情况可导致螺纹形状不完整：圆杆直径太小；调节圆板牙时，直径太大。

（3）套螺纹后螺纹歪斜　以下情况可造成螺纹歪斜：圆杆端部倒角不符合要求，板牙位置较难放准；两手用力不均匀，使板牙位置发生歪斜。

5.3.2　螺纹的检测

螺纹的检测方法随螺纹的精度等级、生产批量和设备条件不同而不同。

钳工的螺纹加工是利用丝锥和板牙这类成形刀具进行的，因此一般只进行外观检查和螺孔轴线对孔口表面垂直度的检查。

外观检查主要是观察加工好的螺纹，是否有烂牙、乱牙现象，牙型是否完整、深浅是否均匀以及螺纹表面质量是否满足要求。

螺孔轴线对孔口表面垂直度的检查，是用一标准检验工具（一头带螺纹）旋入已加工螺孔中，然后用90°角尺靠在螺孔孔口的表面，检查在规定高度范围内的垂直度误差。对于垂直度要求不高的螺孔，也可旋入双头螺柱作为粗略检查。

例如检查螺纹的牙型角，一般就用螺纹牙型的角度样板对照一下就可以了。

对于一些精度要求比较高的螺纹，如汽轮机上用于上下气缸固定的双头螺栓、有些调整机构上用的螺纹，必须通过用一定的测量工具和一定的测量方法去检测，才能保证螺纹的精度。一般的测量方法有以下几种：

1. 用螺纹量规检验

用螺纹环规检验外螺纹，螺纹塞规检验内螺纹，如图5-18所示。

用量规检验是一种综合的测量方法。量规有通端和止端，通端应使螺纹顺利旋入，止端不能将螺纹旋入。满足要求的说明螺纹的中径、大径或小径合格。

使用时应先清除工件的毛刺，且工件应在常温条件下测量。

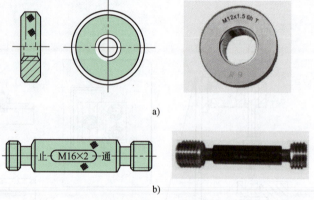

图5-18　螺纹量规
a）螺纹环规　b）螺纹塞规

2. 用螺纹千分尺测量

螺纹千分尺是测量外螺纹中径的一种量具，如图5-19所示。其结构和使用方法与外径千分尺相似。使用时首先根据牙型角和螺距大小选择一对合适的测头装在千分尺上，校对零点后把被检零

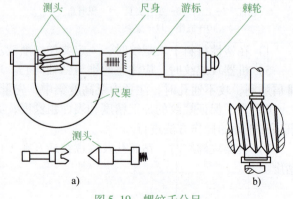

图5-19　螺纹千分尺

件的螺纹部分卡在两测头之间,测头中心连线应垂直于螺纹轴线,量得的尺寸就是该螺纹的实际中径。这是单项测量法。

3. 用三针法测量

三针法是测量外螺纹中径的较精密而又简便的方法,主要测量升角小于4°、精度要求较高的螺纹。检验时,把三根直径相等的量针放在螺纹槽中,再用外径千分尺或其他精密量具量出尺寸 M(图5-20),根据螺距 P、牙型角 α 和量针直径 d_0 可计算螺纹的实际中径 d_2,查螺纹公差表即可判断螺纹中径是否超差。

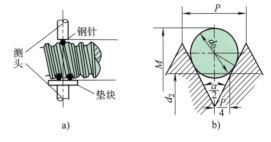

图 5-20 用三针法测量外螺纹中径

根据图 5-20b,导出下列公式:

$$d_2 = M - d_0\left(1 + \frac{1}{\sin\frac{\alpha}{2}}\right) + \frac{P}{2}\cot\frac{\alpha}{2}$$

式中 M——千分尺读出的辅助尺寸(mm);
　　d_2——螺纹中径(mm);
　　d_0——量针直径(mm);
　　α——螺纹牙型角(°);
　　P——工件螺距(mm)。

对于普通螺纹,$\alpha = 60°$

$$d_2 = M - 3d_0 + 0.866P$$

对于寸制螺纹,$\alpha = 55°$

$$d_2 = M - 3.166d_0 + 0.96P$$

对于梯形螺纹,$\alpha = 30°$

$$d_2 = M - 4.864d_0 + 1.866P$$

d_2 可从螺纹标准中查出,表5-11列出了普通螺纹三针测量值(摘要),按照表中规定选择量针直径,查出相应 M 值,把量得的实际 M 值与其比较即可知道工件是否合格。

表 5-11 普通螺纹三针测量值(摘要)　　　　　　　　　　(单位:mm)

螺纹直径 d	螺距 P	量针直径 d_0	辅助测量值 M	螺纹直径 d	螺距 P	量针直径 d_0	辅助测量值 M
3	0.5	0.291	3.115	12	1.25	0.724	12.278
4	0.5	0.291	4.115	12	1.75	1.008	12.372
5	0.5	0.291	5.115	14	1	0.572	14.200
5	0.8	0.461	5.171	14	1.5	0.866	14.325
6	0.75	0.433	6.162	14	2	1.157	14.440
6	1	0.572	6.200	16	1.5	0.866	16.325
8	0.75	0.433	8.162	16	2	1.157	16.440
8	1	0.572	8.200	18	2	1.157	18.440
8	1.25	0.724	8.278	18	2.5	1.441	18.534
10	0.75	0.433	10.162	20	1	0.572	20.200
10	1	0.572	10.200	20	1.5	0.866	20.325
10	1.5	0.866	10.325	20	2	1.157	20.440

5.4 螺纹加工实例

技能训练

1. 准备工作

（1）工具、夹具、量具的准备　方箱、游标高度卡尺、样冲、麻花钻（φ5mm、φ6.8mm、φ8.5mm、φ14mm、φ17.5mm）90°圆锥锪钻、90°角尺、钢直尺、丝锥（M6、M8、M10、M16、M20）、铰杠。

（2）检查毛坯　检查毛坯（图5-21）长、宽、高和三基准面 B、C、D 的垂直度误差和上、下两面的平行度误差。

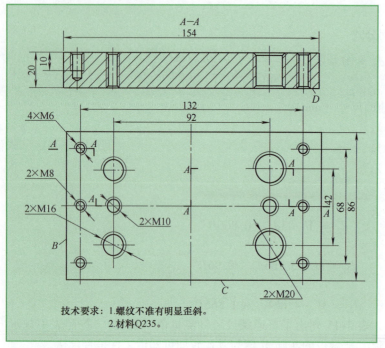

图 5-21　攻螺纹

2. 训练要求

（1）操作技能

1）螺纹轴线不能有明显的偏斜。

2）不能乱牙。

3）不能滑牙。

4）螺纹表面粗糙度值为 $Ra\ 25\mu m$。

（2）工具设备的使用与维护

1）M16～M20 的丝锥为两支一套，攻螺纹时要按头锥、二锥的先后顺序，不准直接用二锥攻螺纹。

2）铰杠的长短和所攻螺纹的规格应相适应，不准攻小规格螺纹而选用长铰杠。

3）丝锥用完后，应用防锈油将其擦拭干净，妥善保管。

（3）安全及其他　执行企业安全文明生产规定，做到工作场地整洁，工具、工件、量具摆放整齐。

3. 操作要领

1）螺纹底孔的孔口要倒角，通孔倒两端，倒角直径要稍大于螺纹直径。

2）工件的装夹位置要正确，使上、下两面处于水平位置，以便于判断丝锥轴线是否垂直于工件表面。

3）开始攻螺纹时，要尽量把丝锥放正，然后对丝锥施加轴向压力，并转动铰杠。当切入 1~2 圈后，应按图 5-22 所示，从前后、左右用 90°角尺检查丝锥与工件平面是否垂直，并及时校正。

4）丝锥切削部分旋入孔中后，就不要再施加轴向力，而是靠丝锥旋进切削。此时，两手用力要均匀，每攻 1/2~1 圈时适当倒转 1/4~1/2 圈，使切屑碎断后易于排出。

5）攻 M6 不通孔螺纹时，应在丝锥上做好深度标记，并适当退出丝锥，清除留在孔内的切屑。

6）攻螺纹时应用全损耗系统用油或浓度大的乳化液（攻铸铁件螺纹时用煤油）冷却润滑。

7）攻完头锥改攻二锥时，要徒手将丝锥旋入已攻过的螺孔中，再套上铰杠攻，退出时，要避免快速转动铰杠。

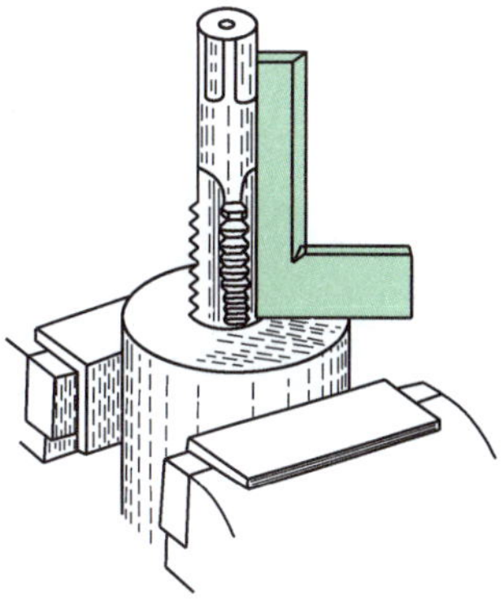

图 5-22 用 90°角尺检查攻螺纹的垂直度误差

4. 容易出现的问题和解决办法

（1）螺纹乱牙

1）螺纹底孔直径太小，起攻困难，丝锥左、右摇摆，造成孔口乱牙，解决办法是按公式计算底孔直径。

$$D_0 = D - P$$

式中　D_0——螺纹底孔直径（mm）；

　　　D——螺纹大径（mm）；

　　　P——螺距（mm）。

2）改用二锥时，强行校正，或没有旋合好就攻螺纹。

3）攻螺纹时未加切削液，或丝锥未按规定倒转，而把已切出的螺纹啃伤。

（2）螺纹滑牙

1）攻 M6、M8 螺纹时，丝锥已切出螺纹，但仍继续加压。在攻小规格螺纹时，要经常观察旋入深度，一旦丝锥的切削部分已经旋入孔中，就不要再施加压力。

2）攻 M6 不通孔螺纹时，丝锥已攻到孔底，但仍操纵铰杠旋转丝锥，或攻完螺纹退出丝锥时快速旋转。

（3）螺纹歪斜

1）丝锥位置未放正，起攻时又未做垂直度误差检查。解决的办法是丝锥旋入 1~2 圈后要做垂直度检查。

2）孔口倒角不正，很难将丝锥校正。因此，在攻螺纹前应纠正不正确的倒角（重新倒角）后再攻螺纹。

（4）螺纹高度不够　其原因是孔底直径太大，或是丝锥磨损严重。

（5）丝锥崩牙或折断

1）操作方面的原因有：攻螺纹时用力过猛；两手用力不匀；丝锥歪斜，单面受力，强行纠正；丝锥已达孔底，但仍继续旋转铰杠。

2）工件方面的原因有：工件材料中夹有硬物；底孔直径太小。

项目 6

固定连接装配

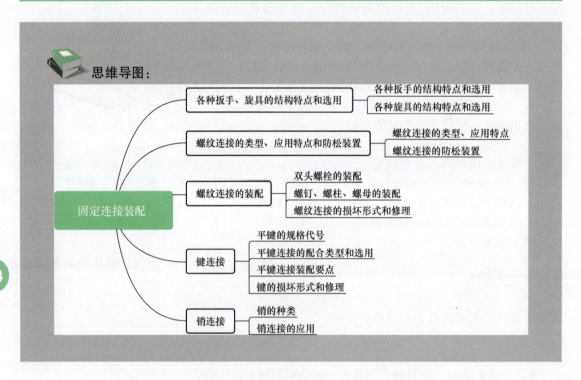

6.1 各种扳手、旋具的结构特点和选用

6.1.1 各种扳手的结构特点和选用

扳手是一种用于拧紧或旋松螺栓、螺母、螺钉等螺纹紧固件的装卸用手工工具。扳手通常由碳素结构钢或合金结构钢制成。它的一头或两头锻压成凹形开口或套圈，开口和套圈的大小随螺钉对边尺寸而定。扳手头部具有规定的硬度，中间及手柄部分则具有弹性。当扳手超负荷使用时，会在突然断裂之前先出现柄部弯曲变形。常用的扳手有活扳手、呆扳手、梅花扳手、两用扳手、套筒扳手、内六角扳手、锁紧扳手、棘轮扳手和扭力扳手。

（1）活扳手（图6-1） 它由扳手体、固定钳口、活动钳口及调节蜗杆组成。蜗杆的轴

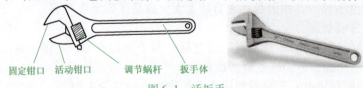

图6-1 活扳手

向位置是固定的，只绕淬硬的销轴转动，用以调节夹持扳口的大小。其开口的尺寸能在一定范围内调节。活扳手规格见表6-1。

表6-1 活扳手规格

长度	米制（mm）	100	150	200	250	300	375	450	600
	寸制（in）	4	6	8	10	12	15	18	24
开口最大宽度/mm		14	19	24	30	36	46	55	65

使用活扳手应让固定钳口受主要作用力（图6-2），否则容易损坏扳手。钳口的尺寸应适应螺母的尺寸，否则会损坏螺母。不同规格的螺母或螺钉应选用相应规格的活扳手，扳手手柄的长度不可任意接长，以免拧紧力矩过大而损坏扳手、螺母或螺钉。活扳手的工作效率较低，活动钳口容易歪斜，往往会损伤螺母或螺钉的头部表面。

（2）呆扳手（图6-3） 它的一端或两端带有固定尺寸的开口。其作用是紧固、拆卸一般标准规格的螺母和螺钉。这种扳手可以直接插入或套入，使用较方便。扳手的开口方向与其中间柄部错开一个角度，通常有15°、45°、90°等，以便在受限制的部位扳动方便。

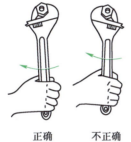

正确　不正确

图6-2 活扳手的使用

图6-3 呆扳手

双头呆扳手两端的开口大小一般是根据标准螺母相邻的两个尺寸而定的。一把呆扳手最多只能拧动两种相邻规格的六角头或方头螺栓、螺母，故使用范围较活扳手小。

双头呆扳手的开口尺寸有 5.5mm×7mm、8mm×10mm、9mm×11mm、12mm×14mm、14mm×17mm、17mm×19mm、19mm×22mm、22mm×24mm、24mm×27mm、30mm×32mm 等。

（3）梅花扳手（图6-4） 它同呆扳手的用途相似，其两端是花环式的，其孔壁一般是12边形，可将螺栓和螺母头部套住，扭转力矩大，工作可靠，不易滑脱，携带方便，适用于旋转空间狭小、不能使用普通扳手的场合。

（4）两用扳手（图6-5） 它是呆扳手与梅花扳手的合成形式，其两端分别为呆扳手和梅花扳手，故而兼有两者的优点。一把两用扳手只能拧转一种尺寸的螺母或螺钉。

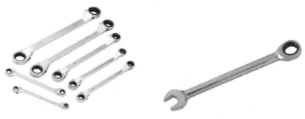

图6-4 梅花扳手　　图6-5 两用扳手

(5) 套筒扳手（图6-6） 套筒扳手是由一套尺寸不等的梅花筒组成，一套有19件、24件和32件等几种。使用时用弓形的手柄连续转动，工作效率较高。当螺母或螺钉的尺寸较大或扳手的工作位置很狭窄时，就可用套筒扳手。这种扳手摆动的角度很小，能拧紧和松开螺钉或螺母。拧紧时顺时针转动手柄。方形的套筒上装有一只撑杆。当手柄向反方向扳回时，撑杆在棘轮齿的斜面中滑出，因而螺母或螺钉不会跟随反转。如果需要松开螺母或螺钉，只需翻转棘轮扳手按逆时针方向转动即可。

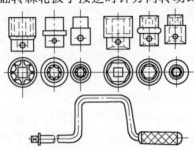

图6-6 套筒扳手

(6) 内六角扳手（图6-7） 呈L形的内六角扳手，专用于拧转内六角螺钉。内六角扳手的型号是按照六方的对边尺寸来确定的，专门用于紧固或拆卸机床、车辆、机械设备上的圆螺母。内六角扳手的规格有2mm、2.5mm、3mm、4mm、5mm、6mm、7mm、8mm、10mm、12mm、14mm、17mm、18mm、22mm、24mm、27mm、32mm、36mm等。

图6-7 内六角扳手

(7) 锁紧扳手（图6-8） 锁紧扳手也称钩形扳手，有多种型式，用来装拆外圆上带有沟槽的圆螺母。

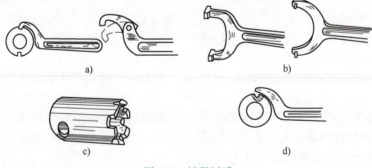

图6-8 锁紧扳手

(8) 棘轮扳手（图6-9） 它适用于狭窄的工作位置。工作时，正转手柄，棘爪1就在弹簧2的作用下进入内六角套筒3的缺口（棘轮内），套筒便跟着转动；当反向转动手柄时，棘爪就从套筒缺口的斜面上滑过去，因而螺母（或螺钉）不会跟着反转。松开螺母时将扳手翻转180°使用即可。

(9) 扭力扳手（图6-10） 扭力扳手是依据梁的弯曲原理、扭杆的弯曲原理和螺旋弹簧的压缩原理而设计的，是能测量出作用在螺母或螺钉上的力矩大小的扳手。扭力扳手又有平板型和刻度盘型两种。使用前，先将安装在扳手上的指示器调整到所需的力矩，然后扳动扳手，当达到该预定力矩时，指示器上的指针就会向销轴一方转动，最后指针与销轴碰撞，通过声响信号或传感信号告知操作者。扭力扳手通常用于需要有一定均布预置紧固力的螺

项目 6　固定连接装配

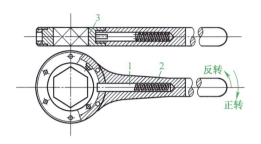

图 6-9　棘轮扳手

1—棘爪　2—弹簧　3—内六角套筒

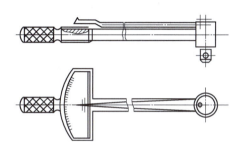

图 6-10　扭力扳手

母、螺栓等紧固件的最后安装，或者是建筑工程以及带有液压、气压装置的设备装配。

6.1.2　各种旋具的结构特点和选用

1. 旋具的分类

旋具用来紧固或拆卸螺钉，它的种类很多，常见的有：按照头部形状的不同，可分为一字和十字两种；按照手柄的材料和结构的不同，可分为木柄、塑料柄、夹柄和金属柄四种；按照操作形式不同可分为自动、电动和风动三种。

（1）一字槽螺钉旋具（图 6-11）　这种螺钉旋具主要用来旋转一字槽形的螺钉、木螺钉和自攻螺钉等。它有多种规格，通常说的大、小螺钉旋具是以手柄以外的刀体长度来表示的，常用的有 100mm、150mm、200mm、300mm 和 400mm 等几种。

（2）十字槽螺钉旋具（图 6-12）　这种螺钉旋具主要用来旋转十字槽形的螺钉、木螺钉和自攻螺钉等。十字槽螺钉旋具的规格和一字槽螺钉旋具相同。

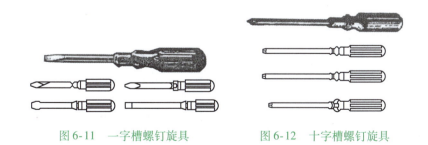

图 6-11　一字槽螺钉旋具　　　　图 6-12　十字槽螺钉旋具

2. 旋具使用的方法

1）使用时，右手握住螺钉旋具，手心抵住柄端，旋具与螺钉同轴心，压紧后用手腕扭转。松动后用手心轻压螺钉旋具，用拇指、中指、食指快速扭转。

2）使用长杆旋具时，可用左手协助压紧和拧动手柄。

3. 旋具使用的注意事项

1）使用一字槽螺钉旋具，刀口应与螺钉槽口大小、宽窄、长短相适应，刀口不得残缺，以免损坏槽口和刀口。

2）使用十字槽螺钉旋具时，应注意使旋杆端部与螺钉槽相吻合，否则容易损坏螺钉的十字槽。

3）不准用锤子敲击螺钉旋具柄（当錾子使用）。

4）不准用螺钉旋具当撬棒使用。

5）不可在螺钉旋具口端用扳手或钳子增加扭力，以免损伤螺钉旋具杆。

6.2 螺纹连接的类型、应用特点和防松装置

6.2.1 螺纹连接的类型、应用特点

螺纹连接是一种可装拆的固定连接。它具有结构简单、连接可靠、装拆方便迅速等优点，因而在机械装配中应用非常普遍。螺纹连接可分为普通连接和特殊连接两大类（图6-13），由螺栓或螺钉构成的连接称为普通螺纹连接，由其他一切螺纹连接零件构成的连接都称为特殊螺纹连接。本节主要讲述普通螺纹连接。

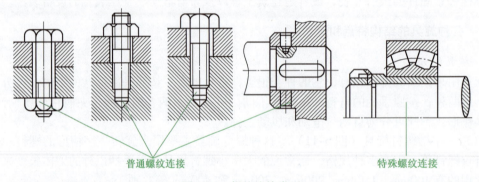

图6-13 螺纹连接类型

1. 螺纹连接的类型

（1）螺栓连接（图6-14） 被连接件的孔中不攻制螺纹，装拆方便。螺栓与孔之间有间隙，由于加工简便、成本低，所以应用最广。主要用于需要螺栓承受横向载荷或需要靠螺杆精确固定被连接件相对位置的场合。

（2）双头螺栓连接（图6-15） 使用两端均有螺纹的螺栓，一端旋入并紧定在较厚被连接件的螺孔中，另一端穿过较薄被连接件的通孔。适用于被连接件较厚或要求结构紧凑和经常拆装的场合。

（3）螺钉连接（图6-16） 螺钉直接旋入被连接件的螺孔中，结构较简单，适用于被连接件之一较厚或另一端不能装螺母的场合。但经常拆装会使螺孔磨损，导致被连接件过早失效，所以不适用于经常拆装的场合。

（4）紧定螺钉连接（图6-17） 将紧定螺钉拧入一零件的螺孔中，其末端顶住另一零件的表面或顶入相应的凹坑中。常用于固定两个零件的相对位置，并可传递不大的力或转矩。

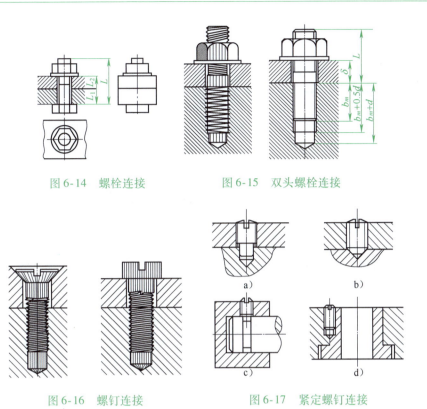

图 6-14 螺栓连接　　图 6-15 双头螺栓连接

图 6-16 螺钉连接　　图 6-17 紧定螺钉连接

2. 螺纹连接的应用特点

螺纹是螺纹连接和螺旋传动的关键部分，现对机械中几种常用螺纹的特点和应用进行介绍。

(1) 三角形螺纹　牙型角大，自锁性能好，而且牙根厚、强度高，故多用于连接。常用的有普通螺纹、寸制螺纹。

1) 普通螺纹：国家标准中，把牙型角 $\alpha = 60°$ 的三角形米制螺纹称为普通螺纹，大径 d 为公称直径。同一公称直径可以有多种螺距的螺纹，其中螺距最大的称为粗牙螺纹，其余都称为细牙螺纹，粗牙螺纹应用最广。细牙螺纹的小径大、升角小，因而自锁性能好、强度高，但不耐磨、易滑扣，适用于薄壁零件、受动载荷的连接和微调机构的调整。

2) 寸制螺纹：牙型角 $\alpha = 55°$，以英寸（in）为单位，螺距以每英寸的牙数表示，也有粗牙、细牙之分。主要是英、美等国家使用，国内一般仅在修配中使用。

(2) 55°非密封管螺纹　牙型角 $\alpha = 55°$，牙顶呈圆弧形，旋合螺纹间无顶隙，紧密性好，公称直径为管子的公称通径，广泛用于水、煤气、润滑等管路系统连接。

(3) 矩形螺纹　牙型为正方形，牙型角 $\alpha = 0°$，牙厚为螺距的一半，当量摩擦因数较小，效率较高，但牙根强度较低，螺纹磨损后造成的轴向间隙难以补偿，对中精度低，且精加工较困难，因此，这种螺纹使用较少。

(4) 梯形螺纹　牙型为等腰梯形，牙型角 $\alpha = 30°$，效率比矩形螺纹低，但易于加工，对中性好，牙根强度较高，当采用剖分螺母时还可以消除因磨损而产生的间隙，因此广泛应用于螺旋传动。

(5) 锯齿形螺纹　锯齿形螺纹工作面的牙侧角为 3°，非工作面的牙侧角为 30°，兼有矩形螺纹效率高和梯形螺纹牙根强度高的优点，但只能承受单向载荷，适用于单向承载的螺旋传动，如螺旋压力机、千斤顶等。

6.2.2 螺纹连接的防松装置

螺纹连接一般都具有自锁性,在受静载荷和工作温度变化不大时,不会自行松脱。但在受冲击、振动或变载荷的作用下,以及工作温度变化很大时,为了保证连接可靠,防止松动,必须采取有效的防松措施。

螺纹的防松装置有很多种,按其工作原理的不同,主要分为利用附加摩擦力、用机械方法和其他方法防松三大类。

1. 利用附加摩擦力防松的装置

(1) 锁紧螺母 这种装置使用了主、副两个螺母(图6-18),先将主螺母拧紧至预定位置,再拧紧副螺母。从图中可以看出:当拧紧副螺母后,在主、副螺母之间螺栓因受力变形(伸长),使螺牙的接触位置改变,在螺纹接触面上及主、副螺母的接触端面上均产生压力,并产生附加摩擦力,螺纹欲回松必须克服这种摩擦力,因而起到防松作用。

这种防松装置由于使用两只螺母,增加了结构的尺寸和重量,不是很经济,故一般用于低速重载或较平稳的场合。

(2) 弹簧垫圈 弹簧垫圈是用弹性较好的钢条制成的,开有70°~80°的斜口,并在斜面处上下拨开(图6-19)。把弹簧垫圈放在螺母下再拧紧螺母时,垫圈受压,由于垫圈的弹性作用把螺母顶住,使螺栓产生轴向张紧力,从而在螺牙之间产生附加摩擦力;同时借斜口的楔角抵住螺母和支承面,也有助于防松。

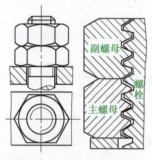

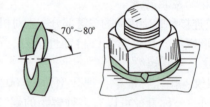

图6-18 用锁紧螺母防松　　　图6-19 用弹簧垫圈防松

这种防松装置的特点是容易刮伤螺母和被连接零件表面,同时由于弹力不均,螺母可能偏斜。但由于它的构造简单、防松可靠,所以应用较普遍。

2. 用机械方法防松的装置

这类防松装置是利用机械方法,使螺母和螺栓(螺钉)或螺母与被连接件互相锁紧,以达到防松的目的。常见的有以下几种:

(1) 开口销与带槽螺母 这种装置是把螺母直接锁在螺栓上(图6-20)。它防松可靠,但螺栓上的销孔位置不易与螺母最佳锁紧位置的槽口吻合,多用于变载、振动处。

(2) 止动垫圈 如图6-21所示为圆螺母止动垫圈防松装置。装入时先把垫圈的内翅插入螺栓的槽中,然后拧紧螺母,再把外翅弯入螺母的外缺口内。图6-22中的带耳止动垫圈可以防止六角螺母回松。当拧紧螺母后,将垫圈的耳边折弯,使零件及螺母的边缘紧贴。它防松可靠,但只能应用于连接部分可容纳弯耳的场合。

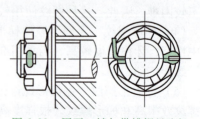

图6-20 用开口销与带槽螺母防松

项目 6 固定连接装配

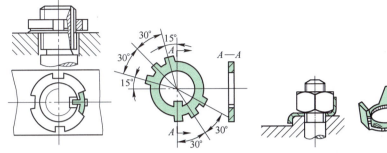

图 6-21 用圆螺母止动垫圈防松　　　　图 6-22 用带耳止动垫圈防松

（3）串联钢丝　这种装置是用钢丝连续穿过一组螺钉头部的小孔（或螺母和螺栓的小孔），利用钢丝的牵制作用来防止回松（图 6-23）。它适用于布置较紧凑的成组螺纹连接。装配时应注意钢丝的穿绕方向，图 6-23b 中虚线所示的钢丝穿绕方向是错误的，螺母仍有回松的余地。

3. 其他方法防松

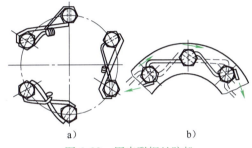

图 6-23 用串联钢丝防松

（1）点铆法防松　当螺钉或螺母拧紧后，用点铆的方法也可以防止螺钉或螺母回松（图 6-24）。如采用侧面点铆，当螺钉头部直径 >8mm 时点铆 3 点，螺钉头部直径 <8mm 时点铆 2 点。

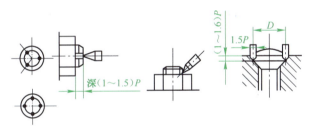

图 6-24 在螺钉上点铆防松

这种方法防松尚可靠，但拆卸后连接零件不能再用，适用于各种特殊需要的零件连接。

（2）粘结法防松　在螺纹的接触表面涂敷厌氧性黏合剂（在没有氧气的情况下才能固化），拧紧螺母后，黏合剂硬化、固着，效果良好。

6.3 螺纹连接的装配

6.3.1 双头螺栓的装配

双头螺栓装配后必须保证与机体螺孔配合有足够的紧固性。通常是利用双头螺栓最后几圈较浅的螺纹，使配合后中径有一定的过盈量，来达到配合紧固的要求。

将双头螺柱拧入机体螺孔的方法很多，常用的有以下两种：

（1）双螺母拧紧法（图 6-25）　先将两个螺母相互锁紧在双头螺柱上，然后转动上面的螺母，即可把双头螺柱拧入螺孔。

（2）长螺母拧紧法（图6-26） 先将长六角螺母旋在双头螺柱上，再拧紧止动螺钉，然后扳动长螺母，即可将双头螺柱拧入螺孔。

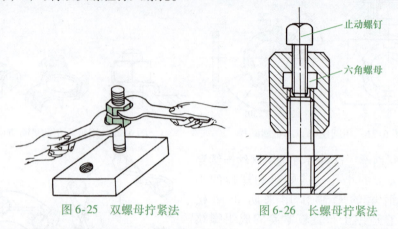

图 6-25　双螺母拧紧法　　　　图 6-26　长螺母拧紧法

6.3.2　螺钉、螺栓、螺母的装配

零件与螺钉头部或螺母端面贴合处的平面应经过加工。装配前，要将螺钉，螺母和零件表面擦净。装配后，螺钉、螺栓、螺母的表面必须与零件的平面紧密贴合，以保证连接牢固可靠。

螺钉、螺栓、螺母的装配方法比较简单，但在装配成组螺钉、螺栓、螺母时，必须按照一定的顺序拧紧，做到分次、对称、逐步拧紧。否则，会使螺栓松紧不一致，甚至使被连接件变形。

图6-27所示为拧紧直线分布与长方形分布的成组螺母的顺序。方法是先将螺母分别拧到贴近零件表面，然后按图示的顺序，从中间开始，向两边对称地依次拧紧。

拧紧方形、圆形分布的螺母时，必须对称地进行，如图6-28所示。

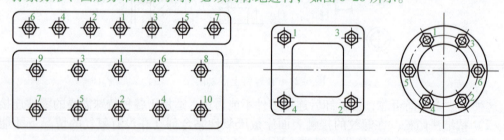

图 6-27　直线与长方形分布螺母的拧紧　　　　图 6-28　方形与圆形分布螺母的拧紧

6.3.3　螺纹连接的损坏形式和修理

螺纹连接损坏的形式一般有螺纹有部分或全部滑牙、螺钉头损坏、螺杆断裂等。对于螺钉、螺栓或螺母的任何形式的损坏问题，通常都以更换新件的方法来解决。螺孔滑牙后有时需要修理，其方法大多是扩大螺纹直径。而镶入套圈后再重新攻螺纹的方法，在特殊条件下才被采用。

修理螺纹连接时，常会遇到锈蚀的螺纹难于拆卸，这时可采用以下几种辅助措施：

1）用煤油浸润或把锈蚀零件放入煤油中，间隔一定时间后利用煤油的渗入，可使锈蚀处疏松，再用工具拧紧螺母或螺钉，就比较容易拆卸。

2）用锤子敲打螺钉或螺母，使铁锈受到振动而脱落，就容易拆卸。

3）用火焰对锈蚀部位加热，经过膨胀或冷却后收缩的作用，使锈蚀处松动，就比较容易拆卸。

6.4 键 连 接

通过键将轴与轴上零件（齿轮、带轮、凸轮等）结合在一起，实现周向固定，并传递转矩的连接称为键连接。键连接属于可拆连接，具有结构简单、工作可靠、装拆方便及已经标准化等特点，故得到了广泛应用。

常用的键连接类型有平键连接、半圆键连接、楔键连接、切向键连接和花键连接等。本节主要介绍平键连接。

6.4.1 平键的规格代号

平键是矩形截面的连接件，置于轴和轴上零件的键槽内，键的两侧面为工作面，用于传递转矩。平键可分普通平键和导向平键两种。

（1）普通平键连接 普通平键连接（图6-29）对中性良好，装拆方便，适用于高速、高精度和承受变载、冲击的场合，但不能实现轴上零件的轴向定位。

根据键的头部形状不同，普通平键分圆头（A型）、平头（B型）和单圆头（C型）三种型式（图6-30）。圆头普通平键因在键槽中不会发生轴向移动而应用最广，单圆头普通平键则多应用在轴的端部。

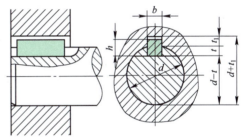

图6-29 普通平键连接及键和键槽剖面尺寸

普通平键工作时，轴和轴上零件沿轴向没有相对移动。

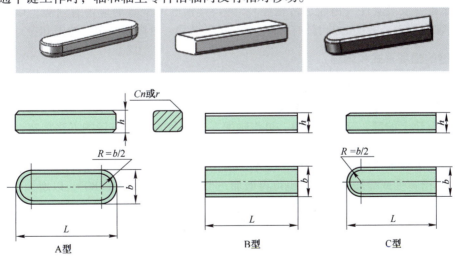

图6-30 普通平键的型式

（2）导向平键连接 轴上安装的零件需要沿轴向移动时，可将普通平键加长，采用图6-31所示的导向平键连接。导向平键较长，且与键槽配合较松，因此要用螺钉将其固定于轴槽内。为装卸方便，在导向平键中部设有起键用螺孔。导向平键有圆头（A型）和平头（B型）两种型式。

6.4.2 平键连接的配合类型和选用

平键连接采用基轴制配合，按键宽配合的松紧程度不同，分为较松键连接、一般键连接和较紧键连接三种。三种连接的键宽、轴槽宽和轮毂槽宽的公差及其选用范围见表6-2。

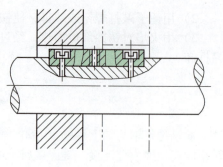

图 6-31　导向平键连接

表 6-2　平键连接配合种类及其选用范围

平键连接配合种类	尺寸 b 的公差			选 用 范 围
	键	轴槽	轮毂槽	
较松键连接	h9	H9	D10	主要用于导向平键
一般键连接		N9	JS9	用于传递载荷不大的场合，在一般机械制造中应用广泛
较紧键连接		P9		用于传递重载荷、冲击载荷及双向传递载荷的场合

6.4.3 平键连接装配要点

平键连接装配要点如下：

1）清理键及键槽上的毛刺，防止配合产生过大的过盈量而破坏连接的正确性。

2）对于重要的平键连接，装配前应检查键的直线度误差、键槽对轴线的对称度和平行度误差等。

3）用键的头部与轴槽试配，应能使键较紧地嵌入轴槽中。

4）锉配键长，在键长方向，键与轴槽有0.1mm左右的间隙。

5）在配合面上加全损耗系统用油，用铜棒或台虎钳将键压装在轴槽中，并与槽底接触良好。

6）试配并安装套件（齿轮、带轮等），键与键槽的非配合面应留有间隙，以使轴和套件达到同轴度要求。装配后的套件在轴上不能左右摆动，否则容易引起冲击和振动。

6.4.4 键的损坏形式和修理

根据键的损坏形式可进行相应的修理：

1）键磨损或损坏时，一般是更换新的键。

2）轴与轮上的键、键槽损坏时，可将轴槽（即轮毂）用锉或铣的方法加宽，然后重新配键来修复。

3）键产生变形或剪断，说明键承受不了所传递的转矩，在条件允许的情况下，可适当增加键和键槽宽度或增加键长度。也可再增加一个键，使两键相隔180°，以增加键的强度。

6.5 销 连 接

6.5.1 销的种类

销主要有圆柱销（图6-32a）和圆锥销（图6-32b）两种，其他形式的销都是由它们演化而来的。在生产中常用的有圆柱销、圆锥销和内螺纹圆锥销三种。销已标准化，使用时，可根据工作情况和结构要求，按标准选择其型式和规格尺寸。

6.5.2 销连接的应用

销连接可用来确定零件之间的相互位置、传递动力或转矩，还可用作安全装置中的被切断零件。

用于确定零件之间相互位置的销，通常称为定位销。定位销常采用圆锥销

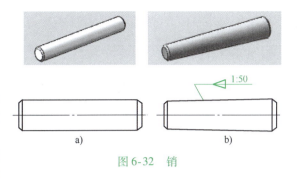

图 6-32 销

（图 6-33），因为圆锥销具有 1:50 的锥度，使连接具有可靠的自锁性，且可以在同一销孔中经多次装拆而不影响连接零件的相互位置精度。定位销在连接中一般不承受或只承受很小的载荷。定位销的直径可按结构要求确定，使用数量不得少于两个。销在每一个连接零件内的长度为销直径的 1~2 倍。

定位销也可采用圆柱销，靠一定的配合固定在被连接零件的孔中。圆柱销若多次装拆，会降低连接的可靠性和影响定位精度，因此，只适用于不经常装拆的定位连接。

为方便装拆的销连接或不通孔的销连接，可采用内螺纹圆锥销（图 6-34）或内螺纹圆柱销。

用来传递动力或转矩的销称为连接销（图 6-35），连接销可采用圆柱销或圆锥销，销孔须经铰制。连接销工作时受剪切和挤压作用，其尺寸应根据结构特点和工作情况，按经验和标准选取，必要时应做强度校核。

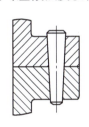 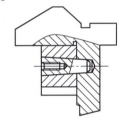 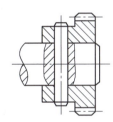

图 6-33 定位用　　图 6-34 用内螺纹　　图 6-35 用于传递动力或
圆锥销连接　　　　圆锥销定位　　　　　转矩的连接销

当传递的动力或转矩过载时，用于连接的销首先被切断，从而保护被连接零件免受损坏，这种销称为安全销。销的尺寸通常以过载 20%~30% 时即折断为依据确定。使用时，应考虑销切断后不易飞出和易于更换，为此，必要时可在销上切出槽口。

项目 7

传动机构装配

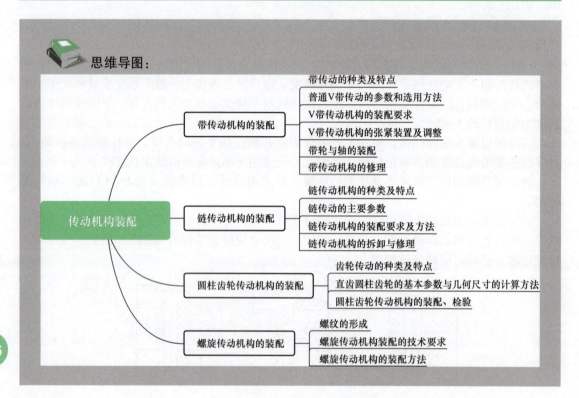

思维导图：

7.1 带传动机构的装配

7.1.1 带传动的种类及特点

1. 带传动的种类

按带的截面形状不同可分为平带传动、V 带传动、圆形带传动、多楔带传动和同步带传动五种带传动方式，如图 7-1 所示。其中 V 带传动应用最为广泛，因此本节主要介绍 V 带传动。

2. 带传动的特点

带传动是常用的一种机械传动，它是依靠张紧在带轮上的带与带轮之间的摩擦力或啮合来传递动力的。与齿轮传动相比，带传动具有工作平稳、噪声小、结构简单、不需要润滑、缓冲吸振、制造容易及过载保护，并能适应中心距较大的两轴传动等优点，因此得到了较广

项目 7 传动机构装配

图 7-1 带传动的种类

泛的应用。但其缺点是传动比不准确、传动效率低、传动带的寿命短。

7.1.2 普通 V 带传动的参数和选用方法

1. 普通 V 带传动的参数

（1）普通 V 带的截面尺寸　普通 V 带分 Y、Z、(A、AX)、(B、BX)、(C、CX)、D、E 七种型号，以及窄 V 带有 SPZ、SPA、SPB、SPC 四种型号。普通 V 带的截面形状如图 7-2a 所示，V 带轮槽的截面形状如图 7-2b 所示。

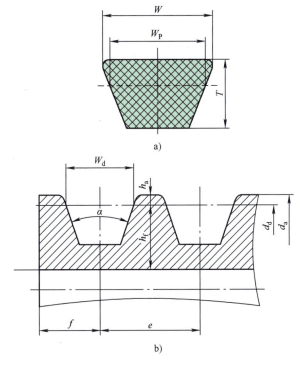

图 7-2 普通 V 带、V 带轮槽的截面形状

各型号普通 V 带的截面尺寸见表 7-1。Y 型 V 带的截面积最小，E 型 V 带的截面积最大。V 带的截面积越大，其传递的功率也越大。

（2）V 带轮的轮槽截面　V 带轮的轮槽截面主要参数尺寸见表 7-2。

表 7-1　V 带截面基本尺寸　　　　　　　　　　　　　　　　　　　（单位：mm）

带型	节宽（W_P）	顶宽（W）	高度（T）
Y	5.3	6.0	4.0
Z	8.5	10.0	6.0
A、AX	11.0	13.0	8.0
B、BX	14.0	17.0	11.0
C、CX	19.0	22.0	14.0
D	27.0	32.0	19.0
E	32.0	38.0	23.0
SPZ	8.5	10.0	8.0
SPA	11.0	13.0	10.0
SPB	14.0	17.0	14.0
SPC	19.0	22.0	18.0

表 7-2　V 带轮的轮槽截面尺寸　　　　　　　　　　　　　　　　　（单位：mm）

槽型 普通V带轮	槽型 窄V带轮	基准宽度（W_d）	基准直径至槽顶距离（$h_{a\,min}$）	基准直径至槽底距离（$h_{f\,max}$）	槽间距（e）	槽间距e值累积极限偏差	轮槽中心与端面距离（f_{min}）	基准直径（d_d）$\alpha=32°\pm0.5°$	基准直径（d_d）$\alpha=34°\pm0.5°$	基准直径（d_d）$\alpha=36°\pm0.5°$	基准直径（d_d）$\alpha=38°\pm0.5°$
Y	—	5.3	1.6	4.7	8±0.3	±0.6	6.0	—	≤60	—	>60
Z	SPZ	8.5	2	7.0 9.0	12±0.3	±0.6	7.0	—	≤80	—	>80
A、AX	SPA	11.0	2.75	8.7 11.0	15±0.3	±0.6	9.0	—	≤118	—	>118
B、BX	SPB	14.0	3.5	10.8 14.0	19±0.4	±0.8	11.5	—	≤190	—	>190
C、CX	SPC	19.0	4.8	14.3 19.0	25.5±0.5	±1.0	16.0	—	≤315	—	>315
D	—	27.0	8.1	19.9	37±0.6	±1.2	23.0	—	—	≤475	>475
E	—	32.0	9.6	23.4	44.5±0.7	±1.4	28.0	—	—	≤500	>600

注：专门用于普通 V 带的带轮不能配合使用窄 V 带，用于单根 V 带的多槽带轮不能配合使用联组带。

1）基准宽度 W_d。通常基准宽度和所配用的 V 带的节面处于同一位置，也就是基准宽度等于节宽，$W_d = W_P$。

2）基准直径 d_d。是指轮槽基准宽度处的带轮直径。带轮的基准直径不能太小，基准直径越小，传动带在带轮上弯曲变形越严重，弯曲应力越大。因此各种型号的普通 V 带带轮都规定有最小基准直径 $d_{d\,min}$（可参见有关标准）。

3）槽角 α。是指轮槽横截面两侧边的夹角。带轮直径越小，V 带弯曲越严重，V 带的楔角（截面两侧面夹角）越小。为了保证变形后的两侧工作面与轮槽工作面紧密贴合，轮槽的槽角 α 应比 V 带的楔角略小。小带轮上的 V 带变形严重，α 取小一些，大带轮 α 取较大值。

(3) 传动比

$$i = \frac{n_1}{n_2} = \frac{d_{p2}}{d_{p1}}$$

式中　d_{p1}——小带轮的节圆直径（mm）；
　　　d_{p2}——大带轮的节圆直径（mm）。

通常，带轮的节圆直径可视为基准直径 d_d。V带传动的传动比 $i \leq 7$。

(4) 带的基准长度 L_d　带的基准长度是V带在规定的张紧力下，位于测量带轮基准张紧后的周线长度。

(5) 传动中心距 a

$$a = A + \sqrt{A^2 - B}$$

式中，$A = \dfrac{L_d}{4} - \dfrac{\pi(d_{d1} + d_{d2})}{8}$，$B = \dfrac{(d_{d2} - d_{d1})^2}{8}$，$d_{d2}$、$d_{d1}$ 分别为大、小带轮的基准直径。

(6) 小带轮包角 θ_1

$$\theta_1 = 180° - 57.3° \times \frac{d_{d2} - d_{d1}}{a}$$

对于V带传动，小带轮的包角一般要求：$\theta_1 \geq 120°$。

2. 普通V带传动的选用方法

选用普通V带传动时，首先根据所需传动的功率和主动轮的转速选择普通V带的型号和V带的根数，其次选用带轮基准直径 d_d，并进行各项验算。选用方法如下：

1）两带轮直径要选用适当，如小带轮直径太小，则V带在带轮上弯曲严重，传动时弯曲应力大，影响V带的使用寿命。

2）普通V带的线速度应验算并限制在 5～25m/s 范围内。V带的线速度越大，V带做圆周运动时所产生的离心力也越大，这使V带拉长，V带与带轮之间的压力减小，导致摩擦力减小，降低传动时的有效圆周力。但V带的线速度也不宜过小，因为速度过小，在传动功率一定时，所需有效圆周力便过大，会引起打滑。

3）V带传动的中心距应适当。中心距越大，传动结构也越大，传动时还会引起V带颤动；中心距太小，小带轮上包角也越小，使摩擦力减小而影响传递的有效拉力，此外，由于单位时间内带在带轮上挠曲次数增多，使V带容易疲劳，影响V带寿命。

7.1.3　V带传动机构的装配要求

1. 带轮的正确安装

通常要求其径向圆跳动量为 $0.0025D \sim 0.005D$，轴向圆跳动量为 $0.0005D \sim 0.001D$，D 为带轮直径。

2. 两轮的中间平面应重合

其倾斜角和轴向偏移量不得超过规定要求。一般倾斜角要求不超过 1°，否则会使带易脱落或加快带的侧面磨损。

3. 带轮工作表面的表面粗糙度要适当

带轮工作表面的表面粗糙度值过小不但加工成本高，而且容易打滑，值过大则带的磨损加快，所以带轮工作表面的粗糙度值一般选 $Ra3.2\mu m$。

4. 带在带轮上的包角不能太小

对于V带传动，包角不能小于 120°，否则容易打滑。

5. 带的张紧力要适当

张紧力过小，不能传递一定的功率；张紧力过大，则带、轴和轴承都容易磨损，并降低传动平稳性。因此，适当的张紧力是保证带传动能正常工作的重要因素。

7.1.4　V带传动机构的张紧装置及调整

带传动中，由于带长期受到拉力的作用，会产生永久变形而伸长，带由张紧变为松弛，张紧力逐渐减小，导致传动能力降低，甚至无法传动，因此，必须将带重新张紧。常用的张紧方法有两种，即调整中心距和使用张紧轮。

1. 调整中心距

调整中心距的张紧装置有带的定期张紧装置和带的自动张紧装置两种。带的定期张紧装置一般利用调整螺钉来调整两带轮轴线间的距离。如图7-3a所示，将装有带轮的电动机固定在滑座上，旋转调整螺钉使滑座沿滑槽移动，将电动机推到所需位置，使带达到预期的张紧程度，然后固定。这种张紧方式适用于水平传动或接近水平的传动。

图7-3b所示为垂直或接近垂直传动时采用的定期张紧装置。装有

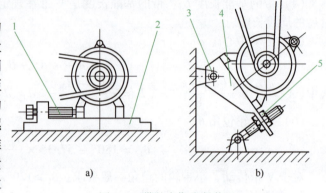

图7-3　带的定期张紧装置
a) 水平传动　b) 垂直传动
1—调整螺钉　2—滑槽　3—固定轴　4—托架　5—调节螺母

带轮的电动机安装在可以摆动的托架上，旋转调节螺母使托架绕固定轴摆动，达到调整中心距使带张紧的要求。

如图7-4所示，将装有带轮的电动机固定在浮动的摆架上，利用电动机及摆架的自重，使带轮随同电动机绕固定轴摆动，自动保持张紧力。这种方式多用在小功率的传动中。

2. 使用张紧轮

张紧轮是为改变带轮的包角或控制带的张紧力而压在带上的随动轮。当两带轮中心距不能调整时，可使用张紧轮装置。图7-5所示为V带传动时采用的张紧轮装置。V带传动中使用的张紧轮应安放在V带松边的内侧。若张紧轮放在带外侧，带在传动时受双向弯曲而影响使用寿命；若放在带的内侧，传动时带只受单方向的弯曲，但会引起小带轮上包角的减小，影响带的传动能力，因此，应使张紧轮尽量靠近大带轮处，这样可使小带轮上的包角不致减小太多。

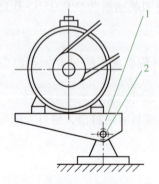

图7-4　带的重力自动张紧装置
1—摆架　2—固定轴

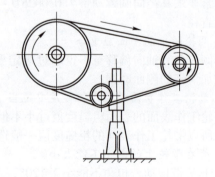

图7-5　V带传动的张紧轮装置

7.1.5 带轮与轴的装配

一般带轮孔与轴的连接为过渡配合（H7/k6），这种配合有少量过盈，对同轴度要求较高。为了传递较大的转矩，需用键和紧固件等进行周向固定和轴向固定。图 7-6 所示为带轮与轴的几种连接方式。

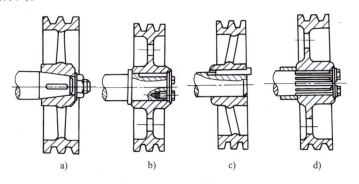

图 7-6　带轮与轴的连接
a）圆锥轴颈用螺母固定　b）圆柱轴颈、轴肩、挡圈用螺钉固定
c）圆柱轴颈用楔键连接　d）圆柱轴颈、隔套、花键、挡圈用螺钉固定

装配时，按轴和轮毂孔键槽修配键，然后清洁安装面并涂上润滑油。用木槌将带轮轻轻打入，或用螺旋压力机压装，如图 7-7 所示。由于带轮通常用铸铁制造，故用锤击法装配时应避免锤击轮缘，锤击点尽量靠近轴心。

带轮装在轴上后，要检查带轮的径向圆跳动量和轴向圆跳动量。通常用划线盘或百分表来检查，检查方法如图 7-8 所示。

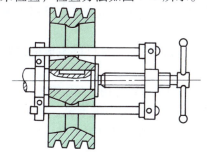

图 7-7　螺旋压入工具

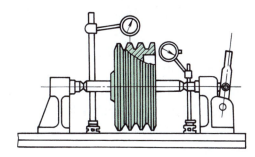

图 7-8　带轮圆跳动量的检查

装配时，还要保证两带轮相互位置正确，以防止由于两带轮倾斜或错位而引起带张紧不均匀，从而过快磨损。检查方法如图 7-9 所示。中心距较大时用拉线法，中心距不大时可用直尺进行测量。

7.1.6 带传动机构的修理

带传动机构常见的损坏形式有轴颈弯曲、带轮孔与轴配合松动、带轮槽磨损、带拉长、带轮崩裂等。

1. 轴颈弯曲

可用划线盘或百分表在轴的外圆柱面上检查摆动情

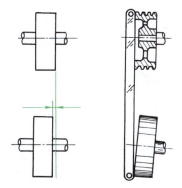

图 7-9　带轮相互位置正确性的检查

况，根据弯曲程度可采用矫直或更换的方法修复。

2. 带轮孔与轴配合松动

这主要是孔轴之间的相对活动而产生磨损造成的。磨损不大时，可将轮孔修整，有时键槽也需修整，轴颈可用镀铬法增大直径。当磨损较严重时，轮孔可镗大后压入衬套，并用骑缝螺钉固定，如图7-10所示。

3. 带轮槽磨损

随着带与带轮的磨损，带底面与带轮槽底部逐渐接近，最后甚至接触而将槽底磨亮。若已发亮则必须更换传动带并修复轮槽。可适当车深轮槽，再修整外缘。

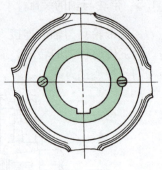

图7-10 在轮孔内压入衬套

4. 带拉长

带在正常范围内拉长，可通过调节装置来调整中心距。当超过正常的拉伸量时，则必须更换传动带。必须注意，应将一组带一起更换，以免松紧不一致。

5. 带轮崩裂

带轮崩裂则必须进行更换。

7.2 链传动机构的装配

7.2.1 链传动机构的种类及特点

1. 链传动机构的种类

按用途不同，链传动机构可分为以下三类：

（1）**传动链** 应用范围最广泛。主要用来在一般机械中传递运动和动力，也可用于输送等场合。

（2）**输送链** 用于输送工件、物品和材料，可直接用于各种机械，也可以组成链式输送机作为一个单元出现。

（3）**曳引起重链（曳引链）** 主要用于传递力，起牵引、悬挂物品的作用，兼作缓慢运动。

本节只介绍传动链。传动链的种类繁多，主要有以下几种形式：套筒滚子链、套筒链、齿形链。套筒滚子链如图7-11所示，齿形链如图7-12所示。套筒链除没有滚子外，其他结构与套筒滚子链相同。

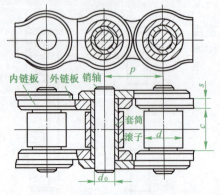

图7-11 套筒滚子链

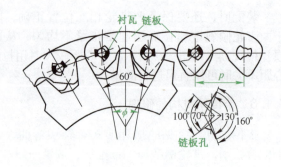

图7-12 齿形链

2. 链传动机构的特点

与同属挠性类（具有中间挠性件）传动的带传动相比，链传动具有下列特点：

1) 能保证准确的平均传动比。
2) 传递功率大，且张紧力小，作用在轴和轴承上的力小。
3) 传动效率高，一般可达 0.95～0.98。
4) 能在低速、重载和高温条件下工作，也可在尘土飞扬、淋水、淋油等不良环境中工作。
5) 能用一根链条同时带动几根彼此平行的轴转动。
6) 由于链节的多边形运动，瞬时传动比是变化的，瞬时链速不是常数，传动中会产生动载荷和冲击，因此不宜用于要求精密传动的机械。
7) 安装和维护要求较高。
8) 链条的铰链磨损后，使链条的节距变大，传动中链条容易脱落。
9) 无过载保护作用。

链传动用于两轴平行、中心距较远、传递功率较大且平均传动比要求准确、不宜采用带传动或齿轮传动的场合。

7.2.2 链传动的主要参数

链传动的传动比一般为 $i \leq 6$，低速传动时 i 可达 10；一般两轴中心距 $a \leq 6m$，最大中心距可达 15m；传动功率 $P < 100kW$；链条速度 $v \leq 15m/s$，高速时可达 20～40m/s。

传动用精密滚子链的基本参数和尺寸有具体规定，分 A、B 两个系列，A 系列有 10 个链号，B 系列有 15 个链号。表 7-3 所列为传动用 A 系列精密滚子链的主要尺寸。

表 7-3　传动用 A 系列精密滚子链的主要尺寸　　　　　　　　　　（单位：mm）

链号	节距 p	排距 p_t	滚子外径 d_1 最大	内链节内宽 b_1 最小	销轴直径 d_2 最大	套筒内径 d_3 最小	内链节外宽 b_2 最大	外链节内宽 b_3 最小
08A	12.70	14.38	7.95	7.85	3.96	4.01	11.18	11.23
10A	15.875	18.11	10.16	9.40	5.08	5.13	13.84	13.89
12A	19.05	22.78	11.91	12.57	5.94	5.99	17.75	17.80
16A	25.40	29.29	15.88	15.75	7.92	7.97	22.61	22.66
20A	31.75	35.76	19.05	18.90	9.53	9.58	27.46	27.51
24A	38.10	45.44	22.23	25.22	11.10	11.15	35.46	35.51
28A	44.45	48.87	25.40	25.22	12.70	12.75	37.19	37.24
32A	50.80	58.55	28.58	31.55	14.27	14.32	45.21	45.26
40A	63.50	71.55	39.68	37.85	19.84	19.89	54.89	54.94
48A	76.20	87.83	47.63	47.35	23.80	23.85	67.82	67.87

传动用齿形链的基本参数和尺寸也有具体规定，共有 7 个链号、56 种规格。表 7-4 列出了传动用齿形链的链号和节距。

表 7-4　传动用齿形链的链号和节距　　　　　　　　　　（单位：mm）

链号	CL06	CL08	CL10	CL12	CL16	CL20	CL24
节距 p	9.525	12.70	15.875	19.05	25.40	31.75	38.10

7.2.3 链传动机构的装配要求及方法

1. 链传动机构的装配要求

1) 链轮的两轴线必须平行。两轴线不平行,将加剧链条和链轮的磨损,降低传动平稳性,使噪声增大。两轴线平行度和轴向偏移的检查如图 7-13 所示,通过测量 A、B 两尺寸来确定其误差。

2) 两链轮的轴向偏移量必须在要求范围内。一般当中心距小于 500mm 时,允许偏移量 a 为 1mm;当中心距大于 500mm 时,允许偏移量 a 为 2mm。其检查方法如图 7-13 所示,轴向偏移量 a 可用直尺法或拉线法检查。

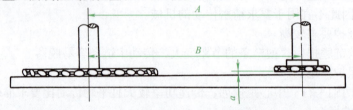

图 7-13 链轮两轴线平行度和轴向偏移的检查

3) 链轮的跳动量应符合表 7-5 所列数值的要求。跳动量可用划线盘或指示表进行检查。

表 7-5 链轮允许跳动量 （单位：mm）

链轮直径	套筒滚子链的链轮跳动量	
	径向圆跳动量	轴向圆跳动量
100 以下	0.25	0.3
100~200	0.5	0.5
200~300	0.75	0.8
300~400	1.0	1.0
400 以上	1.2	1.5

4) 链条的下垂度要适当。链条过紧会加剧磨损,过松则容易产生脱链或振动。检查链条下垂度的方法如图 7-14 所示。一般水平传动时,下垂度 f 应不大于 20%L；链垂直放置时,f 应不大于 0.2%L,L 为两链轮的中心距。

2. 链传动机构的装配方法

链轮在轴上的固定方法如图 7-15 所示。如图 7-15a 所示为用键连接后,再用紧定螺钉固定;图 7-15b 所示为圆锥销固定。链轮装配方法与带轮装配方法基本相同。

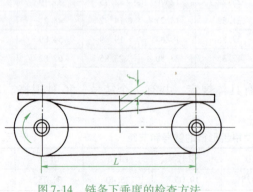

图 7-14 链条下垂度的检查方法

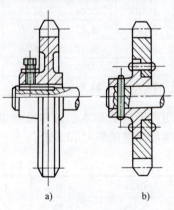

图 7-15 链轮的固定方法

套筒滚子链的接头形式如图7-16所示。其中图7-16a所示为用开口销固定活动销轴，图7-16b所示为用弹簧卡片固定活动销轴，这两种都在链条节数为偶数时适用。用弹簧卡片时要注意使开口端方向与链条的速度方向相反，以免运转中受到撞碰而脱落。图7-16c所示为采用过渡链节接合的情况，这在链节数为奇数时适用。这种过渡链节的柔性较好，具有缓冲和吸振作用，但这种链板会受到附加的弯曲作用，所以应尽量避免使用奇数链节。

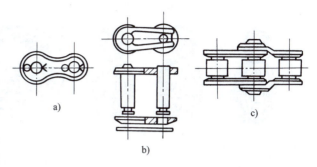

图7-16 套筒滚子链的接头形式

对于链条两端的接合，如果两轴中心距可调节且链轮在轴端时，可以预先接好，再装到链轮上。如果结构不允许链条预先将接头连好时，则必须先将链条套在链轮上，以后再利用专用的拉紧工具。如图7-17所示为拉紧链条的工具。

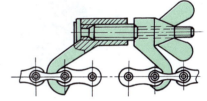

图7-17 拉紧链条的工具

7.2.4 链传动机构的拆卸与修理

1. 链传动机构的拆卸

1）拆卸链轮时先将紧定件（紧定螺钉、圆锥销等）取下，即可拆卸链轮。

2）拆卸链条时套筒滚子链按其接头形式进行拆卸。用开口销连接的可先取下开口销、外链板和销轴后即可将链条拆卸；用弹簧卡片连接的应先拆卸弹簧卡片，然后取下外链板和两销轴即可；对于销轴采用铆合形式的，用小于销轴的冲头冲出即可。

2. 链传动机构的修理

链传动机构常见的损坏现象有链被拉长、链和链轮磨损、链节断裂等。常用的修理方法如下：

1）链条经过一段时间的使用，会被拉长而下垂，产生抖动和脱链现象。修理时，当链轮中心距可调节时，可通过调节中心距使链条拉紧；链轮中心距不可调节时，可以装张紧轮使链条拉紧。另外也可以采用卸掉一个或几个链节来达到拉紧的目的。

2）链传动中，链轮的轮齿逐渐磨损，节距增大，使链条磨损加快，当磨损严重时应更换链轮、链条。

3）在链传动中，发现个别链节断裂，则可更换个别链节予以修复。

7.3 圆柱齿轮传动机构的装配

7.3.1 齿轮传动的种类及特点

1. 齿轮的分类

齿轮的种类很多，可以按不同方法进行分类。

1）根据齿轮副两传动轴的相对位置不同，可分为平行轴齿轮传动（图7-18）、相交轴齿轮传动（图7-19）和交错轴齿轮传动（图7-20）三种。平行轴齿轮传动属于平面传动，相交轴齿轮传动和交错轴齿轮传动属于空间传动。

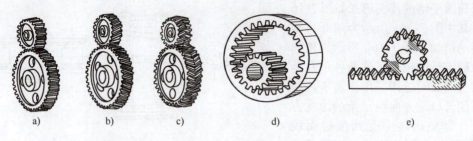

图 7-18　平行轴齿轮传动

a）直齿轮副　b）平行轴斜齿轮副　c）人字齿轮副　d）内啮合直齿轮副　e）齿轮齿条副

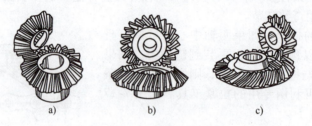

图 7-19　相交轴齿轮传动

a）直齿锥齿轮副　b）斜齿锥齿轮副　c）曲线齿锥齿轮副

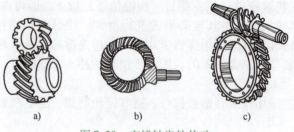

图 7-20　交错轴齿轮传动

a）交错轴斜齿轮副　b）准双曲面齿轮副　c）蜗杆副

2）根据齿轮分度曲面不同，可分为圆柱齿轮传动（图 7-18、图 7-20a）和锥齿轮传动（图 7-19、图 7-20b）。

3）根据齿线形状不同，可分为直齿轮传动（图 7-18a、d、e，图 7-19a）、斜齿轮传动（图 7-18b、图 7-19b、图 7-20a）。

4）根据齿轮传动的工作条件不同，可分为闭式齿轮传动和开式齿轮传动。前者齿轮副封闭在刚性箱体内，并能保证良好的润滑。后者齿轮副外露，易受灰尘及有害物质侵袭，且不能保证良好的润滑。

5）根据齿轮齿廓曲线不同，可分为渐开线齿轮传动、摆线齿轮传动和圆弧齿轮传动等，其中渐开线齿轮传动应用最广。

2. 齿轮传动的特点

（1）传递运动的准确性　要求齿轮在一转范围内，其最大转角误差限制在一定的范围内，从而使齿轮副的传动比变化小，保证传递运动的准确。

（2）传动平稳性　要求齿轮副的瞬时传动比变化小。齿轮在一转中，这种瞬时传动比变动是多次重复出现的，一般把它看成"高频"传动比变动，它是引起齿轮噪声和振动的主要原因之一。

（3）**齿面承载的均匀性**　齿轮在传动中要求工作齿面接触良好，承载均匀，以免载荷集中于局部区域而引起应力集中，造成局部磨损，从而影响使用寿命。

（4）**齿轮副侧隙的合理性**　齿轮副的非工作面之间要求有一定的间隙，用于存储润滑油，补偿齿轮的制造误差、装配误差、受热膨胀及受力后的弹性变形等。这样可以防止齿轮在传动时发生卡死或齿面烧蚀现象。但侧隙也是引起齿轮正反转的回程误差及冲击的不利因素。

7.3.2　直齿圆柱齿轮的基本参数与几何尺寸的计算方法

1. 直齿圆柱齿轮的基本参数

直齿圆柱齿轮的基本参数主要有齿数 z、模数 m、压力角 α、齿顶高系数 h_a^* 和顶隙系数 c^*。基本参数是齿轮各部分几何尺寸计算的依据。

（1）**齿数 z**　一个齿轮的轮齿总数称为齿数，用代号 z 表示。当齿轮的模数一定时，齿数越多，齿轮的几何尺寸越大，轮齿渐开线的曲率半径也越大，齿廓曲线越趋于平直。

（2）**模数 m**　齿距除以圆周率 π 所得到的商称为模数。模数的代号为 m，单位为 mm。模数是齿轮几何尺寸计算中最基本的一个参数。

适用于通用机械的渐开线圆柱齿轮模数系列见表7-6。表中的模数对于斜齿轮是指法向模数，选取时，优先采用第Ⅰ系列，括号内的模数尽可能不用。

表7-6　渐开线圆柱齿轮的模数系列　　　　　　　　　　（单位：mm）

系列		系列	
Ⅰ	Ⅱ	Ⅰ	Ⅱ
1	1.125	8	7
1.25	1.375	10	9
1.5	1.75	12	11
2	2.25	16	14
2.5	2.75	20	18
3	3.5	25	22
4	4.5	32	28
5	5.5	40	36
6	(6.5)	50	45

（3）**压力角 α**　压力角是齿轮的又一个重要的基本参数。由渐开线的性质可知，渐开线上任意点处的压力角是不相等的。在同一基圆的渐开线上，离基圆越远的点处，压力角越大；离基圆越近的点处，压力角越小。对于渐开线齿轮，通常所说的压力角是指分度圆上的压力角。国家标准规定，渐开线圆柱齿轮分度圆上的压力角为20°。

（4）**齿顶高系数 h_a^***　齿顶高与模数的比值称为齿顶高系数，用 h_a^* 表示，即

$$h_a = h_a^* m$$

标准直齿圆柱齿轮的齿顶高系数 $h_a^* = 1$。

（5）**顶隙系数 c^***　当一对齿轮啮合时，为使一个齿轮的齿顶面不致与另一个齿轮的齿槽底面相抵触，轮齿的齿根高 h_f 应大于齿顶高 h_a，以保证两齿轮啮合时，一个齿轮的

齿顶与另一个齿轮的槽底间有一定的径向间隙，称为顶隙。

顶隙与模数的比值称为顶隙系数，用 c^* 表示，即

$$c = c^* m$$

标准直齿圆柱齿轮的顶隙系数 $c^* = 0.25$。

顶隙还可以贮存润滑油，有利于齿面的润滑。

2. 直齿圆柱齿轮几何尺寸的计算方法

采用标准模数 m，压力角 $\alpha = 20°$，齿顶高系数 $h_a^* = 1$，顶隙系数 $c^* = 0.25$，端面齿厚 s 等于端面齿槽宽 e 的渐开线直齿圆柱齿轮称为标准直齿圆柱齿轮，简称标准直齿轮。

标准直齿圆柱齿轮的几何尺寸计算公式见表7-7。

表7-7 标准直齿圆柱齿轮的几何尺寸计算公式

名称	代号	定义	计算公式
模数	m	齿距除以圆周率 π 所得到的商	$m = p/\pi = d/z$，取标准值
压力角	α	基本齿条的法向压力角	$\alpha = 20°$
齿数	z	齿轮的轮齿总数	由传动比计算确定，一般 z_1 约为20
分度圆直径	d	分度圆柱面和分度圆的直径	$d = mz$
齿顶圆直径	d_a	齿顶圆柱面和齿顶圆的直径	$d_a = d + 2 h_a = m(z + 2)$
齿根圆直径	d_f	齿根圆柱面和齿根圆的直径	$d_f = d - 2 h_f = m(z - 2.5)$
基圆直径	d_b	基圆柱面和基圆的直径	$d_b = d\cos\alpha = mz\cos\alpha$
齿距	p	两个相邻而同侧的端面齿廓之间的分度圆弧长	$p = \pi m$
齿厚	s	一个齿的两侧端面齿廓之间的分度圆弧长	$s = p/2 = \pi m /2$
槽宽	e	一个齿槽的两侧端面齿廓之间的分度圆弧长	$e = p/2 = \pi m /2 = s$
齿顶高	h_a	齿顶圆与分度圆之间的径向距离	$h_a = h_a^* m = m$
齿根高	h_f	齿根圆与分度圆之间的径向距离	$h_f = (h_a^* + c^*) m = 1.25 m$
齿高	h	齿顶圆与齿根圆之间的径向距离	$h = h_a + h_f = 2.25 m$
齿宽	b	齿轮的有齿部位沿分度圆柱面直素线方向量度的宽度	$b = (6 \sim 10) m$
中心距	a	齿轮副的两轴线之间的最短距离	$a = d_1/2 + d_2/2 = m (z_1 + z_2) /2$

7.3.3 圆柱齿轮传动机构的装配、检验

1. 齿轮传动机构装配的技术要求

1）齿轮孔与轴的配合要满足使用要求。例如，对固定连接齿轮不得有偏心和歪斜现象，对滑移齿轮不应有卡死或阻滞现象，对空套在轴上的齿轮不得有晃动现象。

2）保证齿轮有准确的安装中心距和适当的侧隙。侧隙过小，齿轮传动不灵活，热胀时会卡齿，从而加剧齿面磨损；侧隙过大，换向时空行程大，易产生冲击和振动。

3）保证齿面有一定的接触斑点和正确的接触位置，这两者是有相互联系的。接触位置不准确同时也反映了两啮合齿轮的相互位置误差。

4）在变换机构中应保证齿轮准确地定位，其错位量不得超过规定值。

5）对转速较高的大齿轮，一般应在装配到轴上后再做动平衡检查，以免振动过大。

2. 圆柱齿轮传动机构的装配

装配圆柱齿轮传动机构时，一般是先把齿轮装在轴上，再把齿轮轴部件装入箱体。

（1）齿轮与轴的装配　齿轮是装在轴上工作的，轴安装齿轮的部位应光洁并符合图样要求。齿轮在轴上可以空转、滑移或固定连接。常见的几种结合方式如图7-21所示。

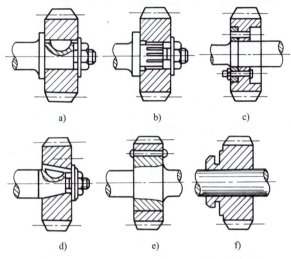

图7-21　齿轮在轴上的结合方式

在轴上空转或滑移的齿轮，与轴为间隙配合，装配后的精度主要取决于零件本身的加工精度。这类齿轮的装配比较方便，装配后，齿轮在轴上不得有晃动现象。

在轴上固定的齿轮，通常与轴为过渡配合或少量过盈的配合，装配时需加一定外力。在装配过程中要避免齿轮歪斜和产生变形等。若配合的过盈量较小，可用手工工具敲击压装，过盈量较大的，可用压力机压装或采用热装法进行装配。

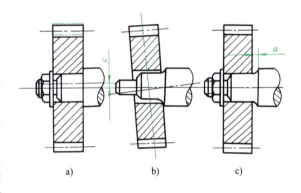

图7-22　齿轮在轴上的安装误差
a）径向圆跳动误差　b）轴向圆跳动误差　c）未靠紧轴肩误差

在轴上安装的齿轮，常见的误差是齿轮的偏心、歪斜和端面未贴紧轴肩，如图7-22所示。

精度要求高的齿轮传动机构，在压装后需要检查其径向圆跳动和轴向圆跳动误差。径向圆跳动误差的检查方法如图7-23所示。将齿轮轴支承在V形架或两顶尖上，使轴与平板平行，把圆柱规放在齿轮的轮齿间，将指示表测量头抵在圆柱规上，从指示表上得出一个读数。然后转动齿轮，每隔3~4个轮齿重复进行测量，测得指示表最大读数与最小读数之差，就是齿轮分度圆上的径向圆跳动误差。

轴向圆跳动误差的检查方法如图7-24所示。用顶尖将轴顶在中间，使指示表测量头抵在齿轮端面上，在齿轮轴旋转一周范围内，指示表的最大读数与最小读数之差即为齿轮轴向圆跳动误差。

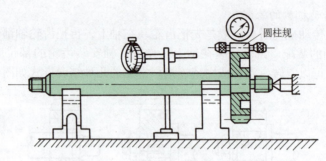

图 7-23 齿轮径向圆跳动误差的检查

这里还要指出，安装在非剖分式箱体内的传动齿轮，将齿轮装在轴上后，不能安装进箱体中时，齿轮与轴的装配是在装入箱体的过程中同时进行的。

齿轮与轴为锥面结合时如图 7-25 所示，常用于定心精度较高的场合。装配前，用涂色法检查内外锥面的接触情况，贴合面不良的可用三角刮刀进行修正。装配后，轴端与齿轮端面应有一定的间隙 Δ。

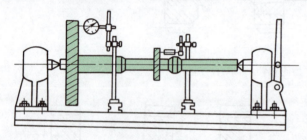

图 7-24 齿轮轴向圆跳动误差的检查

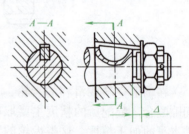

图 7-25 齿轮与轴为锥面结合

（2）将齿轮轴部件装入箱体　这是一个极为重要的工序。装配方法应根据轴在箱体中的结构特点而定。为了保证质量，装配前应检验箱体的主要部位是否达到规定的技术要求。检验内容主要有：孔和平面的尺寸精度及几何形状精度，孔和平面的表面粗糙度及外观质量，孔和平面的相互位置精度。前两项检验比较简单，这里就孔和平面相互位置精度的检验方法介绍如下：

1）同轴线孔的同轴度误差的检验。在批量生产中，用专用检验心轴检验，若心轴能自由地推入几个孔中，表明孔的同轴度误差在规定范围之内。对精度要求不高的孔，为减少专用检验心轴的数量，可用几副外径不同的检验套配合检验，如图 7-26 所示。

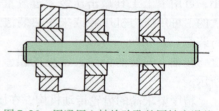

图 7-26 用通用心轴检验孔的同轴度误差

若要确定同轴度误差值，可用检验心轴及指示表，如图 7-27 所示在两孔中装入专用套，将检验心轴插入套中，再将指示表固定在心轴上，转动检验心轴即可测出同轴度误差值。

2）孔距精度和孔系相互位置精度的检验。

① 孔距。常用千分尺或游标卡尺测得 L_1 或 L_2、d_1 及 d_2 的实际尺寸，再计算出实际的孔距尺寸 A（图 7-28a）。

$$A = L_1 + \left(\frac{d_1}{2} + \frac{d_2}{2}\right)$$

$$A = L_2 - \left(\frac{d_1}{2} + \frac{d_2}{2}\right)$$

也可用如图 7-28b 所示方法检验孔距。

$$A = \frac{M_1 + M_2}{2} - \frac{d_1 + d_2}{2}$$

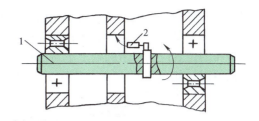

图 7-27 用检验心轴和指示表检验同轴度误差值

1—检验心轴　2—指示表

② 孔系平行度误差的检验。如图 7-28b 所示，分别测量心轴两端尺寸 M_1 和 M_2，其差值就是两轴孔轴线在所测长度内的平行度误差。

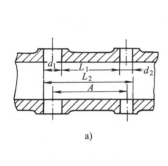

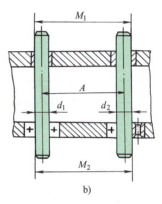

图 7-28 孔距精度检验

a）用游标卡尺测量孔距　b）用游标卡尺和检验心轴测量孔距

③ 轴线与基面的尺寸精度和平行度误差的检验。箱体基面用等高垫块支承在平板上，将心轴插入孔中，如图 7-29 所示。用游标高度卡尺（或量块和指示表）测量心轴两端尺寸 h_1 和 h_2，则轴线与基面的距离为

$$h = \frac{h_1 + h_2}{2} - \frac{d}{2} - a$$

平行度误差为

$$\Delta = h_1 - h_2$$

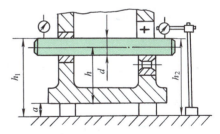

图 7-29 轴线与基面的尺寸精度和平行度误差的检验

④ 轴线与孔端面垂直度误差的检验。将带有检验圆盘的心轴插入孔中，用涂色法或塞尺可检验轴线与孔端面的垂直度误差，如图 7-30a 所示，也可用图 7-30b 所示方法进行检验。心轴转动一周，指示表指示的最大值与最小值之差，即为端面对轴线的垂直度误差。

3）接触精度的检验和调整。齿轮轴部件装入箱体后，要检验齿轮副的啮合

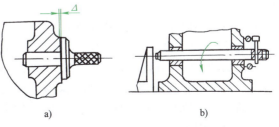

图 7-30 轴线与孔端面垂直度误差的检验

a）用涂色法检验　b）用指示表检验

情况，它包括检查齿轮的接触斑点和侧隙的大小。

一般齿轮副接触斑点的分布位置和大小，按表 7-8 和表 7-9 中的规定选取。轮齿上接触斑点分布的位置应是自节圆处上下对称分布。通过接触斑点在齿面上的位置，可以判断产生误差的原因，如图 7-31 所示。

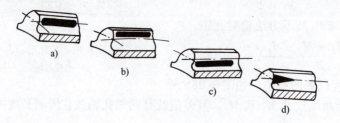

图 7-31　圆柱齿轮的接触斑点的位置
a）正常　b）中心距太大　c）中心距太小　d）中心距歪斜

表 7-8　齿轮副的接触斑点

接触斑点	精度等级											
	1	2	3	4	5	6	7	8	9	10	11	12
按高度不少于（%）	65	65	65	60	55（45）	50（40）	45（35）	40（30）	30	25	20	15
按宽度不少于（%）	95	95	95	90	80	70	60	50	40	30	30	30

注：括号内数值，用于轴向重合度 $\varepsilon_\beta > 0.8$ 的斜齿轮。

表 7-9　接触斑点百分比计算

图例	接触痕迹方向	定义	计算公式
	沿齿长方向	接触痕迹的长度 b''（扣除超过模数值的断开部分 c）与工作长度 b' 之比的百分数	$\dfrac{b''-c}{b'}\times 100\%$
	沿齿高方向	接触痕迹的平均高度 h'' 与工作高度 h' 之比的百分数	$\dfrac{h''}{h'}\times 100\%$

测量齿轮副侧隙的方法有以下两种：

① 用压熔丝法检验（图 7-32）。在齿轮面沿齿长两端并垂直于齿长的方向，放置两条熔丝，宽齿放 3~4 条。熔丝的直径不宜大于齿轮副规定的最小极限侧隙的 4 倍。经滚动齿轮挤压后，测量熔丝最薄处的厚度，即为齿轮副的侧隙。

② 用指示表检验（图 7-33）。测量时，将一个齿轮固定，在另一个齿轮上装上夹紧杆 1。由于侧隙存在，装有夹紧杆的

图 7-32　用压熔丝法检验侧隙

齿轮便可摆动一定的角度，在指示表2上可得到读数为C，则此时齿侧间隙C_n可通过数学关系得到：

$$C_n = C\frac{R}{L}$$

式中　C——指示表的读数（mm）；
　　　R——装夹紧杆齿轮的分度圆半径（mm）；
　　　L——夹紧杆测量长度（mm）。

另外也可将指示表测头直接抵在未固定的齿轮齿面上，将可动齿轮从一侧啮合迅速转到另一侧啮合，指示表上的读数差值即为齿轮副的侧隙值。

侧隙大小与中心距偏差有关，圆柱齿轮传动的中心距一般由加工保证。由滑动轴承支承时，可通过刮削轴瓦调整侧隙大小。

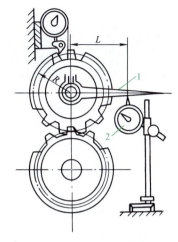

图7-33　用指示表检验侧隙
1—夹紧杆　2—指示表

7.4　螺旋传动机构的装配

7.4.1　螺纹的形成

（1）螺旋线　螺旋线是沿着圆柱或圆锥表面运动的点的轨迹，该点的轴向位移和相应的角位移成定比（图7-34）。

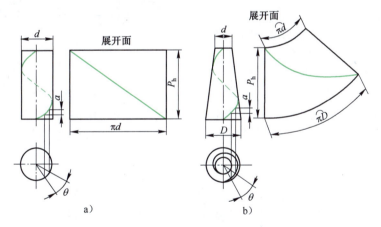

图7-34　螺旋线的形成

（2）螺纹　螺纹是在圆柱或圆锥表面上，沿着螺旋线所形成的具有规定牙型的连续凸起（图7-35、图7-36）。凸起是指螺纹两侧面间的实体部分，又称为牙。在圆柱表面上所形成的螺纹称为圆柱螺纹（图7-35a、图7-36a）。在圆锥表面上所形成的螺纹称为圆锥螺纹（图7-35b、图7-36b）。

7.4.2　螺旋传动机构装配的技术要求

螺旋传动机构装配时为了提高丝杠传动精度和定位精度，必须认真调整丝杠螺母副的配合精度。一般应满足以下要求：

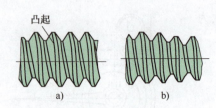
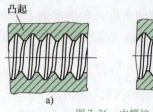

图 7-35 外螺纹　　　　　　　　图 7-36 内螺纹
a) 圆柱外螺纹　b) 圆锥外螺纹　　a) 圆柱内螺纹　b) 圆锥内螺纹

1) 保证规定的配合间隙。
2) 丝杠与螺母同轴度及丝杠轴线与基准面的平行度应符合规定要求。
3) 丝杠与螺母相互转动应灵活。
4) 丝杠的回转精度应在规定的范围内。

7.4.3　螺旋传动机构的装配方法

1. 丝杠螺母副配合间隙的测量与调整

配合间隙包括径向和轴向两种。轴向间隙直接影响丝杠螺母副的传动精度，因此需采用消隙机构予以调整。但测量时径向间隙比轴向间隙更易反映丝杠螺母副的配合精度，所以配合间隙常用径向间隙表示。

（1）径向间隙的测量

1) 如图 7-37 所示，压下及抬起螺母的作用力 Q，只需稍大于螺母的重力。
2) 螺母离丝杠一端的距离为 3～5 个螺距，以避免丝杠弹性变形而引起误差。

测量方法是：将丝杠螺母副置于如图 7-37 所示位置，使指示表测头抵在螺母 1 上，轻轻抬动螺母，指示表指针的摆动差即为径向间隙值。

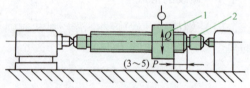

图 7-37　径向间隙的测量
1—螺母　2—丝杠

（2）轴向间隙的调整　调整轴向间隙时，无消隙机构的丝杠螺母副，用单配或选配的方法来确定合适的配合间隙。有消隙机构的按单螺母或双螺母结构采用下列方法调整间隙：

1) 单螺母结构，常采用如图 7-38 所示机构，使螺母与丝杠始终保持单向接触。

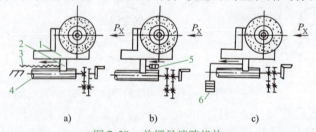

图 7-38　单螺母消隙机构
1—机架　2—螺母　3—弹簧　4—丝杠　5—液压缸　6—重锤

图 7-38a 所示的消隙机构是靠弹簧拉力，图 7-38b 所示的消隙机构是靠液压缸压力，图 7-38c 所示的消隙机构是靠重锤重力。

装配时可调整或选择适当的弹簧拉力、液压缸压力、重锤重力，以消除轴向间隙。

单螺母结构中消隙机构的消隙力方向与切削分力 P_X 方向必须一致，以防止进给时产生爬行，影响进给精度。

2）双螺母结构，调整两螺母轴向相对位置，以消除轴向间隙并实现预紧，如图 7-39 所示。

图 7-39a 所示的调整方法是：拧松螺钉 3，再拧紧螺钉 1，使斜楔 2 向上移动，以推动带斜面的螺母右移，从而消除轴向间隙。调好后再锁紧螺钉 3。

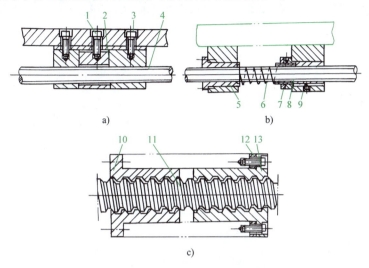

图 7-39 双螺母消隙机构
a）调整方法（一） b）调整方法（二） c）调整方法（三）
1、3—螺钉 2—斜楔 4、11—丝杠 5、9、10、13—螺母 6—弹簧 7—垫圈 8—调节螺母 12—垫片

图 7-39b 所示的调整方法是：转动调节螺母 8，通过垫圈 7 压缩弹簧 6，使螺母 9 轴向移动，以消除轴向间隙。

图 7-39c 所示的调整方法是：修磨垫片 12 的厚度来消除轴向间隙。

2. 校正丝杠螺母副的同轴度及丝杠轴线对基准面的平行度

其操作步骤如下：

1）用专用量具。

2）以平行于导轨面的丝杠两轴承孔中心的连线为基准，校正螺母孔的同轴度，如图 7-40 所示。

3）先校正两轴承孔中心连线在同一直线上，且与 V 形导轨平行，如图 7-40a 所示。根据实测数据修刮轴承座结合面，并调整前、后轴承的水平位置，以达到要求，再以中心连线 a 为基准，校正螺孔中心。

4）如图 7-40b 所示，将检验棒 4 装于螺母座 6 的孔中，移动工作台 2，若检验棒 4 能顺利插入前、后轴承座孔中，即符合要求，否则应根据尺寸 h 修磨垫块 3 的厚度。

5）以平行于导轨面的螺母孔中心线为基准，校正丝杠两轴承孔的同轴度误差。

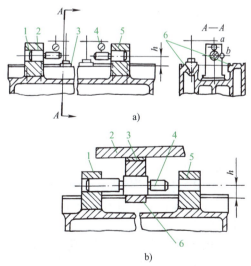

图 7-40 校正螺母孔与前后轴承同轴度误差
1、5—轴承孔 2—工作台 3—垫块 4—检验棒 6—螺母座

项目 8

轴组装配和液压、气动传动装置装配

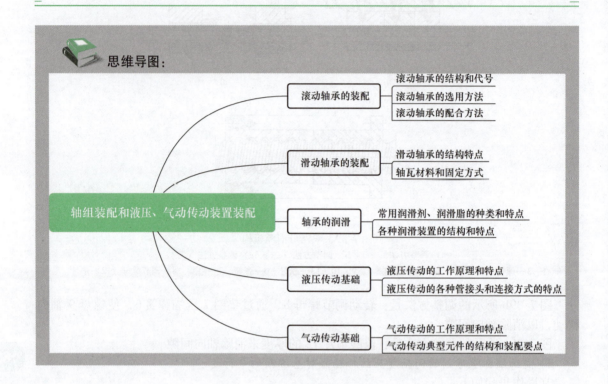

8.1 滚动轴承的装配

8.1.1 滚动轴承的结构和代号

滚动轴承是由制造商按轴承的分类方法制造的标准元件。滚动轴承种类繁多、型号复杂、规格各异。径向和角接触轴承一般由内圈、外圈、滚动体和保持架组成。推力轴承（轴向）则由轴圈、滚动体、保持架和座圈组成。

1. 滚动轴承的结构

（1）按其所能承受载荷的方向或公称接触角的不同进行划分

1）向心轴承：主要用于承受径向载荷的滚动轴承，其公称接触角为 $0°\leqslant\alpha\leqslant45°$。按公称接触角不同，又分为：

① 径向接触轴承：公称接触角为 $0°$ 的向心轴承。

② 角接触向心轴承：公称角度为 $0°<\alpha\leqslant45°$ 的向心轴承。

2）推力轴承：主要用于承受轴向载荷的滚动轴承，其公称接触角为 $45°<\alpha\leqslant90°$。按公称接触角的不同，又分为：

① 轴向接触轴承：公称接触角为90°的推力轴承。
② 角接触推力轴承：公称接触角为45°＜α＜90°的推力轴承。
（2）按滚动体的种类进行划分
1）球轴承：滚动体为球。
2）滚子轴承：滚动体为滚子。滚子轴承按滚子种类不同又分为：
① 圆柱滚子轴承：滚动体是圆柱滚子的轴承。
② 滚针轴承：滚动体是滚针的轴承。
③ 圆锥滚子轴承：滚动体是圆锥滚子的轴承。
④ 调心滚子轴承：滚动体是球面滚子的轴承。
（3）按滚动体的列数进行划分
1）单列轴承：具有一列滚动体的轴承。
2）双列轴承：具有两列滚动体的轴承。
3）多列轴承：具有多于两列的滚动体并承受同一方向载荷的轴承。
（4）按能否调心进行划分
1）调心轴承：滚道是球面形的，能适应两滚道轴线间较大角偏差及角运动的轴承。
2）非调心轴承（亦称刚性轴承）：能阻抗滚道间轴线角偏移的轴承。
（5）按组件能否分离进行划分
1）可分离轴承：具有可分离组件的轴承。
2）不可分离轴承：轴承在最终配套后，套圈均不能任意自由分离的轴承。
（6）按结构形状进行划分　有无装填槽、有无内外圈、有无保持架及套圈的不同形状和挡边的不同结构等。

2. 滚动轴承的代号

为了便于生产和使用，国家推荐标准（GB/T 272—2017）规定了轴承代号的构成方法。轴承由基本代号、前置代号和后置代号构成（表8-1）。

表8-1　轴承代号的构成

前置代号	基本代号				后置代号
	轴承系列			内径代号	
	类型代号	尺寸系列代号			
		宽度（或高度）系列代号	直径系列代号		

（1）轴承前置代号　轴承的前置代号是轴承在形状、尺寸、公差、技术要求等有改变时，在其基本代号前面添加的补充代号。轴承前置代号用字母表示，代号及含义见表8-2。

表8-2　轴承的前置代号

代号	含　义	示　例
L	可分离轴承的可分离内圈或外圈	LNU 207，表示 NU 207 轴承的内圈 LN 207，表示 N 207 轴承的外圈
LR	带可分离内圈或外圈与滚动体的组件	—
R	不带可分离内圈或外圈的组件（滚针轴承仅适用于 NA 型）	RNU 207，表示 NU 207 轴承的外圈和滚子组件 RNA 6904，表示无内圈的 NA 6904 滚针轴承
K	滚子和保持架组件	K81107，表示无内圈和外圈的 81107 轴承
WS	推力圆柱滚子轴承轴圈	WS 81107

（续）

代号	含义	示例
GS	推力圆柱滚子轴承座圈	GS 81107
F	带凸缘外圈的向心球轴承（仅适用于 $d \leq 10mm$）	F 618/4
FSN	凸缘外圈分离型微型角接触球轴承（仅适用于 $d \leq 10mm$）	FSN 719/5 – Z
KIW –	无座圈的推力轴承组件	KIW – 51108
KOW –	无轴圈的推力轴承组件	KOW – 51108

（2）轴承的基本代号与特性 轴承的基本代号由类型代号、宽（高）度系列代号、直径系列代号和内径代号构成。

1）轴承的类型代号。

① 0 表示双列角接触球轴承（图 8-1）：能同时承受径向载荷和轴向载荷，具有相当于一对角接触轴承背靠背安装的特性。

② 1 表示调心球轴承（图 8-2）：有两列钢球，内圈有两条滚道，外圈滚道为内球面形，具有自动调心的功能，主要承受不大的轴向载荷，允许角偏差 2°~3°，可以补偿由于轴的挠曲和壳体变形产生的同轴度误差。适用于支承座孔不能保证严格同轴度的部件。

图 8-1 双列角接触球轴承

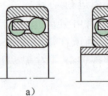

图 8-2 调心球轴承
a）圆柱孔调心球轴承 b）带紧定套的调心球轴承

③ 2 表示调心滚子轴承和推力调心滚子轴承（图 8-3）：具有两列滚子，主要用于承受径向载荷，有高的径向载荷承受能力，特别适用于重载或振动载荷下工作。同时也承受一定方向的轴向载荷，但不能承受纯轴向载荷。此类轴承调心性能良好，能补偿同轴度误差。常用于其他种类轴承不能胜任的重载状态。

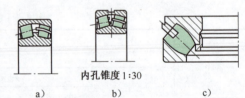

图 8-3 调心滚子轴承和推力调心滚子轴承
a）圆柱孔调心滚子轴承 b）圆锥孔调心滚子轴承
c）推力调心滚子轴承

④ 3 表示圆锥滚子轴承（图 8-4）：主要适用于承受以径向载荷为主的径向与轴向联合载荷，大锥角圆锥滚子轴承可承受以轴向载荷为主的径向与轴向联合载荷。此类轴承属于分离形轴承，其内外圈可以分别安装。在安装和使用过程中可以调整轴承的径向游隙和轴向游隙，也可以预过盈安装。常用于转速不太高、刚性好、轴向和径向载荷很大的轴。

⑤ 4 表示双列深沟球轴承（图 8-5）：具有深沟球轴承的特性，比深沟球轴承的承载能力和刚性更大，常用于比深沟球轴承要求更高的场合。

⑥ 5 表示推力球轴承（图 8-6）：套圈可以分离，带球面座圈的 51000 轴承只能承受一个轴向载荷，可以限制与外壳一个方向的轴向移动。52000 双向推力球轴承能承受两个方向的轴向载荷，可以限制轴与外壳两个方向的轴向移动。

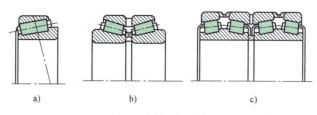

图 8-4 圆锥滚子轴承
a) 单列 b) 双列 c) 四列

图 8-5 双列深沟球轴承

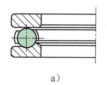

图 8-6 推力球轴承
a) 推力球轴承 b) 双列推力球轴承

⑦ 6 表示深沟球轴承（图 8-7）：主要承受径向载荷，也能承受一些轴向载荷。当轴承的径向游隙加大时，具有角接触轴承的性能，可用来承受较大的轴向载荷。该轴承结构简单，摩擦系数小，极限转速高，用于刚性较大的轴，承受冲击的能力差。常用于小功率电动机、齿轮变速箱和滑轮等部件。

图 8-7 深沟球轴承
a) 深沟球轴承 b) 双面带防尘盖的深沟球轴承
c) 单面带密封圈的深沟球轴承

⑧ 7 表示角接触球轴承（图 8-8）：可以同时承受轴向与径向载荷，也可承受纯轴向载荷，极限转速较高。此类轴承承受轴向载荷的能力由接触角决定，α 越大，承受轴向载荷的能力也就越大。常成对使用，用于转速较高、刚性较好并同时承受径向载荷的轴。

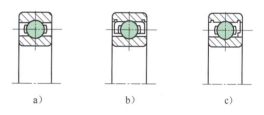

图 8-8 角接触球轴承
a) 单列 b) 同向安装 c) 背靠背安装 d) 面对面安装

⑨ 8 表示推力滚子轴承（图 8-9）：能承受很大的轴向载荷，承载能力比推力球轴承大很多。常用于承受轴向载荷大而又不需要调心的场合。

⑩ N 表示圆柱滚子轴承（图 8-10）：圆柱滚子轴承的滚道呈修正线接触，能消除边缘应力，提高转速，承受径向载荷能力大，适用于承受冲击载荷。只有内外圈均带挡边的单列轴承，可承受较小的常定量轴向载荷或较大的间歇性轴向载荷。

⑪ NN 表示双列或多列圆柱滚子轴承（图 8-11）：双列圆柱滚子轴承，分为圆柱形内孔和圆锥形内孔两种结构，具有结构紧凑、刚性强、承载能力大、受载荷后变形小、极限转速较高等优点。圆柱滚子轴承属于分离型轴承。

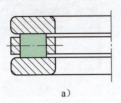
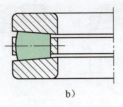

图 8-9 推力滚子轴承

a）推力圆柱滚子轴承　b）推力圆锥滚子轴承

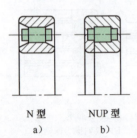
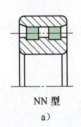
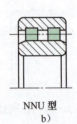

图 8-10　圆柱滚子轴承
a）外圈无挡边
b）内圈单边带平挡圈

图 8-11　双列或多列圆柱滚子轴承
a）双列圆柱滚子轴承
b）内圈无挡边双列圆柱滚子轴承

⑫ U 表示外球面球轴承（图 8-12）：承载能力较小，额定动载荷比为 1。承受径向载荷同时也能承受一定的轴向载荷，内部结构与深沟球轴承相同，但内圈宽于外圈且外圈具有球形表面，与轴承座的凹球面相配达到自动调心。内孔与轴之间有间隙，可用顶丝、偏心套将内圈固定在轴上。结构紧凑，装拆方便，密封性能好，适用于简单支承。

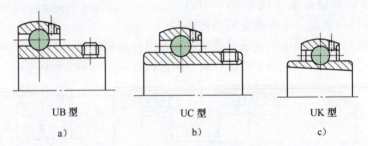

图 8-12　外球面球轴承

a）一端平头带顶丝　b）带顶丝　c）圆锥孔

⑬ QJ 表示四点接触球轴承（图 8-13）：装球数量多，承载能力大，额定动载荷比为 1.4～1.8，可承受双向载荷，可限制轴或外壳在两个方向上的轴向位移。具有成对安装的角接触球轴承的特性，但占用轴向空间更小。无载荷或纯径向载荷作用时，钢球与套圈呈四点接触，在纯轴向载荷作用时，钢球与套圈为两点接触。极限转速高。

⑭ C 表示长圆弧滚子轴承（圆环轴承）。

2）轴承的尺寸系列代号。尺寸系列代号由轴承的宽（高）度系列代号和直径系列代号组合而成。向心轴承、推

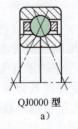
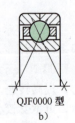

图 8-13　四点接触球轴承
a）双半内圈四点接触球轴承
b）双半外圈四点接触球轴承

项目 8　轴组装配和液压、气动传动装置装配

力轴承尺寸系列代号见表 8-3。

表 8-3　向心轴承、推力轴承尺寸系列代号

直径系列代号	向心轴承								推力轴承			
	宽度系列代号								高度系列代号			
	8	0	1	2	3	4	5	6	7	9	1	2
	尺寸系列代号											
7	—	—	17	—	37	—	—	—	—	—	—	—
8	—	08	18	28	38	48	58	68	—	—	—	—
9	—	09	19	29	39	49	59	69	—	—	—	—
0	—	00	10	20	30	40	50	60	70	90	10	—
1	—	01	11	21	31	41	51	61	71	91	11	—
2	82	02	12	22	32	42	52	62	72	92	12	22
3	83	03	13	23	33	—	—	—	73	93	13	23
4	—	04	—	24	—	—	—	—	74	94	14	24
5	—	—	—	—	—	—	—	—	—	95	—	—

3）轴承的内径代号可查国家颁布的相关标准和手册。

（3）轴承后置代号　后置代号用字母（或加数字）表示，后置代号所表示轴承的特性及排列顺序见表 8-4。后置代号及含义参见有关国家标准。

表 8-4　轴承后置代号的排列顺序

组别	1	2	3	4	5	6	7	8	9
含义	内部结构	密封与防尘与外部形状	保持架及其材料	轴承零件材料	公差等级	游隙	配置	振动及噪声	其他

后置代号的编制规则如下：

① 后置代号置于基本代号的右边并与基本代号空半个汉字距（代号中有符号"-""/"除外）。当改变项目多，具有多组后置代号，按表 8-4 所列从左到右的顺序排列。

② 改变为第 4 组（含第 4 组）以后的内容，则在其代号前用"/"与前面代号隔开。

示例：6205－2Z/P6，22308/P63

③ 改变内容为第 4 组后的两组，在前组与后组代号中的数字或文字表示含义可能混淆时，两代号间空半个汉字距。

示例：6208/P63 V1

8.1.2　滚动轴承的选用方法

不同类型的滚动轴承都有其各自的特点。为适应不同工作状态下的需要，可以按转速的高低、载荷的大小和方向、公差等级要求以及对支承的刚性和调心性能的要求等进行选择，选择原则如下：

1）在外形尺寸和公差等级相同时，球轴承的极限转速比滚子轴承高，在高速状态下应优先选用球轴承；滚子轴承的承载能力要大于球轴承，在载荷较大的状态下应优先选用滚子轴承。

2）在有冲击、振动载荷时，应选用滚子轴承；当载荷平稳且较小时宜选用球轴承。

3）轴向载荷可以选用推力球轴承（50000 型），但在较高转速（轴颈圆周转速 $v > 5\text{m/s}$）的轴上因受离心力的影响宜选用角接触球轴承（70000 型）。

4）在同时承受径向及轴向载荷时，当径向载荷比轴向载荷大很多时，仍可选择深沟球轴承（60000 型）；当两种载荷都较大且转速又较高时，可选用角接触球轴承（70000 型）；当转速较低时，则可选择圆锥滚子轴承（30000 型）；当轴向载荷远大于径向载荷时，常选用推力轴承加向心轴承的组合结构。

5）角接触球轴承（70000 型）和圆锥滚子轴承（30000 型）一般情况下应成对使用、对称安装，可以将一对轴承并起来装在轴的一端，也可以把两个轴承分别装在轴的两端。

6）在刚度较小或多支点的轴上，宜采用调心球轴承（10000 型）和调心滚子轴承（20000 型），注意在同一根轴上不允许与其他类型的轴承混合使用，以免失去调心作用。

7）当需要减小径向、轴向尺寸时，可选用特殊型号的轴承。

8）轴承的公差等级一般采用/PN 级。对于旋转精度要求高的，例如金属切削机床的主轴，常采用较高精度的轴承安装在主轴的前端。当径向圆跳动公差在 0.02～0.01mm 时选用/P6 级；在 0.01～0.005mm 时选用/P5 级；在 0.005～0.003mm 时选用/P4 级。

需要注意的是：不同公差等级的滚动轴承的价格相差较大。以同样大小的轴承为例，如/PN 级的价格系数为 1 时，则/P6 为 2、/P5 为 4、/P4 为 10。为此，只有在有特殊要求（旋转精度、极限转速和较长使用寿命）的情况下才使用精度较高的轴承。从经济性考虑，当有几种类型的轴承都能满足同一使用要求时，可选用最价廉的。一般情况下，同尺寸同精度的球轴承比滚子轴承便宜，非调心轴承比调心轴承便宜，深沟球轴承的价格最低，可考虑优先采用。其次，圆锥滚子轴承，由于其内外圈可以分类装拆，也得到了广泛的运用。

8.1.3 滚动轴承的配合方法

使用滚动轴承的目的在于减小轴类工件旋转时的摩擦系数。配合的目的在于使轴承内圈或外圈与轴或轴承座固定，以免在相互配合面上出现不利的轴向滑动。这种不利的轴向滑动会引起旋转部件的异常发热、配合磨损及产生振动等问题，使轴承不能充分地发挥作用。为此，GB/T 275—2015 规定了在一般条件下滚动轴承与轴和轴承座孔配合的基本原则和要求。

与滚动轴承配合时，轴为实心或厚壁钢制轴，轴承座为铸钢或铸铁制作。套圈相对于载荷方向固定时，应选择间隙配合。当不可分离型轴承作为游动支承时，则应以相对于载荷方向为固定的套圈作为游动套圈，选择间隙配合或过渡配合。当受冲击载荷或重载荷时，一般应选择比正常载荷、轻载荷时更紧密的配合。对于向心轴承，载荷的大小用径向当量动载荷 P_r 与径向额定动载荷 C_r 的比值区分，载荷越大则配合过盈量越大。轴承尺寸的变化会影响配合的间隙，随着轴承尺寸的增大，选择的配合过盈量越大或间隙配合的间隙量越大。

与滚动轴承配合的轴（图 8-14a）或轴承座孔（图 8-14b）的公差等级与轴承精度有关，与/PN、/P6、/P6X 级公差配合的轴，其公差等级一般为 IT6，轴承座孔一般为 IT7。对旋转精度和运转平稳性有较高要求的场合，在提高轴承公差等级的同时，轴承配合部位也应相应提高精度。滚动轴承采用过盈配合会导致轴承游隙减小，应检验安装后轴承的游隙是否满足使用要求，以便正确选择配合精度及轴承游隙。

对于精密轴承的配合，应充分考虑轴承的载荷性质、配合对象的大小、工作时的温度、安装及拆卸方法等各种因素，选择合适的配合公差。为提高轴承的装配精度，可在装配前采用预紧检测，在装配过程中采用定向装配，以达到消除游隙、提高刚度的目的。

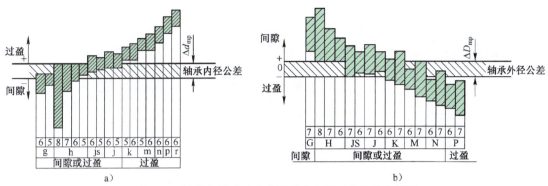

图 8-14 轴承与轴或轴承座孔配合的常用公差带关系图
a）轴承与轴配合的常用公差带关系图　b）轴承与轴承座孔配合常用公差带关系图

8.2 滑动轴承的装配

滑动轴承具有结构简单、制造方便、径向尺寸小、润滑油膜有吸附力、能够承受较大的冲击载荷等优点。滑动轴承工作时状态平稳、无噪声，在保证液体摩擦的情况下，轴可以长期高速运转，因此，在许多机床上仍然得到较广泛的应用。

8.2.1 滑动轴承的结构特点

1. 滑动轴承的符号

滑动轴承的符号体系是由拉丁字母、希腊字母、阿拉伯数字和其他符号（如：点、逗号、横线或冒号）构成。最简单的滑动轴承符号是由一个大写字母或小写字母表示。在特殊情况下由两个或三个大写字母组成，最复杂的符号是基本符号加上下标。

2. 滑动轴承的分类

（1）根据结构类型分类

1) 整体式滑动轴承（图 8-15）：轴承座为整体结构，座内压入一个青铜轴套，套内开有油槽与油孔。

2) 剖分式滑动轴承（图 8-16）：轴承座由底座与盖组成，内孔由两个对开轴瓦组成。

3) 锥形表面滑动轴承（图 8-17）：其结构有内锥式和外锥式。

4) 多瓦式自动调位轴承（图 8-18）：其结构有三瓦式和五瓦式两种，按长度可分为长轴瓦和短轴瓦两种。

（2）根据载荷类型分类

1) 动载滑动轴承（图 8-17）：承受大小和（或）方向变化的载荷的滑动轴承。

2) 静载滑动轴承（图 8-19）：承受大小和方向均不变的载荷的滑动轴承。

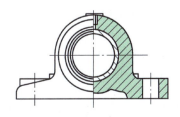

图 8-15 整体式滑动轴承

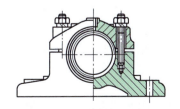

图 8-16 剖分式滑动轴承

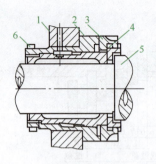

图 8-17 锥形表面滑动轴承
1—箱体 2—轴承外套 3—前螺母
4—轴承 5—轴 6—后螺母

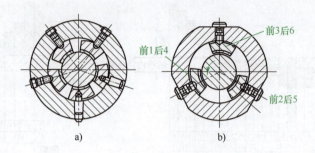

图 8-18 多瓦式自动调位轴承
a) 五瓦式 b) 三瓦式

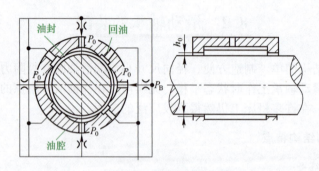

图 8-19 静载滑动轴承

(3) 根据承受载荷的方向分类

1) 径向滑动轴承（径向轴承）：承受径向（垂直于旋转轴线）载荷的滑动轴承。其基本类型有圆轴承、部分瓦轴承、双侧油室供油轴承、浮环轴承、轴向油槽供油轴承、螺旋槽轴承、多沟轴承等。

2) 止推滑动轴承（止推轴承）：承受轴向（沿着或平行于旋转轴线）载荷的滑动轴承。

3) 径向止推滑动轴承（带止推边轴承）：同时承受径向和轴向载荷的滑动轴承。

(4) 根据润滑类型分类

1) 气体静压轴承：在气体静压润滑状态下工作的滑动轴承。
2) 气体动压轴承：在气体动压润滑状态下工作的滑动轴承。
3) 液体静压轴承：在液体静压润滑状态下工作的滑动轴承。
4) 液体动压轴承：在液体动压润滑状态下工作的滑动轴承。
5) 挤压油膜轴承：由于两滑动表面相对运动而使润滑膜中产生沿旋转运动方向法向的压力，从而使旋转轴表面和轴承完全分离的滑动轴承。
6) 动静压混合轴承：同时在流体静压润滑状态和流体动压状态下工作的滑动轴承。
7) 固体润滑轴承：用固体润滑剂润滑的滑动轴承。
8) 无润滑轴承：工作前和工作时无润滑剂作用的滑动轴承。
9) 自润滑轴承：用轴承材料、轴承材料成分或者是固体润滑剂镀覆层做润滑剂的滑动轴承。
10) 多孔质自润滑轴承（烧结轴承）：用多孔性材料制成，孔隙充以润滑剂的滑动轴承。
11) 自储油滑动轴承组件：带有油池，可以向轴承表面供油的滑动轴承。

（5）根据设计类型分类

1）圆形滑动轴承：内孔各横截面为圆形的滑动轴承。

2）非圆形滑动轴承：内孔各横截面为非圆形的滑动轴承。

3）多油楔滑动轴承：滑动表面呈规律性特殊形状，在工作时沿其圆周形成若干楔形流体动压区的径向滑动轴承。

4）瓦块止推轴承（锥面导向轴承）：支承面由若干固定瓦块组成的滑动轴承。

5）径向可倾瓦块轴承：支承面由若干瓦块组成，各瓦块在流体动压作用下能相对于轴颈自行调整其倾角的滑动轴承。

6）止推可倾瓦块轴承：支承面由若干瓦块组成，各瓦块在流体动压作用下能相对于止推环滑动表面自行调整角度防止油膜外泄的止推轴承。

7）浮动轴套：设计为轴套形式，并能在轴颈上和轴承座孔内滑动的滑动轴承。

8）滑动轴承组件：由滑动轴承（径向或止推轴承）装配到支承式轴承座或止推轴承座组成的轴承单元。

① 支承式滑动轴承组件：用垂直于旋转轴轴线的固定元件来固定的滑动轴承组件。

② 止推滑动轴承组件：用平行于旋转轴轴线的固定元件来固定的滑动轴承组件。

8.2.2 轴瓦材料和固定方式

径向滑动轴承中与轴颈相配的元件称为轴瓦。滑动轴承通常用较软材料与较硬材料组成摩擦副，一般用较软材料做轴瓦。

1. 轴瓦的常用材料

用于轴瓦的材料应具备必要的摩擦相容性、嵌入性、磨合性、摩擦顺应性、耐磨性、耐疲劳性，以及耐蚀性、耐气蚀性和抗压强度。滑动轴承常用的有金属材料、粉末冶金材料和非金属材料三大类。其中动压轴承、静压轴承和不供油轴承的轴瓦一般用金属材料，含油轴承的轴瓦常用粉末冶金材料，无润滑轴承的轴瓦常用非金属材料。

（1）金属轴瓦材料　金属材料中可以做轴瓦的有铸铁，铅基、铜基和铝基合金。有些材料仅能做多层轴瓦的衬层，有些既可做衬层还可做单层轴瓦。

（2）含油轴承轴瓦材料　可以用作含油轴承轴瓦的材料有木材、成长铸铁、铸铜合金、粉末冶金减摩材料和与润滑油有亲和特性的酚醛树脂等。

（3）非金属轴瓦材料　非金属材料中用于轴瓦的有塑料、炭-石墨、陶瓷、表面涂层等。

1）塑料轴瓦。塑料具有润滑性、耐蚀性强和密度小的特点，因此常用于滑动轴承。由于塑料的机械强度不如金属材料，同时在受温度和湿度的影响下，其形状尺寸的稳定性不高、热导率较低。为改善塑料的性能，常在塑料中加入填充材料，并在设计滑动轴承时从结构上使塑料轴瓦满足其性能要求。

2）炭-石墨轴瓦。轴瓦用炭-石墨属于机械用炭，是耐高温、有自润滑性的轴瓦材料，具有高温稳定性好、耐化学腐蚀能力强、热导率比塑料高、线胀系数比塑料小等优点。在大气和室温条件下，炭-石墨与镀铬表面的摩擦系数和磨损率都较低。在湿度很低的情况下炭-石墨会丧失润滑性。

3）陶瓷轴瓦。陶瓷材料具有材质硬、耐高温、耐磨的特性，但性脆、加工困难及成本高，一般用于气体轴承、高温轴承和一些特殊场合。

4）表面涂层。为改善轴瓦表面与轴的配合性能，并与轴瓦的基体材料适当匹配，可在表面涂覆涂层，获得比单一材料优越的轴承性能。合适的涂层使轴瓦表面与轴颈有良好的摩擦相容性，提供一定的嵌入性，改善轴瓦表面的顺应性和防止含铅衬层材料中的铅对轴颈的腐蚀。常用的涂层材料有 PbSn10、PbSn7、PbSn10Cu2，涂层的厚度一般为 0.017~0.075mm。

2. 滑动轴承的装配

（1）剖分式滑动轴承的装配　上下轴瓦应与轴颈（或工艺轴）按尺寸精度要求配合加工，以达到设计规定的配合间隙、接触面积、孔与端面的垂直度和前后轴承的同轴度要求。为达到配合面的接触要求，应按滑动轴承的装配精度，根据轴承的不同尺寸及工作状态，刮削滑动轴承轴瓦孔，每 25mm×25mm 内的刮研接触点数可查表获得。

刮研时，上下轴瓦的接合面要紧密接触，用 0.05mm 的塞尺从外侧检查时，任何部位的塞入深度均不得大于接合面宽度的 1/3。上下轴瓦应按加工时的配对标记装配，不得装错。瓦口垫片应平整，其宽度应小于瓦口面宽度 1~2mm，长度应小于瓦口面长度。垫片不得与轴颈接触，一般应与轴颈保持 1~2mm 的间隙。

（2）滑动轴承轴瓦的固定　为了使轴瓦在轴承座内保持正确的位置，滑动轴承的轴瓦常用定位销或骑缝螺钉与定位结构固定。当用定位销固定轴瓦时，应保证瓦口面、端面与相关轴承孔的开合面、端面保持平齐。定位销插入后不得有松动现象，且销的端面应低于轴瓦内孔表面 1~2mm。

薄壁轴瓦的固定方式，常用定位唇结构加骑缝螺钉。装配时，将轴瓦的定位唇嵌入轴承座相应的定位槽中，与两片轴瓦对应的定位凹槽应配置在同一侧。

（3）球面自位轴承的装配　球面自位轴承的轴承体与球面座装配时，应涂色检查它们的配合表面接触情况，一般接触面积应大于 70%，并应均匀接触。

（4）整体圆柱滑动轴承装配　整体圆柱滑动轴承装配时可根据过盈量的大小，采用压装或冷装，装入后内径必须符合设计要求。轴套装入后，固定轴承用的锥端紧定螺钉或固定销端头应埋入轴承内。轴装入轴套后应转动自如。

（5）整体圆锥滑动轴承装配　装配圆锥滑动轴承时，应涂色检查锥孔与主轴颈的接触情况，一般接触长度应大于 70%，并应靠近大端。

8.3　轴承的润滑

滚动轴承与滑动轴承在工作过程中，轴承内部各元件都存在不同程度的相对滑动，从而导致摩擦发热和元件的磨损。选择润滑剂时通常要考虑轴承工作时的温度和轴承的工作载荷以及转速等因素。轴承润滑的主要目的是减少摩擦发热，避免工作温度过高，降低磨损、防止锈蚀，达到散热和密封的作用。因此，在工作中必须对轴承进行可靠的润滑。

8.3.1　常用润滑剂、润滑脂的种类和特点

润滑脂是由润滑油、稠化剂和添加剂在高温下混合而成。根据稠化剂的种类，润滑脂可以分为钙基润滑脂、钠基润滑脂、钙钠基润滑脂、锂基润滑脂和二硫化钼润滑脂等。

一般轴承在工作时多采用脂润滑。脂润滑具有油膜强度高、油脂黏附性好、不易流失、使用时间较长，密封简单，能够防止灰尘、水分和其他杂质进入轴承。钙基润滑脂滴点较低，不易溶于水，适用于潮湿、水分较多的工作环境。钠基润滑脂滴点较高，易溶于水，适用于干燥、水分较少的工作环境。锂基润滑脂滴点较高，当选用适当的基础油时，锂基润滑脂可以长期使用在 120℃ 或短期使用在 150℃ 的工作环境中。锂基润滑脂具有较好的机械安定性和较好的抗水性，适用于潮湿和与水接触的机械部位，与钙基、钠基润滑脂相比，锂基润滑脂的使用寿命可以延长一倍至数倍，同时也具有较低的摩擦因数。二硫化钼润滑脂属于固体润滑脂，与金属表面有很强的结合力。二硫化钼的摩擦因数为 0.06 左右，工作时能形

成一层耐 35MPa 的压力和耐 40m/s 的摩擦速度的膜,具有良好的固体润滑剂的功能。

在高速或高温条件下工作的轴承,一般采用油润滑。油润滑可靠性高、摩擦因数小,有良好的冷却和清洗作用,能用多种润滑方式以适应不同的工作条件。

8.3.2 各种润滑装置的结构和特点

润滑的目的是在机械设备摩擦副相对运动的表面之间加入润滑剂,以降低摩擦阻力和能源消耗,减少表面磨损,延长使用寿命,保证设备正常运转。为保证设备的良好润滑状态和工作性能,合理地选择润滑方法和装置是十分必要的。

(1) 油雾发生器凝缩嘴　采用油雾润滑的方法,以压缩空气为能源,用油雾发生器将润滑油形成 $1 \sim 3\mu m$ 颗粒状油雾,随压缩空气经管道、凝缩嘴送至润滑点实现润滑。油雾发生器凝缩嘴适用于高速运动的滚动轴承、滑动轴承、齿轮、蜗轮及滑动导轨等各种摩擦副。

(2) 手动润滑脂站　采用手动压力润滑的方法,利用储油器中的活塞将油脂压入液压泵中,当转动手柄时液压泵的柱塞将润滑脂挤压到给油器,经管道输送到润滑点。手动润滑脂站适用于为单独设备的轴承及其他摩擦副供给润滑脂。

(3) 电动润滑脂站　采用电动连续压力润滑的方法,通过电动机、减速器带动柱塞泵,将润滑脂从储油器中吸出,经电磁换向阀沿给油主管向各给油器压送润滑脂,给油器在压力作用下向各润滑点输送润滑脂。电动润滑脂站适用于润滑各种轧机的轴承及其他摩擦元件。

(4) 多点润滑脂泵　采用连续压力润滑的方法,是由电动机、齿轮或蜗杆副等传动机构带动凸轮,并通过凸轮偏心距的变化使柱塞实现径向往复直线运动,可以不用给油器等其他润滑元件,不停顿地定量输送润滑脂到润滑点。多点润滑脂泵适用于重型机械和锻压设备的单机润滑,直接向设备的轴承座及各种摩擦副自动输送润滑脂。

8.4　液压传动基础

8.4.1　液压传动的工作原理和特点

1. 概述

液压传动是以液体作为工作介质,传递动力和运动的一种传动方式。液压泵将外界所输入的机械能转换为工作液体的压力能,经过管道及各种液压控制元件输送到执行机构——液压缸或马达,再将其转换为机械能输出,使执行机构完成各种所需要的动作。它是依靠密封系统对油液进行挤压所产生的液压能来转换、传递、控制和调节能量的一种传动方式。

2. 液压传动的特点

液压传动具有结构简单、机件重量轻、成本低、工人劳动强度小,并能提高工作效率和自动化程度的优点。采用液压传动可以在传动过程中实现大范围的无级调速,以及无间隙传动,达到传动平稳的效果。在同等输出功率下,液压传动装置的体积较小、重量轻、运动惯性小、动态性能好。由于采用油作为传动介质,液压元件有自我润滑的作用,因此有着较长的使用寿命。液压元件均采用标准化、系列化的产品,便于设计、制造和推广应用。因此,液压传动不但在金属切削机床上的往复运动、无级变速以及进给运动和控制系统中广泛应用,同时在矿山机械、冶金设备、农业机械、建筑和航空等行业中也被普遍采用。

3. 液压传动的原理

液压传动借助于处在密封容器内的液体的压力来传递动力和能量。液体没有固定的几何形状，却有几乎不变的体积，可随着容器的变化而变化。当液体被容纳于密闭的几何形体中，就可以从一处传递到另一处。高压液体在几何形体（管道、液压缸等）内受力的作用被迫流动时，可将液压能转换成机械能。

4. 静压力的传递

根据帕斯卡原理，加在密闭液体上的压力，能够大小不变地由液体向各个方向传递。在密闭的容器中压力处处相同。施加于静止液体上的压强将以等值同时传到各点。

在两个相互连通的密闭液压缸（图 8-20）中装着油液（工作介质），两边液压缸上部装有活塞，小活塞和大活塞的面积分别用 A_1 和 A_2 表示，若在小活塞上施加一外力 F_1，F_1 在小活塞上形成了压强 F_1/A_1。根据帕斯卡原理，同时在大活塞的底面也会产生同样的压强 F_2/A_2，即作用在大活塞上的力 $F_2 = F_1 A_2 / A_1$。设大小活塞的面积之比 $A_2/A_1 = n$，则大活塞输出的力为 nF_1，两个活塞面积的比值 A_2/A_1 越大，则大活塞输出的力也就越大。

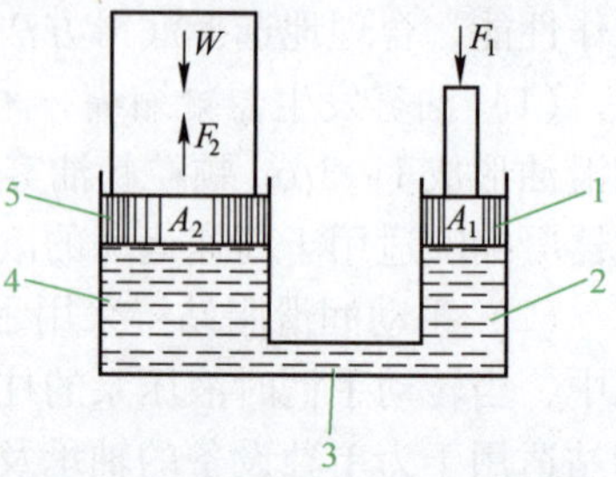

5. 液流的连续性

液流的连续性原理：流体中任何一点的压力、速度和密度都不随时间而变，则在单位时间内流经管中每一个横截面的液体质量一定是相等的。液体的可塑性很小，一般可以忽略不计。因此，液体可在管内稳定地流动。当液体在等截面的管中流动时，其横截面积、液流速度相等。如图 8-21 所示，当液体在不等横截面的管中流动时，设横截面 1 和 2 的直径分别为 d_1 和 d_2，横截面积分别为 A_1、A_2，在横截面 A_1、A_2 处的平均流速分别为 v_1 和 v_2，由于流经两个横截面处液体的密度 ρ 相同，根据液流的连续性原理，流经横截面 1 和 2 的液体质量相等。则液流的连续性方程式为

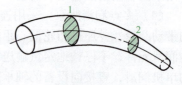

图 8-20 液压千斤顶示意图
1、5—活塞　2、4—液压缸　3—油管

图 8-21 液流

$$\rho v_1 A_1 = \rho v_2 A_2 = \rho v A = 常量 \tag{8-1}$$

式（8-1）除以液体的密度 ρ，则为

$$v_1 A_1 = v_2 A_2 = v A = 常量 \tag{8-2}$$

或

$$\frac{v_1}{v_2} = \frac{A_2}{A_1} \tag{8-3}$$

以上液流连续性方程式说明，通过管内不同截面的液流速度与其横截面积的大小成反比，即管子细的地方流速大，管子粗的地方流速小。

液流连续性方程式也常用流量 Q 表示，即

$$Q = vA \tag{8-4}$$

因此，液流连续性方程式也可表示为

$$Q_1 = Q_2 = 常量 \tag{8-5}$$

6. 伯努利定律

液压传动是借助于有压力的流动液体来传递能量的。伯努利定律：液体能量用压力能、势能和动能来表现，三者之间可以相互转化，而且液体在管道内任一处的三种能量之和为常数。方程式为

项目8 轴组装配和液压、气动传动装置装配

$$\frac{p_1}{\rho} + gh_1 + \frac{v_1^2}{2} = \frac{p_2}{\rho} + gh_2 + \frac{v_2^2}{2} \tag{8-6}$$

式中　p——压力（MPa）；
　　　v——流速（m/s）；
　　　h——高度（m）；
　　　ρ——密度（kg/m³）；
　　　g——重力加速度（m/s²）。

通过伯努利定律方程式可以说明：液体的流速越高则压力越低，液体的流速越低则压力就越高。

8.4.2　液压传动的各种管接头和连接方式的特点

在液压传动系统中，各元件之间的连接是通过管道和接头实现的。常用的管接头主要有焊接式、卡套式、扩口式及软管接头等。其中焊接式和卡套式管接头多用于钢管连接，适用于中、高压系统；扩口式管接头常用于薄壁钢管、铜管、尼龙管或塑料管的连接，适用于低压系统；软管接头常用于橡胶软管，作为两个相对运动件之间的连接。各种管接头类型和连接特点见表8-5。

表8-5　各种管接头类型和连接特点

类　　型	结　构　图	特　　点
端直通管接头		利用不同长度的直通管接头，为避免安装接头部位的干涉，主要用于螺孔间距较小的地方，常与端面管接头交错安装
焊接式管接头		利用接管与管道焊接。接头体与接管之间用O形密封圈端面密封。具有结构简单、容易制造、密封性好、对管道的尺寸精度要求不高的优点。但对焊接质量要求高，装拆不变。工作压力可达63MPa，工作温度为-25~80℃，适用于以油为介质的管道系统
卡套式管接头		利用卡套变形卡住管道并进行密封，具有结构先进、性能良好、重量轻、体积小、易制造、密封性好的优点。对管道的尺寸及卡套精度要求高，管材常用冷拔钢管，工作压力可达63MPa。适用于油、气及一般腐蚀性介质的管道系统
扩口式管接头		利用管道端部扩口进行密封，不需要其他密封件。结构简单，常用于薄壁管件的连接。适用于油、气为介质的压力较低的管道系统
承插焊管件		利用承插焊管件，将所需长度的管道插入管接头，与内端接触后，将管道与管接头焊接成一体，可省去接管，但对管道尺寸要求严格。适用于油、气为介质的管道系统

179

(续)

类型	结构图	特点
锥密封焊接式管接头		利用接管一端的外锥表面,加 O 形密封圈与接头内锥表面相配合,用螺纹连接后拧紧。工作压力可达 16~31MPa,工作温度为 -25~80℃。适用于油为介质的管道系统
快速接头（两端开闭式）		结构比较复杂,局部阻力较大。具有管道拆开后能自行密封而不会让管道内液体流失的优点。工作压力低于 31.5MPa,工作温度为 -20~80℃。适用于油、气为介质的管道系统和经常拆卸的场合
快速接头（两端开放式）		适用于油、气为介质的管道系统,其工作压力、介质温度由连接的胶管限定
过板式管接头		主要用于管道过多成排的布置,可将管道固定在支架上。具有既能够保持箱内密封,又能使管接头得到固定的优点。常用于密封容器内外管道的连接
变径管接头		管接头的不同端口接口直径不同,利用变径管接头可实现不同直径管道的连接
扣压式软管接头及软管总成		可与扩口式、卡套式、焊接式或快换接头连接使用,其工作压力与软管结构及直径有关,介质（油）温度为 -25~80℃。常用于油、水、气为介质的管道系统

8.5 气动传动基础

8.5.1 气动传动的工作原理和特点

1. 气动传动的特点

与液压传动相比,气动传动有如下特点:

1）工作介质——空气,可以从大气中直接汲取,用过的气体可直接排入大气,处理方便。

2）空气黏度很小,在管路中输送时,阻力损失远小于液压传动系统。

3）气动传动工作压力低,一般在 1.0MPa 以下,对元件的材质和制造精度要求较低。

4）气动传动动作迅速、反应快、调节方便,可利用气压信号实现自动控制,同时维护简单,使用安全。无油的气体控制系统特别适用于实现数控机床的辅助功能动作。

5）气动传动的信号传递速度限制在声速（约 340m/s）范围内,故其工作频率和响应速度不如电子装置。但气动系统对工作环境适应性好,特别在易燃、易爆、多尘埃、强磁、辐射、振动等恶劣环境下工作时,安全可靠性优于液压传动、电子和电气系统。

6）因空气可压缩性较大,运动平稳性较差,其工作速度受外载荷变化影响比较大。

7）气动传动工作压力低,系统输出力较小。由于空气黏度小、润滑性差,传动系统有较大的排气噪声。

2. 气动传动的工作原理

气动传动是以气体作为工作介质，依靠密封工作系统对气体挤压产生的压力能来进行能量转换、传递、控制和调节的一种传动方式。与液压传动相似，气动传动也有压力和流量两个重要参数。

3. 气动传动系统各组成部分及其作用

气动传动系统如图8-22所示。气动传动系统各组成部分及其作用如下：

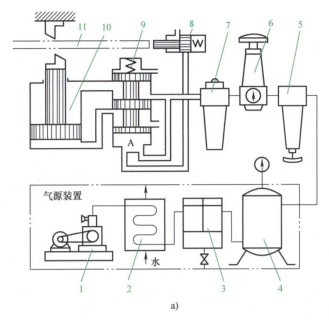

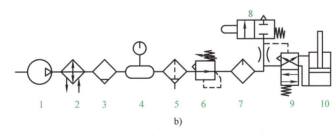

图8-22 气动传动系统示例

a）结构 b）原理图

1—空气压缩机 2—冷却器 3—除油器 4—储气罐 5—空气过滤器 6—减压阀
7—油雾器 8—行程阀 9—换向阀 10—气缸 11—工件

（1）动力部分 空气压缩机（气泵）1是动力元件，它将电动机的机械能转换为气体的压力能，为各类气动设备提供动力。用气量较大的企业一般都专门建立有压缩空气站，通过输送管道向各用气点分配压缩空气。

（2）执行部分 气缸10或气马达是执行元件。执行元件将气泵提供的气体的压力能转换为机械能，输出力和速度（转矩和转速），用以驱动工作部件，如数控机床的防护门等。

（3）控制部分 减压阀6、行程阀8、换向阀9是控制元件，用来控制压缩空气的压力、流量和流动方向，以保证执行元件具有一定的输出力（转矩）和速度（转速）。

(4) 辅助部分　冷却器2、除油器3、储气罐4、空气过滤器5、油雾器7是辅助元件，用以保证系统可靠、稳定地工作。

4. 主要气动元件的种类和作用

(1) 空气压缩机　空气压缩机简称空压机，是气源装置的核心，用于将原动机输出的机械能转换为气体的压力能。空气压缩机的种类很多，按工作原理主要可分为容积式和速度式（叶片式）两类。空气压缩机的分类见表8-6。通过缩小气体的体积来提高气体压力的压缩机称为容积式压缩机。提高气体的速度，让动能转化为压力能，提高气体压力的压缩机称为速度式压缩机。

表8-6　空气压缩机的分类

按压力高低分		按工作原理分	
低压型	0.2~1.0MPa	容积式	往复式	活塞式 膜片式
中压型	1.0~10MPa		回转式	滑片式 螺杆式
高压型	>1.0MPa	速度式	离心式 轴流式	

(2) 气源三联件　由空气过滤器、减压阀和油雾器三个辅助元件依次无管化连接而成的组件称为气源三联件。气动系统在空气压缩机排出压缩空气后设置了润滑、除油、除水、除尘、使压缩空气干燥的辅助装置（后冷却器、油水分离器、储气罐、干燥器）等，并经过气源三联件的最后处理，保证进入气动元件及气动系统的压缩空气符合质量要求。

(3) 气缸　气缸是气动系统的执行元件之一，是将压缩空气的压力能转换为机械能，并驱动工作机构做往复运动或摆动的装置。与液压缸相比，气缸具有结构简单、制造容易、工作压力低和动作迅速等优点，应用十分广泛。

气缸的种类很多，分类的方法也较多，常用的有以下几种：

1）按压缩空气在活塞端面作用力的不同，分为单作用气缸和双作用气缸。

2）按结构特点不同，分为活塞式、薄膜式、柱塞式和摆动式气缸等。

3）按安装方式不同，分为支座式、法兰式、轴销式、凸缘式、嵌入式和回转式气缸等。

4）按功能不同，分为普通式、缓冲式、气-液阻尼式、冲击和步进气缸等。

常见普通气缸的图形符号见表8-7。气缸的安装形式见表8-8。

表8-7　常见普通气缸的图形符号

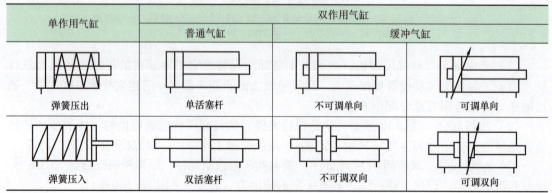

表 8-8 气缸的安装形式

分类		简图	说明
固定式气缸	支座式 轴向支座 MS1 式		轴向支座，支座上承受力矩，气缸直径越大，力矩越大
	支座式 切向支座式		
	法兰式 前法兰 MF1 式		前法兰紧固，安装螺钉受拉力较大
	法兰式 后法兰 MF2 式		后法兰紧固，安装螺钉受拉力较小
	法兰式 自配法兰式		法兰由使用单位视安装条件现配
轴销式气缸	尾部轴销式 单耳轴销 MP4 式		气缸可绕尾轴摆动
	尾部轴销式 双耳轴销 MP2 式		
	头部轴销式		气缸可绕头部轴摆动
	中间轴销 MT4 式		气缸可绕中间轴摆动

（4）气动控制元件 气动控制元件按其功能和作用不同可分为压力控制阀、流量控制阀和方向控制阀三大类。此外还有通过控制气流方向和通断实现各种逻辑功能的气动逻辑元件等（图 8-23）。

1）方向控制阀的作用是控制气动系统中气流的方向和通断。按作用特点分类有单向型和换向型，按阀芯结构分类有截止式和滑阀式。

图 8-23 控制阀的种类

2）压力控制阀的作用是控制气动系统压力和利用压力的变化来实现系统某种动作。

3）流量控制阀的作用是通过改变通流面积来调节阀口流量，从而控制执行元件的运动速度。

5. 管道系统组成与选择

管道系统属于气动系统气源辅助装置的组成部分，包括管道和接头。

（1）管道　气动系统中常用的管道有硬管和软管。硬管以钢管和紫铜管为主，常用于高温、高压和固定不动的部件之间的连接。软管有各种塑料管、尼龙管和橡胶管等，其特点是经济、拆装方便、密封性好，但应避免在高温、高压和有辐射的场合使用。

（2）管接头　管接头是连接固定管道所必需的辅件，分为硬管接头和软管接头两类。硬管接头有螺纹连接及薄壁管扩口式卡套连接，它与液压用管接头基本相同。对于通径较大的气动设备、元件、管道等，可采用法兰连接。

（3）管道系统的选择　气源管道的管径大小是根据压缩空气的最大流量和允许的最大压力损失决定的。为避免压缩空气在管道内流动时压力损失过大，空气主管道流速应在 6～10m/s（相应压力损失小于 0.03MPa），用气车间空气流速应不大于 15m/s，并限定所有管道内空气流速不大于 25m/s。管道的壁厚主要是考虑强度问题，可查相关的手册选用。如图 8-24 所示为气动室内管道布置示意图。

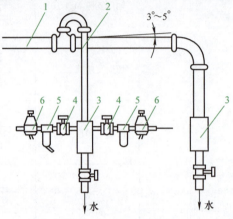

图 8-24　气动室内管道布置示意图
1—主管　2—支管　3—集水罐
4—阀门　5—过滤器　6—减压阀

8.5.2　气动传动典型元件的结构和装配要点

1. 空气压缩机的结构与装配、调试要点

（1）空气压缩机的结构　图 8-25 所示为典型无油空气压缩机主机分解图，主要零件见表 8-9。

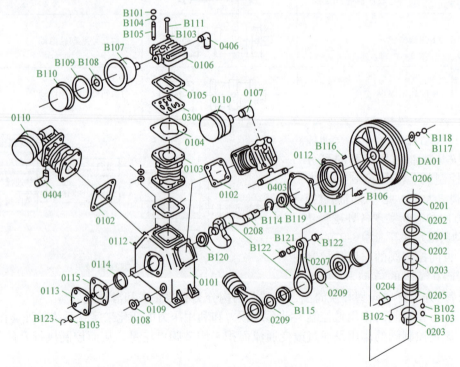

图 8-25　空气压缩机主机分解图示例

表 8-9　空气压缩机示例主机主要零件

图号	零件名称	数量	图号	零件名称	数量
0101	曲轴箱	1	0404	弯头	1
0102	气缸垫	3	0406	弯头	1
0103	气缸体	3	DA01	垫圈	1
0104	气阀垫	3	B101	螺母	24
0105	气缸盖垫	3	B102	螺栓 M12×30	12
0106	气缸盖	3	B103	垫圈 8	7
0107	接管	2	B104	垫圈 12	24
0108	通风口盖体	1	B105	螺栓 M12×80	12
0109	过滤网片	1	B106	螺栓 M12×25	4
0110	消声滤清器	3	B107	滤清器体	3
0112	轴承座	1	B108	滤清器座	3
0113	轴承盖	1	B109	隔板	3
0114	轴承隔套	1	B110	滤清器组件	3
0115	轴承盖垫	1	B111	螺栓 M8×65	3
0201	活塞环	6	B114	挡圈 55	1
0202	衬带	6	B115	轴承 180211	3
0203	导向环	6	B116	键 10×32	1
0204	活塞销	3	B117	弹性垫圈 12	1
0205	活塞	3	B118	螺栓 M12×38	1
0206	风扇轮	1	B119	轴承 18038	1
0207	连杆	3	B120	轴承 180207	1
0208	曲轴	1	B121	轴承 644804K	3
0209	隔垫	2	B122	密封圈	6
0300	气阀组件	3	B123	螺栓 M8×20	4
0403	三通管	1			

(2) 压缩机的装配要点

1) 装活塞组件。以活塞为基件,装导向环→装衬套→装活塞环。

2) 装连杆组件。以连杆为基件,装小头孔轴承→装两端密封圈→装大头孔轴承。

3) 装消声滤清器。以滤清器为基件,装滤清器座→装隔板→装滤清器组件。

4) 装曲轴组件。以曲轴为基件,装一端轴承→装另一端弹性挡圈→装另一端轴承→装连杆隔垫。

5) 总装。以曲轴箱为基件,按以下步骤装配:

① 装入曲轴组件→装两面端盖。

② 在曲轴颈上装连杆→装连杆盖。

③ 连杆小头套入活塞销座,装活塞销→装两端卡环。

④ 装气缸垫→装气缸体→装气阀垫→装气阀组件→装气缸盖垫→装气缸盖组件→装螺栓、垫片和螺母。

⑤ 在气缸盖上装消声滤清器（或通过弯头装入气缸盖）→装弯头（或三通）。

⑥ 在曲轴上装平键→装带轮→装垫片、弹性垫圈和紧固螺栓。

(3) 装配作业应注意的事项

1) 零件清洁。装配前各零件应用柴油清洗、擦净、干燥处理。

2) 避免磕碰毛。装配时应注意保护各零件加工表面，避免碰伤和划痕。

3) 注意装配润滑。装配活塞和连杆时，应在活塞销和连杆瓦片表面涂润滑油。

4) 控制曲轴窜动量。装配曲轴时应用两端轴承盖垫进行调整，曲轴的轴向窜动量为 0.4~0.6mm。

5) 检查气阀位置。各级进排气阀的下部不得凸出缸盖下平面。

6) 检测装配精度。各主要配合部位的配合间隙和零件的装配精度应符合相关的技术数据。

2. 典型气缸的结构与装配、调试要点

(1) 典型气缸的结构　典型气缸的结构如图8-26所示。

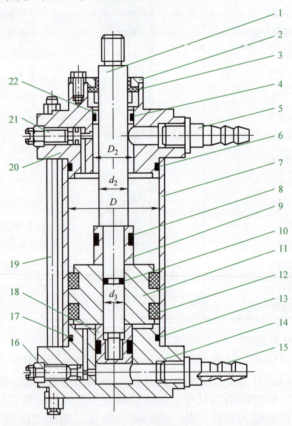

图 8-26　有缓冲标准活塞式气缸

1、11—活塞　2—防尘圈压板　3—防尘圈　4—导向套密封圈　5、15—管接头　6—杆侧缸盖密封圈　7—缸筒　8—回程缓冲套密封圈　9—回程缓冲套　10—活塞杆密封圈　12—活塞密封圈　13—无杆侧缸盖密封圈　14—无杆侧缸盖　16—缓冲阀　17—进程缓冲套密封圈　18—进程缓冲套　19—拉杆　20—杆侧缸盖　21—调速阀　22—导向套

(2) 气缸装配步骤

1) 装配活塞杆组件：以活塞杆为基件，装进程缓冲套→装进程缓冲套密封圈→装活塞

杆密封圈→装活塞→装活塞密封圈→装回程缓冲套→装回程缓冲套密封圈。

2）装无杆侧缸盖组件：以无杆侧缸盖为基件，装缓冲阀→装管接头→装缸盖密封圈。

3）装杆侧缸盖组件：以杆侧缸盖为基件，装调速阀→装管接头→装缸盖密封圈。

4）总装：以缸筒为基件，装活塞杆组件→装已安装密封圈的导向套→装无杆侧缸盖组件→装杆侧缸盖组件→装衬垫及防尘圈→装防尘圈压板→装拉杆及紧固螺母→调整好两端缸盖的位置后对角拧紧螺栓。

(3) 气缸装配的操作要点

1）装配前应对所有零件、密封件进行精度检验和完好性检查。

2）对气缸壁和活塞、活塞杆、缸盖等配合面应作为重点进行精度检验。

3）安装所有的密封件、防尘圈等都应注意安装方向。

4）总装前应在气缸壁、活塞杆等运动配合部位涂上适量的润滑油脂。

5）装配缸盖应注意使两端盖的进气口方向一致，并保证缸筒与端盖之间密封圈的平整度。

6）按对角方向顺序拧紧拉杆螺母，通过外观检查是否有密封件外露。

7）用手拉动活塞杆，手感平滑顺畅后接上调试系统，检测气缸有无外泄漏情况。

8）按技术规范调整缓冲阀，达到气缸运动参数技术要求。

(4) 气缸的调试　使用气缸时，为了了解其制造及其维修后的性能，应按规定的气缸技术性能、测试条件和方法进行试验。规定的试验项目有空载性能、负载性能、耐压性、泄漏和耐久性。其中空载性能、耐压性和泄漏三项是必须进行检验的项目。

如图 8-27 所示是气缸空载性能试验系统。试验时气缸无负载水平放置，在气缸的无杆端和有杆端交替输入规定的试验压力（如 0.1MPa），调节排气单向节流阀开度，改变气缸活塞的速度。要求活塞的平均速度为 50mm/s。检查活塞在全行程运动中平稳运动与爬行的情况。

另外，通过空载性能试验，可测得气缸微速滑动的界限、低压力滑动的界限及气缸的始动压力值。此时，活塞两端放空，只在活塞一侧加气压力。使所加的气压力缓慢上升至活塞开始动作时的最小动作压力，即为气缸的始动压力。始动压力小的气缸，在工作压力下其摩擦力损失必然小，效率高。气缸始动压力大小与密封的预紧力、种类、结构、材料及安装尺寸等多种因素有关。

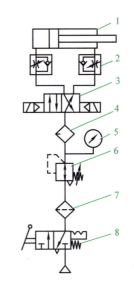

图 8-27　气缸空载性能试验系统
1—试验气缸　2—速度控制阀　3—换向阀
4—油雾器　5—压力表　6—减压阀
7—过滤器　8—气源开关

3. 油雾器的结构与安装、调试要点

(1) 油雾器的作用与结构特点　油雾器是气源三联件之一，油雾器的作用是将润滑油雾化后，注入压缩空气中，并随气流进入需要润滑的部位。油雾器是一种特殊的注油装置，它以压缩空气为动力，将润滑油喷射成雾状，并混合于压缩空气中，使压缩空气具有润滑气动元件的能力。目前气动控制阀、气缸和气马达主要是依靠这种带有油雾的压缩空气来实现润滑的，其优点是方便、干净、润滑质量高。

普通型油雾器的结构与作用过程如图 8-28 所示，压缩空气从油雾器输入口进入后，通过立杆上的小孔 a 进入截止阀 4 的腔内，在截止阀的阀芯 2 上下表面形成压力差，此压力差被弹簧 3 的部分弹簧力所平衡，而使阀芯处于中间位置，因而压缩空气就进入储油杯 5 的上腔 c，油面受压，压力经吸油管 6 将单向阀 7 的阀芯托起，阀芯上部管道有一个边长小于阀芯（钢球）直径的四方孔，使阀芯不能将上部管道封死，压力油能不断地流入视油器 9 内，再滴入立杆 1 中，被通道中的气流从小孔 b 中引射出来，雾化后从输出口输出。视油器上部的节流阀 8 用以调节滴油量，可在 0～200 滴/min 范围内调节。

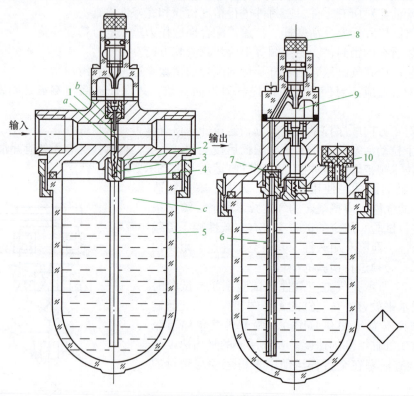

图 8-28　普通型油雾器
1—立杆（小孔 a、b）　2—阀芯　3—弹簧　4—截止阀
5—储油杯（上腔 c）　6—吸油管　7—单向阀　8—节流阀　9—视油器　10—油塞

（2）油雾器的选用、安装与调试要点　主要根据气动系统所需的额定流量和油雾粒度大小来确定油雾器的类型和通径，所需油雾粒度在 $50\mu m$ 左右时，选用普通型油雾器。油雾器一般安装在减压阀之后，尽量靠近换向阀；油雾器进出口不能接反，使用中一定要垂直安装，储油杯不可倒置。油雾器可以单独使用，也可以与空气过滤器、减压阀一起构成气动三联件联合使用。油雾器的给油量应根据需要调节，一般 $10m^3$ 的自由空气供给 $1mL$ 的油量。气动三联件的安装次序如图 8-29 所示。新结构的三联件，目前插装在同一支架上，形成无管化连接，其结构紧凑，装拆及更换元件方便，应用较为普遍。

4. 安全阀的作用、结构原理与调试要点

（1）安全阀的作用　气动系统的安全阀（溢流阀）的主要作用是为防止管路、储气罐等的破坏，限制回路中的最高压力。当管路中压力超过允许压力时，会自动排气使系统压力下降，保证系统工作安全。

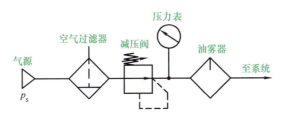

图 8-29 气动三联件的安装次序

（2）安全阀的结构特点与工作原理　如图 8-30 所示为安全阀结构。当系统中的气体压力在调定范围内时，作用在活塞 3 上的压力小于弹簧 2 的力，阀处于关闭状态，如图 8-30a 所示；当系统压力升高达到或超过安全阀的开启压力时，则活塞 3 上移，打开阀门排气，如图 8-30b 所示；当系统压力降至调定范围以下时，阀口重新关闭。图 8-30c 所示为安全阀的图形符号。

（3）安全阀的调整　安全阀是利用作用于阀芯的空气压力和弹簧力相平衡的原理来进行工作的。如图 8-30a 所示，安全阀的开启压力由旋钮 1 调整弹簧 2 的预压缩量确定。气路安全阀由厂家精密定制调节开启压力并封存后使用，非专业人员一般不能调节。

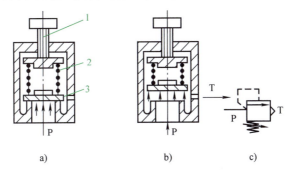

图 8-30　安全阀结构示意图
a）关闭　b）打开　c）图形符号
1—旋钮　2—弹簧　3—活塞

项目 9

部件和整机装配

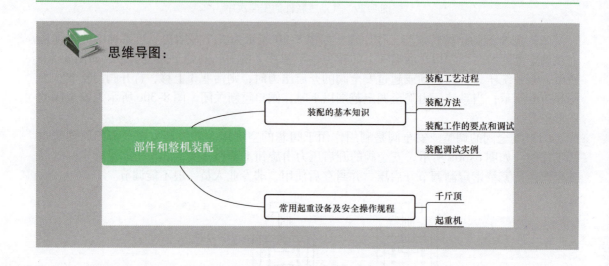

9.1 装配的基本知识

9.1.1 装配工艺过程

将若干个零件结合成部件或将若干个零件结合成最终产品的工艺过程称为装配,后者称为总装。

装配工作,是产品制造过程的后期工作,它包括各种装配的准备工作、部装、总装、调整、检验和试机等。装配质量的好坏,对整个产品的质量起着决定性的作用。通过装配才能形成最终的产品,并保证它具有规定的精度及设计所定的使用功能和质量要求。如果装配不当、不重视清理工作、不按工艺技术要求装配,即使所有零件加工质量都合格,也不一定能够装配出合格的、优质的产品。这种装配质量较差的产品,精度低、性能差、功率损耗大、寿命短,将造成很大的损失。相反,虽然某些零部件的质量并不很高,但经过仔细地修配和精确地调整后,仍能装配出性能良好的产品。因此,装配工作是一项非常重要而又细致的工作,必须认真按照产品装配图,制订出合理的装配工艺规程,采用新的装配工艺,以提高装配精度,达到质量优、费用少、效率高的要求。

产品的装配工艺过程由以下四部分组成:

1. 装配前的准备工作

1)研究和熟悉产品装配图、工艺文件及技术要求;了解产品的结构、零件的作用以及相互的连接关系,并对装配零部件配套的品种及其数量加以检查(如标准件、外购件等)。

2)确定装配的方法、顺序,准备所需的工具。

3)对装配零件进行清洗和清理,去掉零件上的毛刺、锈蚀、切屑、油污及其他脏物,以获得所需的清洁度。

4）对有些零部件还需进行刮削等修配工作，有的要进行平衡试验、渗漏试验和气密性试验等。

2. 装配工作

较复杂产品的装配工作应分为部装和总装两个过程。

1）部装是指产品在进入总装以前的装配工作。凡是将两个或两个以上的零件组合在一起或将几个组件装配在一起，成为一个装配单元的工作，都可以称为部装。

把产品划分成若干装配单元是缩短装配周期的基本措施。因为划分成若干个装配单元后，可在装配工作上组织平行装配作业，扩大装配工作面，而且能使装配按流水线组织生产，或便于协作生产。同时，各装配单元能预先调整试验，各部分以比较完善的状态送去总装，有利于保证产品质量。

2）总装是把零件和部件装配成最终产品的过程。产品的总装通常是在工厂的装配车间（或装配工段）进行的。但在某些场合下（如重型机床、大型汽轮机和大型泵等），产品在制造厂内只进行部装工作，而在产品安装的现场进行总装工作。

3. 调整、精度检验和试运行

1）调整工作是指调节零件或机构的相互位置、配合间隙、结合松紧程度等。其目的是使机构或机器工作协调，如轴承间隙、镶条位置、蜗轮轴向位置的调整等。

2）精度检验包括工作精度检验、几何精度检验等。如车床总装后要检验主轴中心线和机床导轨的平行度误差、中滑板导轨和主轴中心线的垂直度误差以及前后两顶尖是否等高等。工作精度检验一般指切削试验，如车床要进行车圆柱或车端面试验。

3）试运行包括机构或机器运转的灵活性、工作温升、密封、振动、噪声、转速、功率和效率等方面的检查。

4. 喷漆、涂油、装箱

喷漆是为了防止非加工面的锈蚀和使机器外表美观，涂油是使工作表面及零件已加工表面不生锈，装箱是为了便于运输。它们都需结合装配工序进行。

9.1.2 装配方法

为了保证机器的工作性能和精度，在装配中必须达到零部件相互配合的规定要求。根据产品的结构、生产条件和生产批量的不同，为达到规定的配合要求，一般可采用如下四种装配方法：

（1）互换装配法 在装配时各配合零件不经修配、选择或调整即可达到装配精度的装配方法，称为互换装配法。按互换装配法进行装配时，装配精度由零件制造精度保证。

互换装配法的特点如下：

1）装配操作简便，生产率高。

2）便于组织流水线作业及自动化装配。

3）便于采用协作方式组织专业化生产。

4）零件磨损后，便于更换。

但这种方法对零件的加工精度要求较高，制造费用将随之增大。因此，这种装配方法适用于组成件数少、精度要求不高或大批量生产，例如自行车、汽车、电器设备等的装配。

（2）选配法 选配法是将零件的制造公差适当放宽，然后选取其中尺寸相当的零件进行装配，以达到配合要求。选配法又可分为直接选配法和分组选配法两种。

1）直接选配法是指由装配工人直接从一批零件中选择"合适"的零件进行装配。这种方法比较简单，零件不必事先分组。但装配时挑选零件的时间长，装配质量取决于装配工人的技术水平，不宜用于节拍要求较严的大批量生产。

2）分组选配法是指将一批零件逐一测量后，按实际尺寸的大小分成若干组，然后将尺寸大的包容件（如孔）与尺寸大的被包容件（如轴）相配，将尺寸小的包容件与尺寸小的被包容件相配。这种装配法的配合精度取决于分组数，增加分组数可以提高装配精度。

分组选配法的特点如下：

① 经分组选择后零件的配合精度高。

② 因零件制造公差放大，所以加工成本降低。

③ 增加了对零件的测量分组工作，并需要加强对零件的储存和运输的管理。同时会造成半成品和零件的积压。

分组选配法常用于成批或大量生产，装配精度高、配合件的组成数少，不便于采用调整装配法的情况，如柴油机的活塞与缸套、活塞与活塞销、滚动轴承的内外圈及滚子等。

（3）调整装配法　在装配时改变产品中可调整零件的相对位置或选用合适的调整件以保证装配精度的方法，称为调整装配法。如图 9-1 所示为用垫片来调整轴向配合间隙的方法。图 9-2a 所示是通过调节套筒的轴向位置来保证它与齿轮的轴向间隙，图 9-2b 所示是用调节螺钉调节镶条的位置来保证导轨副的配合间隙，图 9-2c 所示是用调节螺钉使楔块上下移动来调节丝杠和螺母间的轴向间隙。

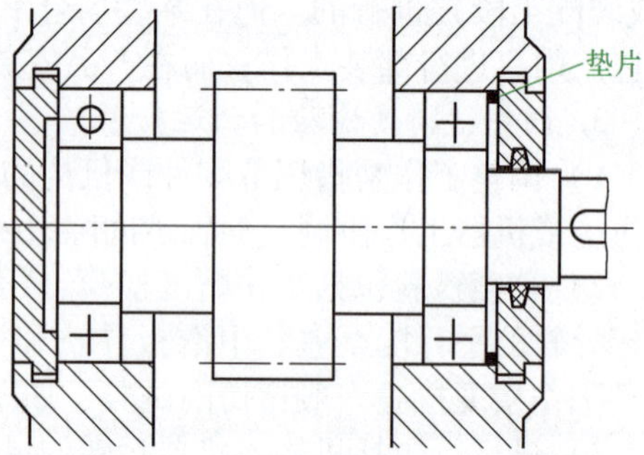

图 9-1　固定调整装配法示例

调整装配法的特点如下：

1）装配时，零件不需要任何修配加工，只靠调整就能达到装配精度。

2）可进行定期调整，故容易恢复配合精度，这对容易磨损或因温度变化而需改变尺寸位置的结构是很有利的。

3）但调整件容易降低配合副的连接刚度和位置精度，所以要认真仔细地调整，调整后，固定要坚实牢靠。

（4）修配装配法　在装配时修去指定零件上预留的修配量，以达到装配精度的方法，称为修配装配法。如图 9-3 所示为通过修刮尾座底板尺寸 A_2 的预留量，使前后两顶尖中心线达到规定的等高度（即允差为 A_0）的方法。

修配装配法的特点如下：

1）零件的加工精度要求较低。

2）不需要高精度的加工设备，而又能得到很高的装配精度。

3）装配工作复杂化，装配时间增加，故适宜在单件、小批量生产，或成批生产中精度要求高的产品中采用。

9.1.3　装配工作的要点和调试

要保证产品的装配质量，主要是应按照规定的装配技术要求去装配。不同产品的装配技术要求虽不尽相同，但在装配过程中有许多工作要点是必须共同遵守的。

1. 做好零件的清理和清洗工作

清理工作包括去除残留的型砂、铁锈、切屑等，对于孔、槽、沟及其他容易存留杂物的地方，尤其应仔细清理。零件加工后的去毛刺、倒角工作应保证做到完善，但要防止因操作鲁莽而损伤其他表面进而影响精度。

零件的清洗工作一般都是不可缺少的，其清洁的程度，可视相配表面的精密性高低而允许有所差别。例如对于轴承、液压元件和密封件等精密零件的清洁程度，要求应十分高。特别要注意的是：对于已经仔细清洗过的零件，装配时若随意拿棉纱再去擦几下，反而是一种不清洁的做法。

2. 做好润滑工作

相配表面在配合或连接前，一般都需加油润滑。因为如果在配合或连接之后再加油润滑，往往不方便和不全面，会导致机器在起动阶段因不能及时供油而加剧磨损。对于过盈连接件，配合表面若缺乏润滑，则当敲入或压合时极易发生拉毛现象。活动连接的配合表面当缺少润滑时，即使配合间隙准确，也常常因有卡滞而影响正常的活动性能，有时会被误认为配合不符合要求。

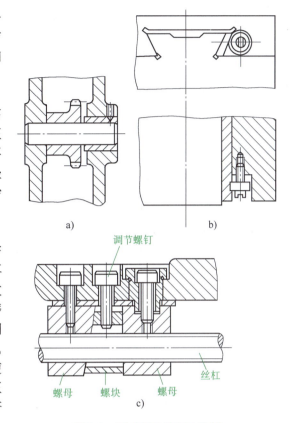

图 9-2 可动调整装配法示例

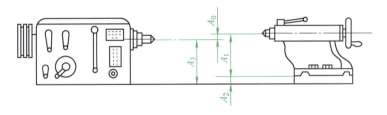

图 9-3 修配装配法示例

3. 相配零件的配合尺寸要准确

装配时，对于某些较重要的配合尺寸进行复验或抽验，这常常是很必要的一项工作，尤其是当需要知道实际的配合是间隙配合还是过盈配合时。过盈配合的连接一般都不宜在装配后再拆下重装，所以对实际过盈量的准确性更要十分重视。

4. 边装配边检查

当所装的产品较复杂时，每装完一部分应检查一下是否符合要求，而不要等大部分或全部装完后再检查，因为装完后再发现问题往往为时已晚，有的甚至不易查出问题产生的原因。

在对螺纹连接件进行紧固的过程中，还应注意对其他有关零部件的影响，即随着螺纹连接件的逐渐拧紧，有关的零部件位置也可能有所变动，此时要防止发生卡住、碰撞等情况，以免产生附加应力而使零部件变形或损坏。

5. 试运行时的检查和起动过程的监视

试运行意味着机器将开始运动并经受负荷的考验，不能盲目行事，因为这是最有可能出现问题的阶段。试运行前，做一次全面的检查是很必要的，例如检查装配工作的完整性、各连接部分的准确性和可靠性、活动件运动的灵活性、润滑系统是否正常等，在确保都准确无误和安全的条件下，方可开机运行。

当机器起动后，应立即全面观察一些主要工作参数和各运动件的运动是否正常。主要工作参数包括润滑油压力和温度、振动和噪声、机器有关部位的温度等。只有当起动阶段各运行指标均正常稳定时，才有条件进行下一阶段的试运行内容。而起动成功的关键在于装配全过程的严密和认真。

9.1.4 装配调试实例

技能训练1　卧式车床尾座的结构与装配、调试

CA6140-1卧式车床的尾座装配图如图9-4所示，装配车床尾座需要释读装配图，分析其主要组成部分的作用与结构特点。

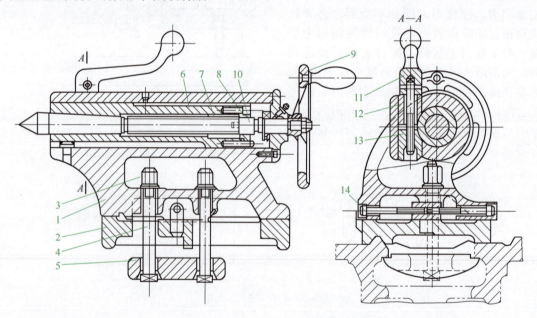

图9-4　CA6140-1卧式车床尾座装配图

1—尾座体　2—尾座垫板　3—紧固螺母　4—紧固螺栓　5—压板　6—尾座套筒　7—丝杠螺母　8—螺母压盖
9—手轮　10—丝杠　11—压紧块手柄　12—上压紧块　13—下压紧块　14—调整螺栓

1. 释读车床尾座的组成

车床尾座由尾座体部分和套筒部分组成。尾座体部分由尾座体、尾座垫板、调整螺栓、压板及紧固螺栓、端面盖板等组成。套筒部分由尾座套筒、丝杠、螺母、传动机构及手轮、锁紧装置及手柄等组成。

2. 解析车床尾座各主要组成部分的作用

（1）尾座体部分　尾座体1通过尾座垫板2与机床导轨配合定位，可沿机床导轨移动；通过紧固螺母3、紧固螺栓4和压板5与机床床身连接锁紧；可以通过调整螺栓14调整套筒轴线的横向位置。

项目 9　部件和整机装配

（2）套筒部分　套筒部分由传动机构和锁紧装置组成。传动机构由尾座套筒 6、丝杠 10、丝杠螺母 7 和手轮 9 等组成。手轮和丝杠连接，螺母与套筒连接，丝杠的轴颈安装推力轴承，与盖板轴孔配合形成回转滑动副，盖板是套筒部件与尾座体的连接件。转动丝杠，通过螺纹传动，可使套筒随内装的螺母沿尾座体套筒孔轴向移动。套筒在尾座体上的锁紧装置由上压紧块 12 和下压紧块 13 及其压紧块手柄 11 组成。顺时针方向扳动压紧块手柄，与手柄通过销连接的锁紧螺杆旋转，通过下压紧块的螺孔内螺纹，使下压紧块上移，实现套筒锁紧；反向扳动手柄，下压紧块下移，上下压紧块处于松开位置，套筒可沿轴向移动。

3. 车床尾座的装配与检测

尾座的关键部件是套筒。虽然尾座的精度主要取决于机加工质量，但如果钳工装配不当，尾座的精度同样会被降低。

尾座套筒经过加工，键槽和油槽两侧会产生毛刺和翻边，这时可将套筒夹在台虎钳上，用锉刀倒角（注意不要划伤套筒的外表面），倒角可稍大些。然后用手检查外圆表面有无隆起或凹坑。套筒两端孔的端面也可用磨石作倒角处理。待清洗干净后，将试配过的丝杠再装上，盖上盖板，并将螺钉孔和销孔加工完毕。套筒和尾座体要配合良好，以手能推入为宜。零件全部装好后，注入润滑油，运动部位的运动要感觉轻快自如。

尾座套筒的前端有一对压紧块，它与套筒有一抛物线状接触面，若接触面积低于 70%，要用涂色法并用锉刀或刮刀修整，使其接触面符合要求。接触表面的表面粗糙度值要尽量低些，防止研伤套筒。为了便于操作，压紧块手柄夹紧后的位置可参考图 9-5。

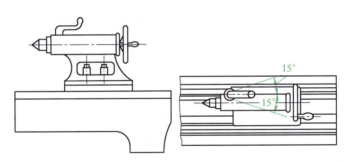

图 9-5　压紧块手柄夹紧后的位置

尾座体与尾座垫板的接触要好，可先将尾座体的接触面在刮研平板上刮出，并以此为准，刮出尾座垫板。刮研尾座体底面时，要经常测量套筒孔中心线与底面的平行度误差。尾座本身的误差和它对于主轴中心线的误差，可通过修刮垫板底部与床身的接触面来保证。

以上两种误差在装配完成时必须进行检测，其检测方法如下：

（1）套筒孔（即顶尖套）与床身（底面）导轨的平行度误差的检测　将尾座固定在床身上，使套筒伸出尾座体 100mm（或最大伸出量的 1/2），并与尾座体锁紧。移动溜板箱，使溜板上的指示表触于套筒的上素线和侧素线，表上反映的读数差即为套筒孔中心线与床身导轨的平行度误差，如图 9-6 所示。

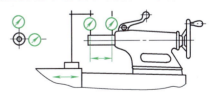

图 9-6　套筒孔中心线对床身导轨的平行度误差的测量

上素线公差：在 100mm 长度内为 0.01mm，只许套筒的前端向上偏。

侧素线公差：在 100mm 长度内为 0.03mm，只许套筒的前端向人操作的方向偏。

（2）主轴锥孔中心线与套筒锥孔中心线对床身导轨的等高度的测量（图9-7） 在车床主轴锥孔中插入一顶尖，并校正其与主轴轴线的同轴度。尾座套筒锥孔中同样插入一顶尖，两顶尖间顶一标准检验棒。移动溜板箱，使溜板上的指示表触于检验棒的上素线，表上反映的读数差即为主轴锥孔中心线与尾座套筒锥孔中心线对床身导轨的等高度误差。为了消除套筒中顶尖本身误差对测量的影响，一次检验后将套筒中的顶尖退出，旋转180°重新插入检验一次，误差值即两次测量结果的代数和之半。上素线公差为0.06mm（只许尾座高）。

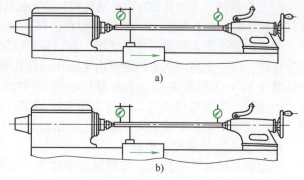

图9-7 主轴锥孔中心线与套筒锥孔中心线对床身导轨的等高度的测量

另一种测量方式如图9-7b所示，分别测量各锥孔中检验棒的上素线，再对照两检验棒的直径尺寸和指示表测量，获得的结果经计算求得。

4. 车床尾座的调整

在车床尾座部件中设置了一些使用调整环节，以CY6140型车床为例，有关的调整内容和方法（图9-8）如下：

（1）工具止动块调定 CY6140机床的尾座套筒锥孔底部装有工具止动快6，装配和使用中应注意锁定止动块，以及带扁尾工具的装入操作方法，防止装入锥孔的工具转动。

（2）横向位置调整 在装配和维修中需要调整尾座横向位置时，可通过螺钉1进行调整。调整前先放松紧定螺钉2，调整结束后再拧紧紧定螺钉。恢复初始位置时，可将凸面块8基本对平。

（3）尾座压紧力调整 尾座纵向移动后，可利用偏心轴迅速压紧，压紧力可通过压紧力调节螺母3和4调节。在尾座载荷较大时，还可利用螺母加压紧固。

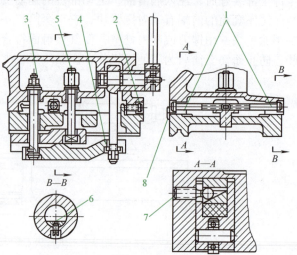

图9-8 车床尾座调整方法
1—横向移位调节螺钉 2—尾座横向位置紧定螺钉
3、4—压紧力调节螺母 5—加压紧固螺母 6—工具止动块 7—浮动量调节螺钉 8—凸面块

（4）浮动量调整 在松开压紧手柄后，尾座利用四个带有弹性支座的滚动轴承使整个部件在床身导轨上浮起0.05~0.15mm，从而减小整个尾座在机床导轨上移动的推动力。浮动量可通过螺钉7调节。由于浮动调整量比较小，为保证尾座与床身的接触精度，又避免压碎轴承，调整应在尾座卡紧时进行。

技能训练2 车床回转刀架的结构与装配、调试

1. 释读车床回转刀架的结构组成

如图9-9所示，车床回转刀架组合件是车床安装刀具、直接承受切削力、使刀架移动和转动角度的部件，主要包括刀架转盘 3、刀架定位滑座 4、方刀架 5 三个主要零部件。刀架是安装刀具的部件，要求：转位准确，紧固可靠，以保证加工时刀具重复定位的准确性；主要零部件各结合面之间应保持正确的配合，刀架的移动应达到规定的直线度要求，并保证刀架的刚性。

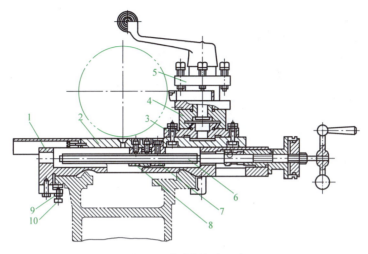

图 9-9　车床滑板与刀架

1—大滑板　2—中滑板　3—刀架转盘　4—刀架定位滑座　5—方刀架
6—横向进给丝杠　7、8—螺母　9—锁紧螺母　10—镶条调节螺钉

（1）刀架组合件主要组成零部件的结构特点

1）刀架转盘。刀架转盘 3 下部是盘状结构，底面中部是回转定位圆柱体，回转面与中滑板的回转定位孔具有配合精度要求，以保证刀架的回转精度。耳部有穿装紧固螺栓的螺孔。刀架转盘的上部是与刀架上滑板配合的凸燕尾导轨。前端部的凹腔有螺钉孔用于安装紧固传动副的螺母座。

2）刀架定位滑座。底部有凹形燕尾导轨面，与转盘燕尾导轨配合，形成移动滑动副。一侧倾斜，具有配装镶条的空间位置，镶条大端位置设有安装调节螺钉的螺孔。上平面与方刀架底面配合，设有圆柱凸台与刀架底部定位孔配合，保证刀架的回转精度。凸台中部有穿孔，装配方刀架中心轴。上部平面上设有以中心轴孔为基准的圆周等分位置刀架回转定位孔，用以钢球的粗定位和插销的精定位，保证刀架转位的定位精度。

3）方刀架。方刀架体中心有通孔，与刀架上滑板上的凸圆柱体配合，中部有圆柱形凹腔，提供中心轴上装配的各转位控制零件运动空间。一侧有配装定位销的销孔，另一侧有配装钢球等的螺孔、台阶穿孔。四周中部的直槽安装刀具，上部有多个装配紧固刀具螺栓的螺孔。顶面有装配紧固盖板螺栓的螺孔。

（2）方刀架组件主要零件的结构特点　如图 9-10 所示，方刀架组件由刀架体、中心轴、定位销、凸轮块、内外套筒、挡销、弹簧、盖板、手柄等组成。

1）中心轴。中心轴是实心轴，一端是台阶定位圆柱，与刀架上滑板定位台阶圆柱孔配合定位。中部是光轴，装配凸轮块、套筒。另一端是外螺纹，与手柄螺孔配合，用以将方刀架紧固在刀架上滑板上。

2）凸轮块。凸轮块是台阶套筒结构，上端面有锯形齿爪，下部有台阶式环状凸轮块，与扇形缺口相连。凸轮块的一端有螺旋面，用于拔出定位销，扇形缺口的一侧肩部可通过挡销带动刀架体转动，另一侧肩部与挡销相碰，可使锯齿形离合器打滑。凸轮块的内孔与中心

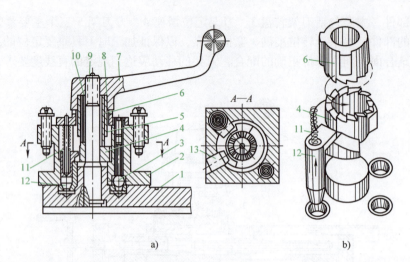

图 9-10　方刀架结构
a）装配图　b）定位机构示意图
1—刀架上滑板　2—刀架体　3—钢球　4—凸轮块　5—外套筒　6—内套筒　7—手柄　8—固定销
9—中心轴　10—弹簧　11—定位销弹簧　12—定位销　13—挡销

轴配合形成转动滑动副，保证凸轮块的回转精度。

3）套筒。内套筒下部为与凸轮块上部端面锯形齿结合的锯形齿爪，构成逆时针方向结合，顺时针方向脱开的单向作用离合器。外圆是与外套筒内花键滑动配合的4齿矩形外花键，构成滑移式花键连接。内孔与中心轴配合，形成回转滑动副。外套筒与内套筒以花键连接，外圆与手柄内孔配合，并用固定销固定。

4）盖板。盖板设有装配调整定位销和钢球弹簧压力螺钉的螺孔，装配与刀架体连接紧固螺栓的穿孔。为了避让刀具紧固螺栓，盖板在刀具紧固螺栓的位置有圆弧形的缺口，中间的孔与外套筒间隙配合。

5）定位销。定位销的下部是圆锥部分，用于定位销和刀架上滑板定位孔的定位配合；中部是圆柱部分，与刀架体销孔具有精度较高的间隙配合，是确定刀架转位精度的主要配合部位之一；上部有与凸轮块接触的凸肩，在凸轮块动作时，将凸轮块的转位动作转换为定位销的轴向位移，实现定位销脱离定位孔的位移动作；顶部有穿装弹簧的圆柱孔，用于确定弹簧与定位销的位置，并传递弹簧作用力，使刀架转位后定位销能在弹簧力作用下插入刀架上滑板的定位孔。

2. 解析方刀架转位过程

刀架转位动作过程如图9-10所示，刀架体2中心有通孔。与刀架上滑板1上的凸圆柱体配合。利用钢球3和定位销12定位。手柄7和中心轴9用螺纹连接，拧紧手柄7可使刀架体2压紧在刀架上滑板1上。中心轴9上套有凸轮块4和内套筒6，两者之间有单向端面齿爪，由弹簧10使它们处于啮合状态。内套筒6以花键与外套筒5连接，而外套筒5用固定销8与手柄7连接。

当需要转位时，将手柄7逆时针方向转动，通过套筒5、6和单向锯齿形离合器使凸轮块4转动，凸轮块4端部的螺旋面使定位销12从定位孔中退出，手柄7继续转动，凸轮块4的缺口肩部碰到固定在刀架体上的挡销13，通过挡销13带动刀架体2转动，钢球3从定位孔中滑出。

当刀架体2转动到所需位置时，钢球3便进入另一个定位孔中，实现粗定位。然后反转手柄7，凸轮块4也往回转动，使定位销12沿螺旋面向下位移，与凸轮块4脱离，在定位销弹簧11的作用下，使定位销12插入新的定位孔中，实现刀架转位的精确定位。手柄7继续转动，在弹簧10的作用下，依靠摩擦力使凸轮块4继续转动，当凸轮块4的缺口另一侧肩部与挡销13相碰时，凸轮块4不能转动，此时内套筒6与凸轮块4端面的单向离合器打滑，手柄7可继续转动，将刀架体2夹紧在刀架上滑板1上。

3. 方刀架组件装配主要步骤和注意事项

（1）装配的主要步骤与内容（图9-10）

1）装中心轴。在上滑板上装中心轴，与轴孔配合，配作加工固定螺栓穿孔与螺孔，将中心轴连接固定在上滑板上。

2）装定位孔套圈。在上滑板上压入装配定位销孔的套圈，套圈的端面应略低于上平面。

3）装定位销。在刀架体上定位销孔内装入带凸肩的定位销。

4）装挡销。在刀架体上装挡销，注意控制挡销的伸出长度，以免影响凸轮块的安装和回转。

5）装定位钢球。在上滑板上一个定位孔中放定位钢球。

6）装刀架体。将刀架体中心孔装入上滑板定位圆柱，使钢球对准刀架体底面上的钢球台阶孔位置。中心孔与定位圆柱间隙配合符合精度要求。

7）装凸轮块。将凸轮块装入中心轴，并使缺口圆周位置对准挡销和定位销凸肩。凸轮块的轴孔与中心轴间隙配合符合精度要求。

8）装套筒。将外套筒内花键对准内套筒外花键进行花键连接装配，两套筒之间能轴向滑动。将内、外套筒装入中心轴，内套筒孔与中心轴间隙配合符合精度要求，端面齿爪与凸轮块的齿爪构成单作用锯齿形离合器。

9）装离合器弹簧。在外套筒、内套筒和中心轴之间形成的环槽内装入离合器弹簧。

10）装定位销弹簧和钢球弹簧及其定位调节螺钉。在盖板的螺孔中装入定位销弹簧和钢球弹簧的定位调节螺钉，并将弹簧套装在弹簧定位圆柱上。

11）装盖板。将盖板孔装入外套筒，注意将定位销弹簧装入定位销顶部的定位孔中；将钢球弹簧装入刀架的钢球弹簧孔中。用螺栓将盖板连接紧固在刀架体上。

12）装手柄。装入盖板与手柄之间的调整垫片，将手柄内螺纹装入中心轴头部螺杆。旋转手柄将刀架体紧固在上滑板上时，手柄应处于图样规定的操作位置，若有偏差，可通过改变调整垫圈的厚度，使手柄达到图样规定的位置要求。确定位置后，配作手柄与外套圈之间的连接固定销销孔，装入固定销。

（2）装配注意事项

1）注意零件的清洁度。各结合面应清洁无毛刺，表面无磕碰毛等现象。

2）配合面装配应加润滑油。在定位套压入上滑板定位孔、中心轴装入上滑板轴孔时，应注意在结合面上加适量的润滑油。

3）注意滑动配合面之间的间隙和灵活性。凸轮块与中心轴、内套筒与中心轴、内套筒与外套筒、刀架体中心孔与上滑板定位圆柱都是滑动副，应注意配合间隙符合精度要求，确保滑移或转动的灵活性。

4）注意弹簧的自由高度和作用力。在方刀架组件中，有定位销弹簧、钢球弹簧和离合器弹簧，需要注意弹簧的自由高度和压缩量，使弹簧的作用力控制在技术要求规定的范围内。在装入弹簧的过程中，应注意避免弹簧的变形和损坏。

5）注意手柄紧固刀架状态的位置调整。通过调整垫圈的厚度可以调整手柄紧固刀架体的位置，调整时可根据中心轴头部螺杆的螺距和需要调整的角度进行换算。例如螺杆的螺距为 2mm，需要调整的角度为 30°，此时垫圈厚度的调整值为 2mm×30°/360°=0.167mm。

4. 刀架组合件装配步骤和注意事项

（1）刀架组合件装配的主要步骤和内容

1）方刀架组件装配后，应检查刀架转位定位的复位精度。

2）在刀架上滑板上装传动螺杆、刻度盘、手柄。

3）在转盘上装螺母。

4）将刀架上滑板燕尾装入转盘燕尾导轨，丝杠旋入螺母，装入镶条，用调节螺钉调节大小端位置，达到导轨间隙要求。

5）调整丝杠的轴向间隙，丝杠螺母副达到传动精度要求。

6）将刀架组合件与横向滑板用螺栓连接紧固。装配时，将紧固螺钉装入横向滑板的梯形环槽内，并套入转盘两侧的螺栓穿孔内，用螺母紧固。转盘与横向滑板以转盘上的定位心轴和横向滑板上的轴孔配合定位，保证转盘（方刀架组件）的回转精度。

（2）刀架组合件装配的注意事项

1）刀架上滑板与转盘导轨及其镶条的配合应通过补充加工中的刮研保证配合精度。在装配过程中，可对镶条进行进一步的刮研，以保证导轨的配合间隙和导向精度。

2）刀架上滑板与转盘的传动机构是丝杠螺母副，应具有螺纹配合精度，丝杠轴颈定位孔的轴线应与导轨平行，螺母内螺纹的中心线应与导轨平行，并与丝杠同轴。

3）为了便于装配，可在上滑板上装入中心轴后，先进行上滑板、转盘的导轨镶条和传动机构装配，再进行刀架组合件的装配。

4）刀架组合件转盘与横向滑板上角度刻线的零线位置可在装配后，检测刀架上滑板与机床主轴平行位置时在转盘上刻出。

5）刀架组合件装入后，应检测装配精度，检测的方法如图 9-11 所示。检测时将百分表固定在上滑板上，百分表测头与装入主轴锥孔的检测标准棒的上素线接触，移动上滑板，百分表的示值变动量应在 0.03mm/100mm 以内。检测时注意借助横向滑板，使百分表测头测得标准棒的最高点，避免精度检测误差。

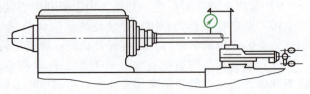

图 9-11　刀架上滑板移动对主轴轴线的平行度检测

5. 刀架组合件补充加工的刮研工艺要求

（1）方刀架的刮研工艺要求　方刀架其他各面通常采用磨削加工，对于与刀架上滑板的接触表面，用刀具夹紧螺钉在夹持刀具时容易使表面变形，并由此影响刀架上滑板与刀架转盘导轨之间的配合精度，因此在刮研该面时，应在方刀架上夹持刀具的条件下进行刮研，并应使四个角上的接触点软一些。刮研的基准工具是标准平板。刮研的精度要求如下：

① 平面度公差为 0.02mm。

② 接触点：每 25mm×25mm 中有 8~10 研点。

③ 四个角上用 0.03mm 塞尺不得塞入。

（2）刀架上滑板的刮研工艺要求　如图 9-12 所示，导轨面 2 通常在标准平板上刮研，导轨面 6、7 用角度直尺刮研，或按刀架转盘的燕尾导轨 5、4（图 9-13）配刮至要求。表面 1 通常用方刀架底面进行对研配刮（刀架仍处于夹持刀具的状态下）。刮研的精度要求如下：

① 刀架上滑板表面 1 对定心轴颈的垂直度公差为 0.05mm/全长。该项测量若是表面 1

和方刀架底面进行对研配刮的，可不予检测。

② 导轨面 2 对表面 1 的平行度公差为 0.05mm。

③ 导轨面 6、7 的直线度公差为 0.03mm。

④ 导轨面 1、2、6 的接触点为每 25mm×25mm 中有 8～10 研点。

⑤ 导轨面 7 的接触点为每 25mm×25mm 中有 4～6 研点。

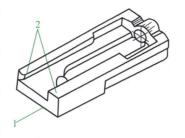

图 9-12　刀架上滑板刮研面

（3）刀架转盘的刮研工艺要求　如图 9-13 所示，回转面与刀架上滑板表面 1 进行转研配刮至要求，导轨面 3 用刀架上滑板对研配刮至要求。导轨面 4、5 用角度直尺进行拖研刮削，或用刀架上滑板拖研刮削至要求。刮研的精度要求如下：

① 刀架转盘导轨面 3 对回转面的平行度公差为 0.02mm/全长。

② 导轨面 4、5 的平行度公差为 0.02mm。

③ 导轨面 3、4、5 以及回转面的接触点为每 25mm×25mm 中有 8～10 研点。

（4）镶条的刮研及加工工艺要求　镶条的刮削余量放在大端处，余量为镶条配合长度的 15%～20%。镶条的粗刮先在平板上进行，然后放入刀架上滑板与燕尾导轨 5 进行配刮，与

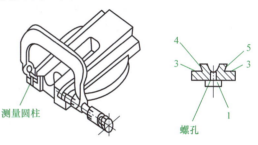

图 9-13　刀架转盘刮研面

导轨面 4、5 的精刮同时进行，精刮后切去两端的多余长度。镶条的补充加工工艺技术要求如下：

① 大端应放长 15～20mm 的配装调整余量。

② 镶条滑动面拖研接触点为每 25mm×25mm 中有 8～10 研点。

③ 接触面之间的间隙用 0.04mm 塞尺检查，插入长度不大于 20mm。

6. 车床刀架组合件的调试

车床刀架组合件调试的主要内容是方刀架转位过程和转位精度，调试中注意检测如下与转位精度有关的主要环节：

1）刀架体销孔与定位销圆柱部分的配合精度。

2）刀架体中间通孔与上滑板凸台圆柱的定位配合精度。

3）定位销头部圆锥体与定位锥孔的配合精度。

4）上滑板上定位锥孔的位置精度，如分布圆与凸台圆柱轴线的同轴度、定位孔的等分精度等。

5）刀架体底面与上滑板上平面的平面度和刮研接触点精度。

技能训练 3　台式钻床的结构与带传动的装配、调试

1. 解析台式钻床的结构组成及作用

（1）台式钻床的基本结构组成　参见项目 4 的有关内容。

（2）台式钻床带传动装置的结构（图 9-14～图 9-16、表 9-1）

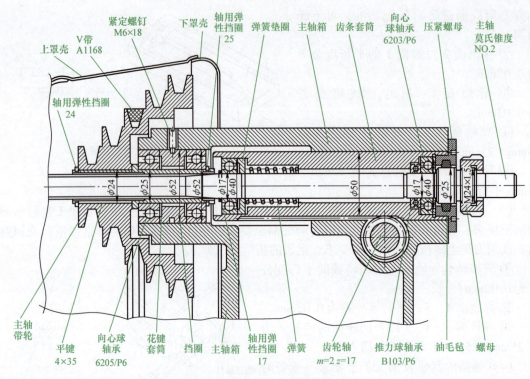

图 9-14 台式钻床主轴结构图

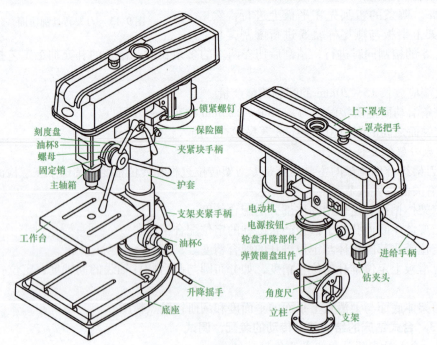

图 9-15 带工作台台式钻床

项目9 部件和整机装配

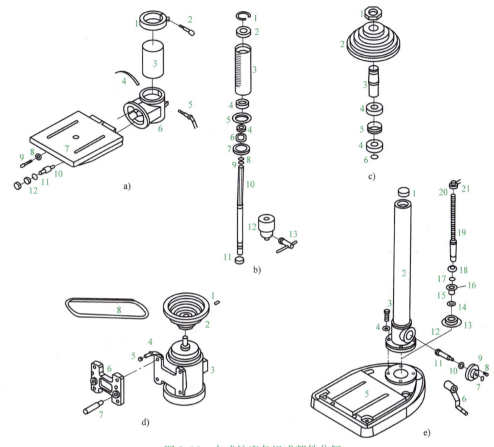

图 9-16 台式钻床各组成部件分解
a）工作台部件　b）主轴套筒部件　c）花键套部件　d）电动机部件　e）立柱底座部件

表 9-1　台式钻床各部件组成零件（图9-16）

部件	序号	零件名称及规格	部件	序号	零件名称及规格	部件	序号	零件名称及规格
工作台部件	1	保险圈	主轴套筒部件	1	内挡圈40	立柱底座部件	1	立柱塞
	2	方头螺钉 M12×65		2	2-轴承 6203		2	立柱
	3	护套		3	套筒		3	4-螺钉 12×40
	4	角度尺		4	缓冲垫		4	4-垫圈 12
	5	支架夹紧手柄		5	垫圈		5	底座
	6	支架		6	套		6	升降摇手
	7	工作台		7	固定套		7	挡圈 15
	8	螺钉垫圈		8	挡圈 17		8	4-螺钉 M5×16
	9	方头螺钉 M10×40		9	调整片		9	油杯 6
	10	双头螺钉		10	主轴		10	推力轴承 51102
	11	垫圈 16		11	主轴螺母		11	锥齿轮
	12	2-螺母 M16		12	钻夹头		12	4-螺钉 M4×12
				13	钥匙		13	支承端盖
花键套部件	1	挡圈 24	电动机部件	1	螺钉 M6×14		14	推力轴承 51102
	2	主轴轮		2	电动机轮		15	锥齿轮
	3	2-平键 A4×12		3	电动机		16	圆锥销×30
	4	花键套		4	4-螺栓 M8×20		17	挡圈 20
	5	2-轴承 6205-2Z		5	4-垫圈 8		18	轴承 6204
	6	外隔圈		6	电动机座		19	升降丝杠
	7	挡圈 25		7	2-电动机销		20	螺钉 M4×8
				8	胶带 A-1014		21	升降螺母体

1)带轮的结构为塔型V带轮,有五条带轮槽,因此用一根V带传动,变位后可实现五种不同的转速。

2)根据电动机输出轴和台钻主轴带轮安装的位置,台式钻床主轴的转速从上到下由快到慢逐级变换。

3)带轮与电动机输出轴和台式钻床主轴的内花键衬套均采用孔轴间隙配合,平键连接,轴端用紧定螺钉、挡圈锁定带轮轴向位置。

4)带轮的倾斜角和轴向偏移量由电动机轴与台式钻床主轴的相对位置精度确定。

5)带轮的中心距按V带的基准长度确定,台式钻床通常采用调节电动机主轴与台式钻床主轴中心距的方法来调节V带的张紧力。

2. 带传动装置的装配

(1)拆卸要点 拆卸前断开台式钻床的电源。

1)拆卸台式钻床罩壳时,旋下罩壳把手,卸下台式钻床上罩壳。

2)拆卸V带时,注意从塔轮的大端向小端进行,并注意防止V带扭转时的损伤。

3)松开电动机侧带轮与轴端的紧定螺钉,用专用工具卸下带轮。

4)用卡簧钳卸下台式钻床主轴侧带轮的轴用弹性挡圈,卸下带轮。

(2)装配要点 装配前应对带轮、V带、轴用弹性挡圈、紧定螺钉等进行精度检测。安装新的V带时应注意核对V带的型号。对电动机的输出轴和台式钻床主轴安装带轮的轴套也应进行精度检测。随后,按拆卸的方向顺序进行装配,并对带传动机构按装配要求进行检测调整(具体内容参见项目7中V带传动机构的装配要求),保证带轮机构装配后带轮的径向和轴向圆跳动量、带轮的倾斜角和轴向偏移量、带轮工作表面的表面粗糙度、V带的张紧力达到规定的技术要求。

技能训练4 砂轮机的结构与主轴部件的装配、调试

1. 解析砂轮机的结构组成及其作用(图9-17、图9-18)

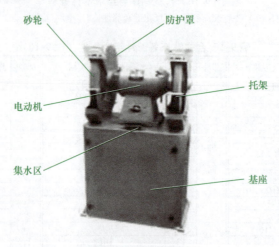

图9-17 砂轮机外形图

(1)电动机组件 如图9-18所示,电动机组件包括电动机端盖9、17,轴承10、16,转子11,定子12,电动机筒13,开关14和机座15等。电动机通过开关接通电源后,通过旋转的转子带动安装在转子轴两端的砂轮,其一端通过开关、电气线路与电源连接,把电磁能转换成机械能,其旋转动力通过转子输出。

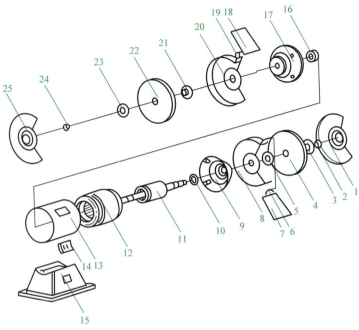

图 9-18　砂轮机的结构分解图

1、25—砂轮盖　2、24—螺母　3、23—砂轮外夹板　4、22—砂轮　5、21—砂轮内夹板　6、19—镜片夹
7、18—护目镜　8—砂轮罩（右）　9、17—电动机端盖　10、16—轴承　11—转子　12—定子　13—电动机筒
14—开关　15—机座　20—砂轮罩（左）

（2）主轴　砂轮机的主轴是与电动机转子轴的组合结构件。主轴的中部是电动机转子，两端是可以安装轴承、砂轮的轴颈及其安装紧固螺母的螺纹。值得注意的是，主轴两端紧固螺母的螺纹旋向是不同的，以保证两端安装的砂轮能在磨削力的作用下不发生松动。

（3）砂轮组件　砂轮是砂轮机进行磨削的主要构件，为了达到砂轮的安装使用要求，砂轮组件包括砂轮、左右砂轮罩和砂轮盖、砂轮内外夹板等。

（4）砂轮机辅件　砂轮机的辅件包括基座、护目镜和镜片夹、托架、冷却水箱等。护目镜与镜片夹属于安全防护的装置，托架主要用于依托磨削工件，冷却水箱用于冷却磨削工件。基座属于整个砂轮机的安装基础。

2．砂轮机主轴部件的装配与调试

砂轮机主轴部件的拆卸、装配通常是在发生主轴运转声音不正常、有异常噪声的故障后进行的。

（1）砂轮机主轴的拆卸　应在断开电源的状态下进行。

1）拆卸时注意两端按不同的松开方向旋转螺母，随后依次拆卸砂轮盖、螺母、砂轮外夹板、砂轮、砂轮内夹板、砂轮罩（注意保护镜片夹和护目镜）。

2）电动机转子拆卸。

① 根据电动机端盖与电动机筒的定位连接部位特点，拆卸两侧端盖前，必须在电动机筒与端盖止口的接缝处用小扁錾轻轻打出骑缝复位标记。

② 松开电动机端盖与电动机筒的紧固螺钉。

③ 由于电动机筒与电动机端盖的接缝比较紧密，直接取下端盖比较困难，可采用小扁錾沿接缝四周将接缝逐步铲开，待接缝较宽时再用螺钉旋具 或小扁錾将端盖撬开。对于有顶丝孔的端盖，可将卸下的螺钉旋入两顶丝孔中，然后同时或交替将螺钉拧入，逐步将端盖

顶出。

④ 电动机转子从定子中移出应仔细，不能有任何碰、擦，以免损伤定子和转子的表面。

(2) 电动机滚动轴承的拆卸和检测

1) 滚动轴承的拆卸。当需要更换轴承时需拆卸轴承。若轴承本身无故障而只是清洗换油，可不必拆卸而连轴清洗。轴承拆卸的方法较多，下面是两种常用的拆卸方法。

① 用拉具拆卸轴承。拉具大小要适宜，拉爪应扣在轴承的内圈上，扣不稳时，可用铁丝将爪脚绑紧，拉具的丝杠顶点应垂直对准顶针孔，扳转要慢，用力要均匀，并注意防止顶针孔被拉毛。

② 用铜棒拆卸。拆卸时，用铜棒的一端顶住轴承内圈，再用锤子敲击铜棒尾端将轴承敲出。敲击时，要沿轴承内圈四周相对的两侧均匀敲打，不可只敲一边，且用力不宜过猛。

2) 滚动轴承的清洗和润滑脂添加。

① 若轴承润滑脂干涸、变色，即润滑脂有特殊臭味且黏度降低或混有杂质时，须清洗轴承并更换润滑脂。轴承润滑脂主要根据工作环境温度和湿度选用。小型电动机常用润滑脂见表9-2。

② 轴承可用毛刷或纱布蘸煤油、汽油或专用清洗液清洗。清洗前先把轴承中的废脂挖出，然后边浇油边转动轴承将残留的润滑脂洗净，干净的轴承内圈孔壁应没有任何杂物。

3) 滚动轴承的更换。

① 将轴承清洗干净之后，如果发现滚珠锈死或有麻点锈斑、滚珠剥落不圆、轴承内外圈槽内有压痕时应更换。

表9-2　小型电动机常用润滑脂

名称	钙基润滑脂				钠基润滑脂		钙钠基润滑脂		复合钙基润滑脂				复合铝基润滑脂	二硫化钼润滑脂
牌号	SYB 1401-62				SYB 1402-62		SYB 1403-59		SYB 1407-59					HSY-101 HSY-103
序号	1	2	3	4	1	2	1	2	1	2	3	4		
最高工作温度/℃	70	75	80	85	120	140	110	125	170	180	190	200	200	200
最低工作温度/℃	-10				-10		-10		-10					-40
抗水性	不易溶于水，抗水性较强				易溶于水，亲水性强		抗水性弱		抗水性强				抗水性强	抗水性强
外观	黄色到暗褐色软膏状				深黄色到暗褐色软膏状		黄色到深棕色软膏状		淡黄到暗褐色光滑透明软膏				黄褐色软膏状	灰色或褐色光泽软膏状
适用电动机	适用于封闭式电动机				适用于开启式电动机		适用于开启式或封闭式电动机		适用于封闭式电动机				适用于开启式或封闭式电动机	高温及严重潮湿场合，适用于湿热带电动机

② 如果未将轴承卸下，可用手来回转动轴承外圈，有上述缺陷的轴承会有不均匀的阻滞感觉，用手快速拨动轴承外圈，使其自由转动，会有不均匀的杂声。正常的轴承应没有杂声，只有均匀的嗡嗡声。

③ 用双手捏住轴承外圈（若轴承已卸下则应捏住轴承内圈）前后拨动，若有明显的晃动时，说明轴承内部磨损过度，应更换轴承。

4）电动机的机械故障检查。

① 检查机座、端盖及其他配件是否完好：若发现缺件，应配齐；若发现零部件有裂纹或缺损，应予修理。

② 检查转子轴：主要是检查转子轴是否有断裂、弯曲或磨损。

③ 检查定子、转子是否相擦：用手抓住轴的伸出端慢慢转动，若转到某一位置时感到吃力并伴有摩擦声，则说明定子、转子相擦，应拆开电动机查明原因。

④ 检查转子是否窜轴：用手推、拉轴的伸出端，若有窜轴现象应按下面有关转子窜轴的处理办法处理。

（3）电动机转子轴的装配和检测调试

1）电动机转子轴的装配。按电动机转子轴拆卸的反向顺序装配，注意转子轴装入的方向。电动机端盖按标记位置进行装配。

2）电动机装配质量对运行的影响。

① 定子、转子气隙不匀。由于未按复位标记装配，会使定子、转子气隙不匀，甚至会造成定子、转子相擦（俗称扫膛）。定子、转子气隙不匀会导致三相电流不平衡，严重时还会出现较大的单边磁拉力使电动机振动；如果定子、转相擦，会使铁心因摩擦发热而烧毁绕组，严重的定子、转子相擦会使转子根本无法转动。

② 轴承盖磨轴。由于轴承盖活动空间较大，装配时稍不注意就会使其内孔与轴接触，运行时会因摩擦使轴和盖都发热。

③ 转子窜轴。电动机转子窜出定子铁心，发生轴向位移称为转子窜轴。正常情况是定子、转子铁心两端应对齐或转子稍短于定子铁心的长度。转子铁心窜出定子铁心达5mm及以上时，电动机的三相空载电流会明显增大，这样不但会降低电动机的效率，而且带上负载后，定子电流会超过额定值而使电动机温升超出额定值。转子窜轴严重时，根本无法带动负载运行。

转子轴向窜动的原因有两个：一是转子被装反；二是因轴发生前后自由窜动，这是由于端盖的轴承孔经多次拆装变大造成的。处理的办法是：在装轴承外盖之前，在一个或两个端盖轴承孔内垫进一个适当厚度的挡圈。在拆装电动机时，若发现这样的挡圈应妥善保存，装配时应按原位置安装挡圈。

（4）砂轮机主轴的装配和调试

1）装配要点。电动机转子、轴承、端盖装配完成后，应接通电源按规范进行电动机试运行。随后进行砂轮机的主轴装配，按拆卸的反向顺序进行。装配前应对砂轮罩、砂轮盖、砂轮、砂轮内外夹板、护目镜、镜片夹等进行检查，不合格的构件应进行更换。最后拧紧螺母时，应注意拧紧的方向。

2）调试要点。

① 检测砂轮内孔与主轴配合的间隙不大于0.10mm。

② 检测砂轮内外夹板直径不得小于砂轮直径的1/3。

③ 托架和挡板与砂轮之间间隙在3mm内，并略低于砂轮中心。

④ 砂轮机的旋转方向应使磨屑向下飞离砂轮。

技能训练5　冷却泵的结构与装配、调试

1. 解析机床用冷却泵的结构组成及其作用

如图9-19所示，机床冷却泵的结构组成及其作用如下：

（1）电力驱动部分　主要是电动机，包括电动机电源接线盒、电动机泵轴端盖等，其主要作用是提供冷却泵的动力。

(2) 辅助装置部分　主要是安装连接板及连接支承电动机、管道、离心泵体的连接件等，其主要作用是保持冷却泵动力部分与离心泵部分的相对位置，便于冷却泵与机床切削液储存部位、电气线路、输出管路的连接等。

(3) 离心泵　离心泵是指靠叶轮旋转时产生的离心力来输送液体的泵，其主要作用是将一定扬程、流量的切削液从储存部位通过管路输送到机床的冷却管道，由手动液体控制阀控制，并对加工部位进行冷却。

2. 单级离心泵的结构特点

如图9-20所示为单级卧式离心泵的结构。

(1) 单级离心泵的结构

1) 基本结构。叶轮1安装在轴6的端部，轴由两个滚动轴承7支持。为了防止外界空气进入泵的低压区域，用填料4（常用石墨石棉绳）加以密封。填料由压盖5压紧，其压紧程度应适当，太松达不到密封效果，太紧将增加轴和填料的摩擦，一般以液体从泵内通过填料密封处，每分钟漏出10滴左右为宜。为了防止空气进入泵内，在填料之间还装有水封环3，通过小孔2吸引来自叶轮出口处带一定压力的液体，将轴间缝隙更好地密封。

2) 减轻轴向推力的结构。由于叶轮两侧的液体压力是不相等的，叶轮进口一侧的压力较低，而另一侧受到的是从叶轮出口排出的液体压力。显然，因两侧压力不平衡会产生轴向推力，当轴向推力较小时，可由轴承承受，但为了减轻轴承的轴向推力负荷，通常都在结构上考虑设置平衡孔或平衡盘。如图9-20所示，在单级离心泵的叶轮近中心部位的右侧板上开有小孔2，使液体与叶轮的两侧直接相通。这样可以降低叶轮出口一侧的液体压力，从而使部分平衡轴向推力，其余部分则由滚动轴承承受。

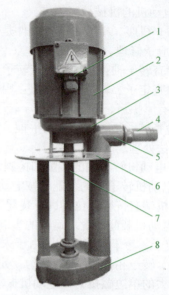

图9-19　机床冷却泵外形结构

1—电源接线盒　2—电动机　3—电动机泵轴端盖
4—管接头　5—液体输出管道
6—安装连接板　7—泵轴　8—离心泵

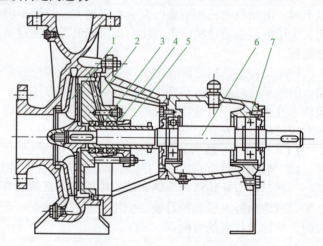

图9-20　单级卧式离心泵结构

1—叶轮　2—小孔　3—水封环　4—填料
5—压盖　6—轴　7—轴承

(2) 离心泵的工作原理　离心泵是依靠高速旋转叶轮而使液体获得扬程的。如图9-21a所示，当泵充满液体时，由于叶轮3的高速旋转，叶轮叶片之间的液体受到叶片的带动而跟随旋转，在离心力作用下，不断从中心流向四周，进入蜗壳2中，然后通过排出管1排出。当液体从中心流向四周时，在叶轮中心部位形成低压（低于大气压力），在大气压力作用下，液体便从吸入管 4 进入泵内，补充被排出的液体。叶轮不断旋转，离心泵便连续地吸入和排出液体。

液体被叶轮带动旋转而获得能量，由于通过蜗壳的作用，其中一部分由动能转变为势能（压头），故离心泵既能输送液体，也可提高液体的扬程。

离心泵在工作前，泵中心须预先灌满液体，把泵中空气排出。若泵中存在空气，工作时无法形成足够的真空度，液体就不能被吸入或流量较小。在离心泵的进口端一般都装有底阀 5（止回阀），以保证预先灌入液体时不致泄漏，如图 9-21b 所示。

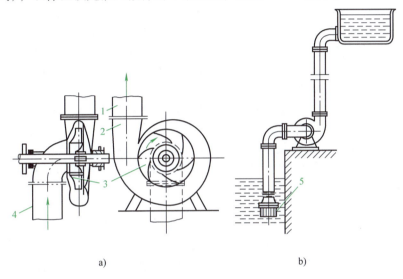

图 9-21 离心泵的工作原理图
1—排出管　2—蜗壳　3—叶轮　4—吸入管　5—底阀

（3）离心泵的操作方法

1）离心泵在起动前，必须灌满液体。

2）将排出口管路上的控制阀门关闭，以减轻起动时原动机的负荷和泵自身所受的负荷，同时可防止起动不成时叶片产生反转的现象。叶轮反转不仅使转子承受较大的冲击负荷，而且因电动机反转可能造成烧坏事故。

3）离心泵从起动到转速正常后，可逐渐开启出口阀门，直到满足所需的流量。

4）在关闭离心泵前，应首先关闭排出口控制阀门，使泵处于空转（空负荷）状态，然后关闭原动机，否则也会造成原动机和离心泵的反转现象。

以上几条操作上的特点，是由离心泵的结构和工作特性所决定的。机床用的冷却泵属于单级小型离心泵，其结构原理与上述离心泵基本相同，具体操作方法可参照有关说明书。

3. 冷却泵的装配与调试

机床冷却泵的拆装通常是在冷却系统发生故障后进行的。当发现离心泵电动机部分、切削液等无异常，而泵起动后没有液体排出、运动过程中流量减小、运转中扬程降低、泵体振动大等故障现象时，应对离心泵部分进行拆卸检测。

（1）拆装准备　按使用的冷却泵型号准备技术资料（包括说明书、装配图），通过作业书或修理卡了解离心泵的损坏情况，准备更换备件、工具、检具等。

（2）解体、清洗、清点零件　解体、清洗主要是为了清点零件，查看每个零件的磨损、损坏程度，如叶轮轴、叶轮、滚动轴承、滑动轴承的损坏状况，键连接处、密封处等关键配合处的磨损状况,以便确定维修方法或更换新泵。

(3) 装配注意点　按泵拆卸的反向顺序装配、安装离心泵。

① 密封。密封的作用是防止空气进入泵内和防止液体泄漏。离心泵的密封填料一般采用石墨石棉绳(盘根)。它的密封主要在于压紧盖的调整,过紧对叶轮轴磨损较大,容易进气或泄漏,过松也会导致进气或泄漏。有些泵还有水封环,即在填料之间引入压力液体,密封轴向缝隙,所以修理时小孔一定要通畅。

② 叶轮轴、叶轮的修理。叶轮及叶片若损坏,应根据具体情况进行更换。叶轮轴的磨损主要在键连接处、轴承的轴颈处、密封的轴颈处。

③ 离心泵叶片两侧的液体压力是不等的,所以会产生轴向力。通常采用平衡孔或平衡盘自动调整叶片一侧的压力,以使轴向力平衡,所以装配时要特别注意这些部位的通畅。

④ 要注意检查管道吸入部位和排出部位的泄漏,有损坏应及时粘补或更换。

(4) 装配后的检测和调试

1) 装配后的检测。主要是检测叶轮轴的转动是否平稳,无死点。在泵中灌满液体后检查吸入管单向阀是否泄漏,泵体是否泄漏。

2) 装配后的调试。首先将泵体内灌满液体,同时关闭排出口控制阀门,起动离心泵,当转速正常后,方可逐渐开启排出口阀门。在泵停止时,要先关闭排出口阀门,再停机。调试后应达到规定的流量和扬程。

技能训练6　万能分度头的结构与装配、调试

1. 了解分度头的类型与主要功用

(1) 分度头的类型　分度头是机床的通用附件之一。在机床上使用的分度头有万能分度头、半万能分度头和等分分度头。钳工划线使用的大多数是万能分度头,精度检测用的是高精度机械分度头和光学分度头。

(2) 万能分度头的主要功用　许多机械零件如花键轴、牙嵌离合器、齿轮等,在加工时需要利用分度头进行圆周分度才能加工出等分的齿槽,装配钳工划线作业和补充加工也经常使用万能分度头,如圆周均布的螺栓孔划线、加工等。万能分度头的主要功用如下:

1) 能够将工件做任意的圆周等分,或通过交换齿轮做直线移距分度。

2) 能在 $-6°\sim+90°$ 的范围内将工件轴线装夹成水平、垂直或倾斜的位置。

3) 能通过交换齿轮使工件随分度头主轴旋转和工作台直线进给,实现等速螺旋运动,用于铣削螺旋面和等速凸轮的型面。

2. 释读、分析万能分度头的结构组成与传动系统

装配、检测和调整分度头,需要对分度头进行结构组成和传动系统分析,以便掌握主要装配环节的作业要求,达到装配的精度要求。

F11125型万能分度头是常见的典型万能分度头,其传动系统和主要结构如图9-22所示。

(1) 传动系统分析

1) 分度头的主要分度和传动机构是蜗杆传动机构。

2) 分度手柄轴与蜗杆轴采用直齿圆柱齿轮传动机构。

3) 分度头侧轴与分度孔盘套采用交错轴斜齿轮传动机构。

(2) 主要结构分析

1) 主轴采用两端滑动轴承支承。

2) 蜗杆采用偏心套结构,并用滑动轴承支承。

3) 主轴锁紧采用偏心锁紧装置。

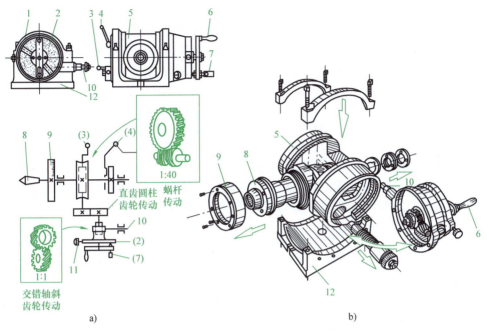

图 9-22　F11125 型万能分度头的传动系统和结构组成
a) 分度头传动系统　b) 分度头的结构示意图
1—分度叉　2—分度盘　3—蜗杆脱落手柄　4—主轴锁紧手柄　5—回转壳体　6—分度手柄
7—分度定位插销　8—主轴　9—刻度盘　10—侧轴（交换齿轮轴）　11—分度盘紧固螺钉　12—基座

(3) 主要结构件分析

1) 主轴。分度头主轴 8 是空心轴，两端均为莫氏 4 号内锥孔，前端锥孔用于安装顶尖或锥柄心轴，后端锥孔用于安装交换齿轮心轴，作为差动分度、直线移距及加工小导程螺旋面时安装交换齿轮之用。主轴的前端外部有一段定位锥体，用于自定心卡盘连接盘的安装定位。主轴的前端固定着刻度盘 9，可与主轴一起转动。刻度盘上有 0°~360° 的刻度，可作分度之用。

2) 基座和回转壳体。回转壳体是分度头传动机构的主要安装载体，装有分度蜗轮的主轴安装在回转壳体 5 内，可随回转壳体在分度头基座 12 的环形导轨内转动。因此，主轴除安装成水平位置外，还可在 -6°~+90° 范围内任意倾斜。回转壳体用弧形压板及其螺栓紧固在基座上。调整角度前应松开基座上部靠主轴后端的两个螺母，调整之后再予以紧固。基座是分度头的基础件，底部是分度头的基准面，定位槽中装有定位键块，可与铣床工作台面的 T 形槽相配合，以便在安装分度头时使主轴轴线准确地平行于工作台的纵向进给方向。

3) 侧轴箱。侧轴箱属于套式壳体结构，用于安装侧轴、分度盘、分度手柄及其圆柱直齿轮传动机构和交错轴斜齿轮传动机构等。侧轴用于配置安装交换齿轮，与机床工作台丝杠联动后实现直线移距分度或螺旋加工的复合运动，或与分度头主轴的交换齿轮轴联动后实现分度头的差动分度。侧轴通过一对传动比为 1:1 的交错轴斜齿轮副和空套在分度手柄轴上的分度盘轴套相联系。分度手柄 6 用于手动分度，转动分度手柄时，通过一对传动比为 1:1 的直齿圆柱齿轮副及一对传动比为 1:40 的蜗杆副使主轴旋转。分度手柄上安装分度定位插销，实现分度定位。分度盘（又称孔盘）2 上有数圈在圆周上均布的定位孔，分度盘用螺钉与轴套连接固定。在分度盘的左侧有一分度盘紧固螺钉 11，用以紧固分度盘，或微量调整分度盘。侧轴箱与基座用螺栓连接固定，与回转壳体通过基座弧形定位保证圆柱齿轮正确啮合的相对位置。

4）锁紧装置和蜗杆脱落装置。主轴锁紧装置由主轴锁紧手柄4、锁紧偏心轴等构成，在分度时应先松开主轴，分度完毕后再锁紧。蜗杆脱落装置由蜗杆脱落手柄3、偏心套等组成，可使蜗杆和蜗轮脱开或啮合。蜗杆和蜗轮的啮合间隙可用偏心套端部的扇形板进行调整。

3. 分度头装配的主要检查

为了保证装配精度，在装配前和装配中应注意以下内容的检查：

（1）检查蜗轮蜗杆　主要检查齿面精度和磕碰毛情况，检查是否有个别齿的损坏等。齿面的精度和个别齿的损坏或齿面磨损都会引起分度误差。

（2）检查主轴锥面　主轴锥面是保证回转精度的主要支承部位，加工误差会引起主轴回转误差。回转壳体的内锥面也应进行表面质量检查，以保证主轴与壳体内锥孔的配合精度。

（3）检查主轴内锥孔　加工误差会引起锥柄夹具的定位误差。

（4）检查蜗轮与主轴配合间隙　蜗轮内孔与主轴定位轴颈的配合间隙过大，会引起分度误差。

（5）检查键连接　对于蜗轮与主轴传递转矩的键槽、平键和各部分的键连接部位，若键槽加工误差大、平键配合松动会引起分度误差，或使传动反向空程量增大。

（6）检查齿轮副　包括圆柱斜齿轮副和直齿轮副，齿面应无损伤，端面无加工毛刺等，在装配后，应注意使齿轮副有合适的间隙，达到传动灵活、稳定、空程量小的要求。

（7）检查轴与孔的配合间隙　各传动轴与壳体孔的配合间隙应达到图样规定的要求，一般控制在 0.01~0.02mm。

4. 分度头装配的主要步骤和作业要点

在熟悉分度头的传动系统和分度头的结构基础上，分度头装配作业主要步骤如下：

（1）装配蜗杆组件　将偏心套套装在蜗杆轴上，在蜗杆轴肩上安装平键和直齿圆柱齿轮，并用六角螺母锁紧。

（2）装配主轴组件　将平键和蜗轮装在主轴轴颈上，用锁紧螺母锁紧。

（3）装配侧轴箱组件　装配侧轴、平键、交错轴斜齿轮及锁紧螺母；装配分度手柄传动轴、平键、圆柱直齿轮及锁紧螺母；装配分度盘、连接套、交错轴斜齿轮及分度盘锁紧螺钉；装配分度叉、弹性圈、平键、分度手柄及分度定位销。

（4）回转体部件装配　主轴组件从回转体前端装入，在回转体后端套装主轴调整垫片、锁紧螺纹圈，主轴前端装配刻度盘；装配主轴锁紧轴和手柄；装配蜗杆组件，蜗杆组件从侧轴箱一侧装入，在另一侧装配扇形蜗杆脱落手柄。

（5）装配回转体部件　将回转体部件圆柱定位带与基座支架内圆弧定位带贴合，回转体用两块弧形压板、内六角螺栓紧固在基座上。

（6）装配侧轴箱组件　将侧轴箱组件沿回转体和侧轴箱定位台阶装入，用内六角螺栓在侧轴箱下部与基座连接紧固。

5. 分度头装配的调整要点

（1）主轴组件装配及其间隙调整　主轴组件装入回转体时，注意不能碰擦回转体上的主轴锥度滑动轴承。调整时，可松开锁紧圈的紧定螺钉，旋转锁紧螺纹圈，调节主轴的轴向和径向间隙。检查间隙时可用手旋转主轴，并做轴向推拉，以观察和感觉主轴的间隙和装配精度。也可在调整中使用百分表，用百分表测头触及主轴前端面，检测主轴回转的跳动误差。

（2）蜗杆组件装入及其啮合位置调整　蜗杆组件装入回转体时，应注意偏心套转至蜗轮与蜗杆脱开的位置装入，在另一侧装配蜗杆脱落装置及手柄后，可通过顶端的螺母调节蜗杆轴向间隙，通过扇形板带动偏心套调节蜗轮蜗杆的啮合间隙。此项调整须仔细操作，反复进行，以达到分度机构啮合精度要求。

（3）侧轴箱装配与斜齿轮传动精度检查　侧轴箱组件装配时，注意壳体孔中心距、垂直度的检测，斜齿轮的啮合位置、接触精度和啮合间隙的检测。

（4）侧轴箱组件装入及其直齿轮传动精度检查　侧轴箱组件与底座、回转体组装时，注意微量转动分度手柄，以使圆柱齿轮能顺利啮合，并具有一定的齿侧间隙。判断啮合位置和精度的主要方法是检查手柄转动的灵活性和反向的空程量。

6. 万能分度头装配精度检测

分度头装配后，可使用百分表检测万能分度头精度，以确定装配精度是否符合要求，主要检测内容和方法如下：

（1）分度精度检测　分度头分度精度应在主轴与回转体配合间隙适当、蜗杆副啮合间隙适当时进行检测，具体操作方法如下：

① 调整分度头主轴尾部的开槽螺母，消除主轴轴向窜动，手摇分度手柄能带动主轴转动自如。

② 调整偏心套扇形板，使分度手柄带动主轴正反向转动具有较小的反向间隙，并在主轴转动一周内无明显松紧现象。

③ 使用锥度检验棒检测主轴前端内锥面的形状精度，检验时用涂色对研法检测内锥孔的精度。

④ 使用图 9-23 所示的专用检具，专用检具的锥柄 1 与分度头的主轴前端锥孔配合，专用检具的锥面轴颈 2 用于找正分度头与检具的同轴度，专用检具的平行测量基准板 3 用于放置正弦规和标准量块。将专用检具的锥柄插入主轴前端的内锥孔，用百分表检测专用检具的颈部外圆，检测专用检具与分度头回转轴线的同轴度。将分度手柄定位销插入分度盘某一等

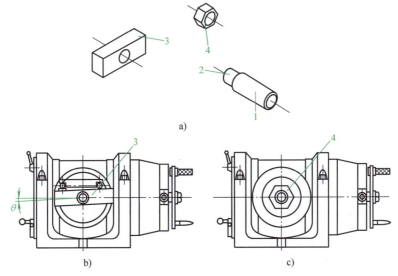

图 9-23　分度精度专用检具

a）专用检具　b）用正弦规测量　c）用等分基准量块测量

1—锥柄　2—锥面轴颈　3—平行测量基准板　4—六角等分基准量块

分孔圈的定位孔内，用百分表找正平行测量基准板与测量平板平行。

⑤ 选定某一角度，用分度手柄分度，然后用正弦规和量块放置在平行测量基准板基准面上，用百分表检测正弦规测量面，若百分表示值不变，则说明分度角度准确，若百分表在两端示值不一致，则可按正弦计算角度分度误差。

⑥ 若需要检测等分精度，可将专用检具的平行测量基准板拆下，换装所需检测的等分基准量块。为了多方位地进行检测，可以将等分基准量块随机安装在主轴任意位置，并将多次检测的误差进行记录，可得出最大、最小和平均等分误差，以判断分度头的磨损或损坏情况。

（2）主轴回转精度检测　分度头主轴回转精度的检测与机床主轴的回转精度检测方法类似，将分度头放置在检测标准平台上，主轴呈水平位置，主轴尾部螺母和蜗杆副啮合间隙做适当调整后进行检测。具体检测方法如下：

① 如图9-24所示，检测主轴锥孔轴线的径向圆跳动时，在主轴中插入锥柄检验棒，固定百分表，使其测头触及检验棒表面，a点靠近主轴端面，b点与主轴端面的距离根据分度头的不同规格选定。用分度手柄带动主轴旋转进行检测。为提高检测精度，可使检验棒按不同方位插入主轴重复进行检验。

② 如图9-25所示，检测主轴轴向窜动时，固定百分表，使测头触及插入主轴锥孔的专用检验棒的端面中心处，中心处粘上一钢球，旋转主轴检测，百分表读数的最大差值为主轴轴向窜动误差。

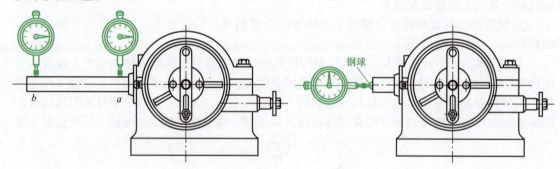

图9-24　检测分度头主轴锥孔轴线的径向圆跳动　　图9-25　检测分度头主轴轴向窜动

③ 如图9-26所示，检测主轴轴肩支承面的轴向圆跳动时，固定百分表，使测头触及轴肩支承面，旋转主轴进行检测。

④ 如图9-27所示，检测主轴轴颈锥面径向圆跳动时，固定百分表，使测头触及定心轴颈表面，旋转主轴检测，百分表读数的最大差值作为径向圆跳动误差。

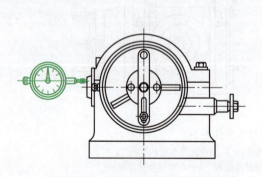 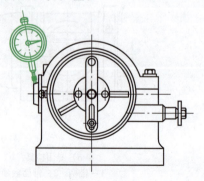

图9-26　检测分度头主轴轴肩支承面的轴向圆跳动　　图9-27　检测分度头主轴轴颈锥面径向圆跳动

技能训练7 平口虎钳的结构与装配、调整

1. 释读、解析平口虎钳的基本组成与结构特点

图9-28所示为平口虎钳的装配图。平口虎钳由以下主要部分组成：

（1）**钳座** 钳座是虎钳与机床连接的定位基础件。由主视图可见，钳座的左侧中部设有螺母装配基准面、螺栓穿孔和销孔，用于螺母定位、装配螺母座的紧固螺栓和定位销；底部设有与钳口平行和垂直的敞开式键槽及装配定位键紧固螺栓的螺孔，定位键用于虎钳在机床工作台上安装时的钳口方向定位；右侧定钳口设有台阶面和螺孔，用于钳口铁定位及装配钳口铁的紧固螺栓；中部两侧有半封闭的通槽，用于穿装螺栓使其与回转底座或机床工作台连接紧固；上部是平导轨，与活动钳身导轨配合，保证钳身的移动精度。

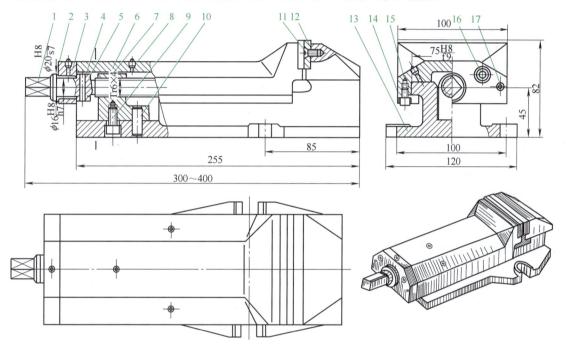

图9-28 平口虎钳的装配图

1—螺杆 2—轴衬 3—挡板 4—锥销（φ4×25） 5—挡圈 6—活动钳身 7—螺母
8—油杯 9—螺钉（M8×6） 10—锥销（φ8×28） 11—螺钉（M6×12） 12—钳口铁
13—钳座 14—压板 15—螺钉（M6×16） 16—螺钉（M8×20） 17—锥销（φ6×25）

（2）**活动钳身** 活动钳身是虎钳的运动件，顶部设有加注润滑油的油杯，用于润滑丝杠螺母传动副和导轨滑动部分；下部的平导轨与钳座导轨配合保证移动精度；底面两侧设有多个螺孔，用于装配导轨压板的紧固螺栓；左端设有螺孔和销孔，用于装配挡板的紧固螺栓和定位销；右端活动钳口设有台阶面与螺孔，用于钳口铁定位及装配钳口铁的紧固螺栓。

（3）**丝杠与螺母** 丝杠与螺母是虎钳的传动机构。丝杠的头部为方榫结构，用于套装扳手传递转矩；轴颈具有较高的精度，与挡板轴套孔（或轴孔）配合，保证丝杠回转的精度和灵活性；轴颈的左端设有台阶，右侧部分与挡圈内孔配合，与挡板装配后，挡圈与丝杠用锥销定位连接，用以保证丝杠的轴向位置精度；丝杠为梯形螺纹，与螺母配合。螺母底面为装配基准，螺孔轴线与底面有较高的平行度要求；底面设有螺孔和销孔，用于装配紧固螺栓和定位销。

（4）**挡板** 挡板用于定位装配丝杠，并与活动钳身连接，是丝杠装配的定位连接件。

顶部设有油杯孔,用于装配油杯,加注润滑油润滑丝杠颈部与轴孔的滑动副;两侧面具有较高的平行度和表面精度,保证丝杠与活动钳身导轨的平行度;轴孔与丝杠颈部配合,组成旋转滑动副;轴孔两侧设有螺栓沉头穿孔和销孔,装配挡板紧固螺栓和定位销。

(5) 压板 压板是活动钳身与钳座导轨配合的组装件,保证活动钳身沿钳座水平和两侧导轨面的移动精度,在夹持工件时承受夹紧反作用分力。压板具有较高的平行度和表面精度,设有数个螺栓沉头穿孔,装配紧固压板的螺栓。

(6) 钳口铁 钳口铁是虎钳与工件夹持面接触的保护性零件,各面具有较高的表面硬度和几何精度,以保证虎钳的钳口装配精度。钳口铁设有螺栓沉头穿孔,用于穿装钳口铁的紧固螺栓。

(7) 回转底座 平口虎钳的回转底座是带底座平口虎钳的钳座和机床工作台的连接件,如图9-29所示。底面是虎钳安装基准面,设有定位键,顶面与钳座底面贴合;中间有定位圆柱,与钳座底部的定位孔配合,保证虎钳水平角度回转调整的精度;顶面周边有梯形环槽,通过底部的螺栓穿孔,穿装钳座与回转底座的连接紧固螺栓;外周有锥面刻度带,用以调整虎钳的水平回转角度;两端有半封闭通槽,用以穿装回转底座与机床工作台的紧固螺栓。

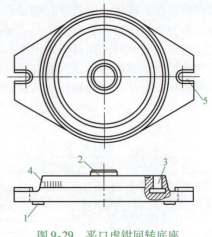

图 9-29 平口虎钳回转底座
1—定位键 2—定位圆柱 3—梯形环槽
4—刻度带 5—螺栓槽

2. 平口虎钳装配时的补充加工及作业要点

平口虎钳在装配时,带有一定的加工工作量,即固定钳身(钳座)及活动钳身的刮削工作。所以在装配前先要做此工作,这实际上也是装配工作的一部分。平口虎钳装配的操作过程如下:

(1) 刮削固定钳身 使用直角刮研模板(图9-30a),刮削要求是每25mm×25mm 面积上有16~18个研点,刮研操作过程如图9-30b所示。然后以上平面为基准,刮导轨下滑面及底平面,达到平行度误差小于0.01mm,在每25mm×25mm 面积上有6~8个研点。再刮导轨两侧面,达到相互平行度误差小于0.01mm(只许钳口处大),在每25mm×25mm 面积上有12~16个研点。

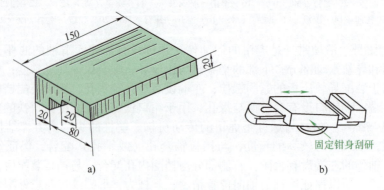

图 9-30 刮研工具及刮研过程
a) 直角刮研模板 b) 刮研操作过程

(2) 底盘加工 刮研底盘上、下表面,达到研点和平行度要求后,装定位块,可用等高垫铁和指示表测量,达到定位块与孔的对称度要求即可,如图 9-31 所示。

(3) 活动钳身加工和配刮

1) 检查来料尺寸,进行倒角、倒棱。

2) 按尺寸划线,钻铰 $\phi 3 \sim \phi 6mm$ 油杯孔。

3) 与压板配钻 M6 螺孔,要求压板与活动钳身外形平齐。

4) 按图样开油槽。

5) 用刮研模板研刮凹面,达到每 25mm×25mm 面积上有 12~16 个研点。

6) 刮研活动钳身两侧面,达到配入钳座内滑动轻便均匀,用 0.04mm 塞尺在端部检查,其塞入深度不超过 10mm,且要求在每 25mm×25mm 面积上有 8~12 个研点。其操作过程如图 9-32 所示。

3. 平口虎钳的装配与注意事项

(1) 试装要点 以钳口铁、滑板配作各连接孔,试装活动钳身与滑板,达到滑动轻快,无向上或左右的松动感。试装钳口铁,以一块钳口铁为基准,修整另一块钳口铁与钳身的接触面,达到两钳口铁装配后的间隙要求,如图 9-33 所示。

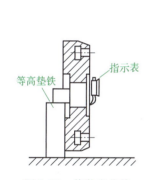
图 9-31 修装定位块

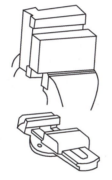
图 9-32 刮研活动钳身

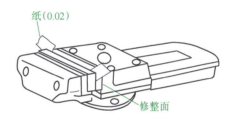
图 9-33 试装滑板与钳口铁

(2) 装配顺序 以上准备工作做好后,可以进入总的装配,其顺序为:装传动螺母→装螺杆→装活动钳身→装滑板→装垫圈→装钳口铁→将钳口铁重合配作挡圈锥销孔→装入锥销→摇动螺杆,达到活动钳身滑动轻快→精修两钳口间隙,达到活动钳身移动任意位置时两钳口保持平行→全部拆卸清洗,涂油后再重新组装→以定位块为基准靠紧工作台 T 形槽内一侧,用指示表找正钳口铁,打 0 线,如图 9-34d 所示。图 9-34 所示为平口虎钳装配的主要顺序。

装配结束后,整理并擦干净工具和量具,然后清洁装配平台和场地。

(3) 注意事项 平口虎钳的装配有较多的补充加工内容,加工中需要进行多项配合精度的检测和装配位置的调整,因此装配中应注意以下事项:

① 按配合精度装配前,应对配合件的加工尺寸进行检测,如轴衬 2 与挡板 3 轴孔的配合为 $\phi 20H8/s7$,应预先按尺寸公差的要求对轴孔精度和轴套外圆加工精度进行检测,以确保装配精度。

② 装配后可能引起变形的,而又有后续配合精度要求的部位,在装配后应进行过程检测,以确保后续装配达到技术要求。如轴衬 2 与挡板 3 装配后,内孔可能变形,而内孔又将与螺杆 1 的轴颈配合形成滑动副,配合精度为 H8/h7,因此在轴衬装入挡板后,应检测内孔

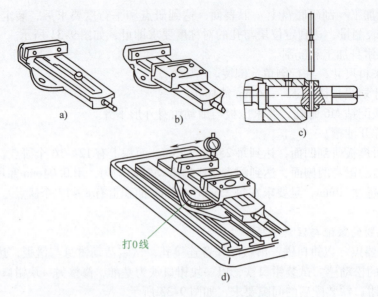

图 9-34　平口虎钳装配主要顺序

a) 装螺杆和传动螺母　b) 装活动钳身、滑板　c) 配装垫圈　d) 打0线

的变形量、实际精度，以保证后续装配的装配精度。

③ 采用锥销定位的挡板 3、螺母 7 和挡圈 5，在补充的配作加工时，应合理固定相对位置，避免配作加工中连接件错位；试装中应控制锥销的打入力度，以免试装后拆卸困难，损坏锥销孔，影响定位精度。

④ 传动副试装和总装过程中，应在活动钳身全行程，用规定的力矩（一般用手转动螺杆的扳手力臂小于专用虎钳扳手力臂）旋转螺杆，使活动钳身反复、往返移动，检查其灵活性，以便综合检测虎钳导轨移动滑动副、丝杠螺母传动副、螺杆轴颈和轴衬套的回转滑动副总装后的配合精度。

⑤ 装入油杯的补充加工孔，应复核图样规定的精度要求，压装油杯时应控制打入力度，使用专用的压头，防止油杯变形而影响使用效果。打入后可按加注方式进行注油试验，确保油杯的注油功能。

⑥ 补充加工中的各螺栓、螺钉连接用的螺孔，应按图样要求达到规定的有效深度，装配中应合理使用扳手，控制拧紧力矩，以便确保螺纹连接的可靠性和达到预紧力要求。

技能训练 8　台虎钳和自定心虎钳的结构与装配、调整

1. 了解虎钳的基本结构类型

虎钳是金属切削加工的常用夹具（机床附件）。虎钳有机用虎钳和钳工用虎钳，机用虎钳可分为平口虎钳、自定心虎钳、快速虎钳、可倾虎钳、增力虎钳、V 形虎钳等多种类型，钳工用虎钳简称台虎钳。

① 平口虎钳有两个平面钳口，按精度等级分为普通级和精密级，钳口上平面对底平面的平行度分别为 0.08mm 和 0.04mm，钳口的张开宽度为 63～400mm，分为带底座、无底座、插销式、倒拉式和角度压紧等型式。

② 自定心虎钳有采用左右旋螺纹的丝杠等型式，带动两个 V 形钳口同步相对移动，可使被夹持的工件自动定心，有螺杆、凸轮和杠杆等型式。

③ 快速虎钳用凸轮和棘齿等机构实现快速夹持工件。

④ 可倾虎钳在夹持工件后，可使工件相对水平面倾斜一定的角度，有可倾、万向和正弦等型式。

⑤ 增力虎钳是借助液压装置增加夹紧力的机用虎钳，增力器有手动液压式和机械式。

⑥ V形虎钳的两个钳口板为V形，主要用于夹持轴类零件，有V形、V形立卧和V形万向等类型。

⑦ 台虎钳安装在钳工工作台上，可夹持工件进行钳工作业，钳口较高，呈拱形，钳身可在底座上转动或紧固。

2. 台虎钳的结构组成与装配、调整

（1）台虎钳的结构组成（参见项目1相关内容）

（2）台虎钳的装配与调整（图9-35）

1）在固定钳身9上装螺母5，调整检测螺母内螺纹轴线与导轨面的平行度和位置尺寸精度。

2）在固定钳身9钳口位置用螺钉连接紧固装配钢制钳口3，达到钳口夹持面与导轨面的垂直度要求。

3）在活动钳身12钳口位置用螺钉连接紧固装配钢制钳口3，达到钳口夹持面与导轨面的垂直度要求。

4）在活动钳身12上装螺杆1、弹簧11和固定挡圈10，达到螺杆与活动钳身螺杆孔的滑动配合及轴向位置要求。通过挡圈10适度调整弹簧的压缩力，以避免夹紧工件时螺杆受到冲击力，在松开工件时活动钳身能平稳退出。

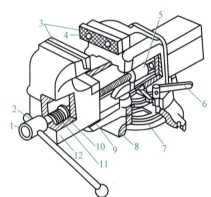

图9-35 台虎钳
1—螺杆 2、6—手柄 3—钢制钳口 4—螺钉
5—螺母 7—夹紧盘 8—转盘底座 9—固定钳身
10—挡圈 11—弹簧 12—活动钳身

5）在螺杆1前端装手柄2和手柄防脱落球头。

6）在转盘底座8上装固定钳身9，使转盘底座和固定钳身定位达到滑动副配合要求，使固定钳身能绕转盘底座的轴线转动。

7）在固定钳身9上装入两个手柄6，使手柄的夹紧螺钉与转盘底座底部凹腔位置的夹紧盘7的两个螺孔旋合，装配后应能达到手柄锁紧和松开固定钳身与转盘底座的功能要求。

8）沿固定钳身导轨孔装入活动钳身12，并将螺杆1旋入螺母5，达到螺杆螺母传动和钳身导轨滑动配合要求。

9）将装配后的台虎钳用螺钉安装固定在钳桌台上。松开手柄6，可回转台虎钳钳身；锁紧手柄6，台虎钳钳身应不能回转；用台虎钳夹紧工件后，应能进行常规的钳工作业；按松开方向转动手柄2时，钳口应能同步平稳松开。

3. 自定心虎钳的结构与装配、调整

（1）自定心虎钳的结构示例 图9-36所示为V形架定位的自定心虎钳典型结构型式。自定心虎钳由钳座、钳口、V形架、传动螺杆螺母副等组成。使用时，转动手柄1，可使钳口3和7绕销轴2和8转动，把工件6压紧在V形架5上。V形架5可根据工件直径大小进行调换。该虎钳可安装成水平或垂直位置，以便使工件位于虎钳顶部或侧面进行加工。

（2）装配调整的步骤及注意事项

1）装配的主要步骤：装定位键→装钳口护块→装销轴→装轴衬→装螺杆→装螺母→转动螺杆，使螺杆同时旋入两侧钳口的螺母，以使螺杆中部的轴颈位于轴衬所在位置→根据加工需要装V形架→装轴向定位板。

2）装配调整注意事项

① 与钳口螺母安装孔间隙配合的圆柱形螺母应能在孔中转动角度，以实现钳口张开或合拢时进行相对位置的自动调节功能。

② 钳口销轴与钳座的轴孔为过盈配合，与钳口销轴孔为间隙配合，构成钳口绕其转动的回转滑动副。

③ 双旋向螺杆的中部轴颈与轴衬为间隙配合，轴衬两端有台阶，可在钳座底部的台阶式半封闭槽中随钳口的张开和合拢上下微量位移，但无轴向窜动。

④ 底部和侧面定位面、定位键槽侧面、配装后的键块定位侧面应与V形架的槽向平行。

⑤ 装配后钳口护块上弧形柱体各位置的素线应与V形架槽向平行。

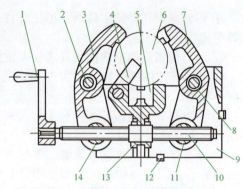

图 9-36 用自定心虎钳装夹轴类工件
1—手柄 2、8—销轴 3、7—钳口 4—轴向定位板
5—V形架 6—工件 9—钳座 10—螺杆
11、14—螺母 12—定位键 13—轴衬

技能训练9 自定心卡盘的结构与装配、调整

1. 了解卡盘的基本结构类型

卡盘按驱动卡爪的动力不同，可分为手动卡盘和动力卡盘两种类型，手动卡盘可分为自定心卡盘、复合卡盘和单动卡盘；动力卡盘可分为整体式卡盘和分离式卡盘。整体式动力卡盘的动力装置直接装在卡盘内，分离式动力卡盘的动力装置装于卡盘体外。

常用的是自定心卡盘和每个卡爪可单独移动的单动卡盘。卡盘一般由卡盘体、活动卡爪和卡爪驱动部分组成。常见卡盘的基本结构如图9-37所示。自定心卡盘的自动定心由工字

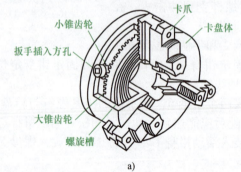

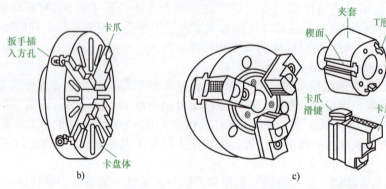

图 9-37 卡盘种类示例与结构示意图
a）自定心卡盘 b）单动卡盘 c）楔形套式动力卡盘

槽与滑键配合精度和阿基米德平面螺纹传动精度保证,卡爪由锥齿轮副驱动,并传递夹紧动力。单动卡盘由工字槽和滑键配合导向,用螺杆副驱动卡爪,并传递夹紧动力。

楔形套式动力卡盘与上述卡盘结构的主要区别是可配置不同的动力装置(气缸、液压缸或电动机)。分离式动力卡盘的气缸或液压缸装在机床主轴的后端,用穿装在主轴孔内的拉杆或拉管,推拉主轴前端卡盘内的楔形套,由楔形套的轴向进退来使三个卡爪同时径向移动,并传递夹紧动力。

2. 解析自定心卡盘基本组成及其各零件的作用

(1) 自定心卡盘的结构组成 如图 9-38 所示,自定心卡盘由小锥齿轮、卡盘壳体、卡爪、限位螺钉、大锥齿轮、卡盘后盖、后盖紧固螺钉等组成。

(2) 各零件的作用和卡盘工作过程 自定心卡盘是经常使用的圆柱形工件的通用夹具,根据三点定圆的几何原理,在自定心卡盘安装在车床、分度头上时,可以夹持一定范围内不同直径的圆柱形工件,并能使工件与车床或分度头等夹具的主轴回转轴线同轴。

① 三个卡爪 3 用以夹紧工件,沿卡盘壳体 2 三等分工字槽移动,三爪运动能同时收拢和张开,并保持所夹持的工件与机床或分度头的回转轴线同轴。

② 大锥齿轮 5 的背面有与三爪配合的平面矩形螺纹,三爪随大锥齿轮的转动收拢或张开。

③ 小锥齿轮 1 带动大锥齿轮转动,端面的方榫孔用来插装自定心卡盘的扳手钥匙。

④ 卡盘后盖 6 除封闭壳体外,还起到限定大锥齿轮轴向位置的作用。

⑤ 卡盘壳体 2 是卡盘的主体,前端面三等分工字槽安装卡爪,圆周三等分孔安装小锥齿轮,内腔圆柱凸台和环形空间安装大锥齿轮,端面三个螺孔安装小锥齿轮的限位螺钉 4,内凸台端面螺孔安装后盖紧固螺钉 7。

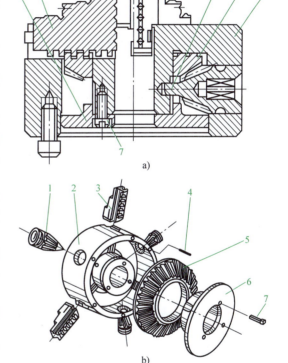

图 9-38 自定心卡盘的结构与装配
a) 结构图 b) 装配示意图
1—小锥齿轮 2—卡盘壳体 3—卡爪 4—限位螺钉
5—大锥齿轮 6—卡盘后盖 7—后盖紧固螺钉

3. 解析自定心卡盘的结构、传动方式与装配精度的关系

(1) 自定心精度对卡盘结构的要求

① 如前述,自定心卡盘的径向移动位置精度是由阿基米德平面螺纹传动精度保证的,因此锥齿轮背面的平面螺纹与卡爪底部配合的齿形必须符合传动精度要求。

② 卡盘体的工字槽和卡爪的滑键部位必须符合配合精度要求,三条工字槽必须以卡盘安装定位部位的轴线为基准,按三等分沿径向面准确、对称分布。

③ 卡爪夹持部位与卡爪螺纹齿形的间距依次相差 1/3 螺距。

(2) 卡爪移动灵活性与动力传递对卡盘结构的要求

① 大锥齿轮内孔与壳体中间圆柱的配合应符合定位和转动精度要求。

② 小锥齿轮大小端定位圆柱与壳体定位孔的配合应符合定位和转动精度要求。

③ 大锥齿轮的轴向位置应符合与小锥齿轮啮合的基本要求。

④ 小锥齿轮大端轴向位置定位槽、壳体小锥齿轮定位孔等,应符合锥齿轮副装配后的啮合精度要求。

⑤ 小锥齿轮大端的方榫孔应具有足够的强度,尺寸和形状精度应符合与方榫扳手的配合要求。

4. 自定心卡盘装配的要点和基本步骤

(1) 装配基准

① 卡爪以壳体上三等分分布的工字槽为基准。

② 小锥齿轮以壳体上三等分分布的定位孔为基准。

③ 大锥齿轮以壳体中间圆柱及其内端面为基准。

④ 后盖以壳体的中间凸台端面为基准。

⑤ 壳体的基准是与机床定位安装的端面和内孔止口。图9-39所示为自定心卡盘与分度头的连接安装方法。

(2) 自定心卡盘的装配方法(图9-38)和步骤

① 清洗各零件。

② 将大锥齿轮装入卡盘壳体2,并加注润滑油。

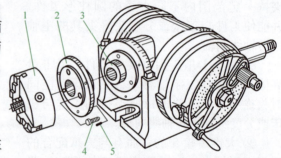

图9-39 自定心卡盘与分度头的连接安装示意图
1—自定心卡盘 2—连接盘
3—分度头主轴 4、5—内六角螺钉

③ 将三个小锥齿轮1装入卡盘壳体圆周的三个孔内,注意将小锥齿轮的小端圆柱插入壳体内凸圆柱面上的小孔,使小锥齿轮与大锥齿轮啮合。

④ 将三个限位螺钉4旋入壳体端面的螺孔,注意将小锥齿轮大端外圆上的限位槽对准壳体螺孔,使螺钉限定小锥齿轮的轴向位置。

⑤ 装配卡爪。

a. 清洁卡爪的工字形配合面、与平面螺纹配合的螺纹面,以及壳体上的工字槽表面。

b. 按卡爪的编号依次排列卡爪。

c. 用方榫扳手顺时针方向转动小锥齿轮1,带动大锥齿轮5的平面螺纹转动,当平面螺纹的起点接近卡爪的槽口时,将1号卡爪装入槽中,并用力与平面螺纹推紧。

d. 继续转动小锥齿轮1,当平面螺纹的起点接近第二条槽口时,装入2号卡爪。

e. 按同样方法装入3号卡爪。

⑥ 装卡盘后盖6,并用后盖紧固螺钉7紧固。

⑦ 用方榫扳手转动卡盘小锥齿轮,使卡爪收拢,若三个卡爪能同时合拢在中心位置,说明卡爪安装顺序正确。用扳手转动小锥齿轮时应灵活无阻滞。

(3) 自定心卡盘装配的精度检测

1) 选择安装自定心卡盘的卧式车床或万能分度头,并对设备的主轴轴线的径向圆跳动和轴线窜动进行检测。

2) 检测安装自定心卡盘的定位部位、定位零件精度,检测定位零件与设备主轴连接安装的精度。

3）正确安装自定心卡盘，用自定心卡盘装夹测试用标准圆柱体。

4）转动自定心卡盘，用百分表检测所夹持的标准圆柱体与车床或分度头等夹具的主轴回转轴线的同轴度。检测时可以采用卡盘夹持范围内不同直径的圆柱体进行不同夹持范围的同轴度检测。

技能训练 10 钻夹头的结构、拆装与检测

1. 解析钻夹头的结构组成与作用原理

（1）钻夹头的结构组成 如图 9-40 所示，钻夹头由夹头体 1、夹头套 2、钥匙 3、夹爪 4 和内螺纹圈 5 组成。

1）夹头体 1 外形是台阶圆柱体，小圆柱面上部有环形凹槽，用以安装内螺纹圈 5，下部有三等分的径向圆柱孔，用来插装钥匙 3 前端的定位圆柱，保证钥匙与夹头套之间锥齿轮的传动位置；上端面有锥孔，用以与夹头柄外锥面过盈配合连接，夹头柄的另一端为莫氏锥体，可与钻床主轴锥孔过盈配合连接，使钻夹头与钻床主轴保持回转时的同轴度；下端面中部有圆柱孔和三个均布的斜孔，用于安装三个夹爪 4，斜孔轴线的投影分布位置与钥匙定位孔轴线的夹角为 60°，即三个均布的钥匙定位孔与三个夹爪安装孔轴线在端面的投影为六等分分布。

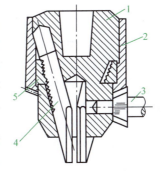

图 9-40 钻夹头
1—夹头体 2—夹头套 3—钥匙 4—夹爪 5—内螺纹圈

2）夹头套 2 与内螺纹圈 5 过盈配合，与夹头体间隙配合，并与钥匙之间通过锥齿轮传动实现绕夹头体回转的零件。其内孔是三个台阶孔，中部安装内螺纹圈，两端内孔与夹头体构成圆柱面滑动副。外圆设有带状网纹，便于操作者用手旋动夹头套。

3）钥匙 3 的结构主要是前端定位圆柱体、中部锥齿轮和尾部的带径向穿孔的圆柱体，径向穿孔用于穿装钥匙的扳手柄。

4）夹爪 4 外形是圆柱体，夹紧端的形状由与对称轴线的 120°夹角的斜面和夹紧圆弧面构成，夹紧圆弧面轴线与夹爪圆柱体轴线的夹角，与夹头体 1 上斜孔相对轴线的夹角相同。当三个夹爪合拢时，夹紧端的斜面相互贴合，中部组合而成的圆柱面直径小于最小夹持规格的麻花钻直径。在夹紧部位的背部圆柱面上有用于锥螺纹传动的螺纹。三个夹爪螺纹是整圈螺纹的一部分，在轴向位置上依次相差 1/3 的螺距尺寸。

5）内螺纹圈 5 是整体加工后对称剖分的组合内圆锥螺纹圈，垫圈的厚度尺寸与夹头体环形凹槽的宽度间隙配合，外圆与夹头套中部内孔过盈配合。

（2）钻夹头的作用原理 参见项目 4 的有关内容。

2. 钻夹头的拆装和检测要点

（1）钻夹头的拆卸要点

1）用钥匙将夹爪夹持端头部缩进夹头体端面。

2）用一个孔径略大于夹头体大端外圆的套圈作为衬垫，用软铅块或软铜块垫在夹头体夹紧端端面上，用锤子锤击，松开内螺纹圈与夹头套的过盈配合。

3）拆下剖分的内螺纹圈。

4）依次拆下夹爪，注意夹爪按拆卸的顺序摆放。

（2）钻夹头的装配要点　按拆卸的反向顺序进行装配
1）把顺序摆放的夹爪依次装入夹头的斜孔内，使三爪的端面与夹头体端面平齐。
2）在夹头体凹槽内装入剖分的内螺纹圈，在装入的过程中，微量转动内螺纹圈，使内螺纹与夹爪外螺纹啮合。随后用手同时回转内螺纹圈，观察夹爪的伸缩动作是否顺畅，分布位置是否正确，并使夹爪端面低于夹头体端面。
3）把夹头套大端孔沿夹头体小端外圆套入，端面超过内螺纹圈上端面，与夹头体大端外圆配合。
4）用内孔略大于夹头体小端外圆的套圈垫衬在夹头套的锥齿轮下面，在夹头体的上端面衬垫软铅或铜块，用锤子锤击，使内螺纹圈与夹头套中部内孔实现过盈配合，内螺纹圈下端面与内孔台阶面贴合。
（3）钻夹头的检测要点
1）拆卸后的各零件应按有关技术要求进行精度检测，若有未达到精度要求的零件应进行替换。要检测的主要零件及其部位如下：
① 夹头体大小外圆柱面与套圈两端孔径的间隙配合精度。
② 套圈中间内孔与内螺纹圈外圆的过盈配合精度。
③ 钥匙小圆锥齿轮与套圈大圆锥齿轮的传动精度。
④ 钥匙定位圆柱与夹头体定位圆孔的间隙配合精度。
⑤ 夹爪与夹头体上安装斜孔的滑动副间隙配合精度。
2）装配后钻夹头的主要检测项目如下：
① 使用钥匙能灵活驱动夹爪夹紧和松开钻头，并符合规定的夹持转矩要求。检测时可采用转矩测试仪进行测试。
② 夹持的钻头与夹头体的内锥孔应符合同轴度要求。检测时可用夹爪夹持标准圆柱棒，在钻床上安装钻夹头后，用指示表检测标准棒与机床主轴的同轴度。
③ 钻夹头应符合规定直径范围的钻头夹持要求。检测时可分别试装最大、最小直径的钻头进行验证。

9.2　常用起重设备及安全操作规程

钳工在装配过程中，对一些较重的零件或部件，应采用起重设备，以减轻操作者的体力劳动，提高工作效率，保障生产安全。
起重设备一般有千斤顶和起重机（吊车）等。

9.2.1　千斤顶

千斤顶适用于升降高度不大的重物的提高、移动等。常用的有螺旋千斤顶、齿条千斤顶和液压千斤顶。图9-41所示为液压千斤顶的结构。
使用千斤顶时，应注意如下事项：
1）千斤顶应垂直地安置在载荷下面，工作地面应坚实平坦，以防止陷入和倾斜。
2）用齿条千斤顶工作时，棘爪必须在棘轮上面滑过。
3）液压千斤顶工作时尽量避免旋出全部螺杆。主活塞的行程不准超过极限的高度标志。
4）不准超载，保证安全使用。

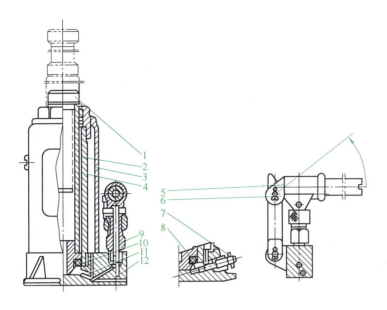

图 9-41　液压千斤顶的结构

1—螺杆　2—主活塞　3—储油缸　4—主缸　5—压把　6—压把杆
7—放油杆　8、11、12—钢珠　9—液压缸　10—胶碗

9.2.2　起重机

起重机是现代工业生产过程中机械化、自动化的代表之一。它是改善物料搬运条件、减轻劳动强度、提高劳动生产率必不可少的重要设备。在安装大型机床设备、上万吨级大型船舶的建造、火箭和导弹的发射、大型电站的施工安装等工程中都少不了起重机。

1. 起重机的种类

起重机大致可分为四大类。

1）桥式起重机，它除起升机构外，还有小车和大车运行机构，为此，起重机可在大、小车运行机构所能到达的整个场地及其上空作业。

2）梁式起重机，是各机械厂车间必备的起重设备。

3）臂架式起重机，它除起升机构外，通常还有变幅、回转和运行机构，由于这些机构的相互配合，起重机可以在运行机构所能到达的和臂架回转机构所及的场地及其上空作业。

4）固定式回转起重机、升降机，只能实现一个方向上的直线作业，如电梯、升船机等。

另外，还有一些小型的起重机，如电动葫芦、卷扬机等。

2. 起重机的结构与工作原理

如上所说，起重机的类型较多，但其大致结构和基本原理则是相同的。现以通用桥式起重机为例，简单介绍其结构与工作原理。

1）起升机构。起升机构是起重机最基本的机构，它是用来使货物提升或降落的。起升机构通常包括取物装置、钢丝绳卷绕系统、驱动系统及安全装置等。

典型的起升机构是借交流线绕型电动机的高速旋转，经齿轮联轴器和齿轮减速器相连接，减速器的低速轴又带动绕有钢丝绳的卷筒转动，而卷筒是通过钢丝绳和滑轮组与吊钩相联动来工作的。机构工作时,只要控制电动机的正、反转,卷筒使钢丝绳卷进或放出,从而通过钢丝绳卷绕系统使悬挂的货物实现提升或降落。当机构停止工作时,悬挂的货物依靠制动器刹住。起升机构一般安装在小车架上。

2) 小车运行机构。起重机的大车或小车都是沿水平方向移动的,为此,在水平方向上移动的货物就是凭借运行机构实现的。图 9-42 所示是小车运行机构的简单结构图。

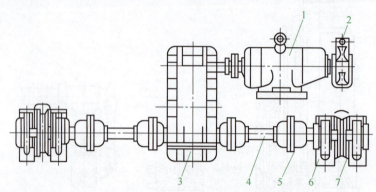

图 9-42 小车运行机构的简单结构图

1—电动机 2—制动器 3—减速器 4—补偿轴 5—联轴器 6—角形轴承箱 7—小车车轮

小车的运行机构是由双端伸出轴的电动机带动立式减速器,在减速器的低速轴以集中传动的方式连接在小车架的主动车轮上,在电动机另一端的伸出轴上,则装有制动器。小车车轮是采用单轮缘车轮,且车轮的轮缘设置在轨道的外侧。

3) 大车运行机构。在起重机桥架端梁的两端安装着大车运行机构用的车轮,起重量在 50t 以下的装置有 4 个车轮,其中两个为主动轮;起重量在 75t 以上时,都采用平衡梁的车轮组,常装有 8 个以上车轮。驱动大车运行机构的装置通常具有两种形式,即集中驱动和分别驱动。集中驱动是用一台电动机通过减速器及传动轴,带动大车的两个车轮,这种方式已基本淘汰。分别驱动方式是用两台规格相同的电动机,分别通过齿形联轴器直接与减速器高速轴连接,减速器低速轴联轴器与大车车轮连接。分别驱动的大车运行机构由两套各自独立的无机械联系的运行机构组成,其结构型式如图 9-43 所示。必须指出的是,大车车轮一般都采用双轮缘车轮。

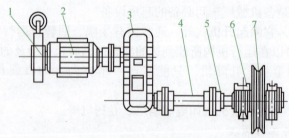

图 9-43 分别驱动的大车运行机构的结构型式

1—制动器 2—电动机 3—减速器 4—补偿轴 5—联轴器 6—角形轴承箱 7—车轮

3. 桥式起重机常见的主要故障

1) 桥架的变形。桥式起重机主梁的结构大多是箱式的,一般桥架主梁经使用后,其变形的主要形式是主梁下挠。按规定,主梁的允许下挠量为 $\frac{1}{800}S \sim \frac{1}{1000}S$($S$ 为跨度值),若下挠量超出此值，即需修复。采用预应力法和火焰矫正法两种方法，迫使主梁向上弯曲而上拱，进而使下挠得到克服。

2）啃轨。起重机的啃轨是其大车或小车在轨道上于相对歪斜状态下运行到某一限度后的结果。车轮的轮缘与轨道侧面做强行通过时的摩擦接触现象通常称为啃轨。起重机的啃轨会造成传动轴扭断、脱轮等重大事故。造成啃轨的原因主要有跨度误差偏大、车轮组的直径及其装配精度超差、桥架和小车架的结构变形等。故若发现此问题，必须分析原因，予以消除。

3）减速器的噪声与漏油。减速器经使用，其零件的磨损、精度失真、装配误差扩大、润滑不良及轴承的配合间隙增加等都会引起减速器噪声，要采取措施，找出噪声源并加以克服。减速器的漏油是由于长期使用，油温升高，原来的润滑油脂变稀，容易蒸发或飞溅泄漏，以及原来的装配质量粗糙而造成的。可采用密封件或用密封胶等措施克服。

4. 起重机械使用时应注意的一些问题

钳工在工作过程中，必定会经常使用起重设备，特别是工厂中的行车（天车），使用更为广泛。不管是直接还是间接地使用这些设备，一定要注意安全，避免发生设备或人身事故。所以一定要注意下列问题：

1）行车操作者一定要进行培训，经考试合格、取得安全操作合格证书的方可上车操作。

2）行车工作前，必须检查行车全部润滑系统情况、离合器及钢丝绳卡等，确认无误后才能上车起动驾驶。

3）行车司机只允许由驾驶扶梯上下行车，禁止从房梁上走动及其他地方攀登上下行车。

4）使用行车时，若第一次起吊载荷，应先进行试吊和试制动。将载荷吊起不高于0.8m，然后徐徐落下。

5）每台行车的司机应该是固定的。

6）行车司机上、下驾驶梯时，双手不准拿任何东西。

7）起吊物体时，行车司机应一切听从起重工（挂钩）的指挥，若指令不清，应按铃请示。禁止物件尚在地面上时进行行车。

8）行车吊物时，必须离开人群，重物应离人员2m以外才可作业。不得将吊起的重物长时间悬挂在吊钩上。

9）行车不得超负荷使用，以免发生危险。

10）吊运物件时，若一定要用钢丝绳的，就不得用麻绳或三角带之类代替。

11）用钢丝绳吊挂带有棱角的物件时，应在棱角的地方垫放软垫，以免钢丝绳被折断。

12）使用钢丝绳时应注意以下问题：

① 安全起吊重量，由经验公式 $P=9d^2$ 求得，P 为允许拉力（kg），d 为钢丝绳直径（mm）。

② 使用前应做外观检查，尤其是断丝数和断丝位置、锈蚀和磨损的程度和位置、变形情况等。从直径估计是否能安全起吊所拆装的零部件，应避免使用断丝过多的钢丝绳。

③ 选择合适的捆钩位置，以免打滑。无论吊钩端还是工件上均应采用合适的绳扣，以免吊装过程中，工件重心偏移而造成倾倒。

④ 久置不用的钢丝绳应涂油，盘卷后适当放置。

⑤ 要采用打扣及解扣方便迅速、不易打滑、较安全的绳扣。

13）检修或上车检查行车时必须切断电源。

14）一个班作业完成后下班时，行车司机应按规定把大、小车定位并收好吊钩。

项目 10

设备检测、调试和维修保养

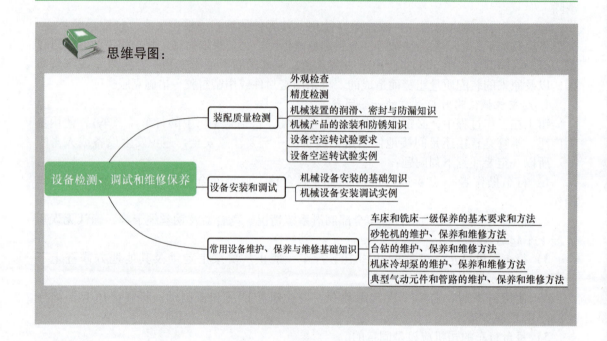

10.1 装配质量检测

10.1.1 外观检查

外观检查包括以下内容:

1)检查机械是否按所需位置安装、安装是否稳固。所有地脚螺栓应符合设计规定,拧紧后地脚螺栓的外露高度要一致(即螺纹露出螺母2~5牙)。

2)检查机座底与基础间的楔形垫铁,数量和分布位置应符合技术文件规定。

3)检查各类管材表面,应平整光洁、无变形、无裂纹。

4)检查各种监控测量仪表的表盘、表面,应清晰、无物遮盖(如压力表、温度表或温度计等)。

5)检查液压油、润滑油、切削液等的管子,螺纹应满口,中间不得断牙,管子内壁应清洁,管口无毛刺。管子煨弯时,其弯曲半径一般不小于管子外径的6倍,弯好的管子,其弯曲部位与角度应正确,并无死弯、皱折、凹瘪等现象。管路的安装位置、路径及所用材料应符合设计要求。

6)油漆完整,无脱落及碰撞痕迹。

7）气液阀门关闭严密。

8）机械的活动部件（分）用手动盘动应轻便、灵活。

9）电气线路清晰整齐，有接地。

10.1.2 精度检测

装配过程中的精度检测是很重要的环节，如果仅有装配技术而缺乏正确的检测方法，很难保证产品达到理想的质量。只有将熟练的操作技能和正确的检测方法相结合，运用较先进的并适合实际需要的检测器具进行检测，才能保证装配质量。

1. 检测方法和原则

在机械产品中，每一个零部件都有其相应的功能和作用。就机床装配来说，其装配精度检测的项目较多，但主要内容有相关零部件配合之间的相互位置精度、相对运动精度和装配中零部件配合面形状的检测，以及形状精度和尺寸精度的检测等。为满足这些功能和要求，判断这些零部件是否符合设计要求，应根据检测的原则选择适合的检测方法正确地进行检测。

（1）检测原则　在检测中，应根据被测零部件的结构特点、精度要求以及检测设备等因素的不同，并在生产中可根据零部件的具体生产、装配要求和设备条件，按有关国家标准的检测原则制定具体的检测方案。

（2）检测方法　零部件的形状和几何位置都有其不同的特征。因此，在检测过程中可根据零部件具体的被测要素选择合适的直接测量法、间接测量法、组合测量法或量规测量法等。通过检测判断零部件是否符合设计和装配要求。

2. 检测内容

装配精度的检测是在部件装配或拼装过程中逐一检测的，这些精度的检测可分为以下几种：

（1）基础零件精度检测　以机床设备为例，其基础零件有床身、立柱、横梁、滑座等。这些零件是各运动部件的基础，也是直接影响机床精度的主要零件。对基础零件精度的检测，主要是导轨的直线度误差、导轨间的平行度误差和导轨间的垂直度误差等。

（2）机床部件之间相互位置精度的检测　组、部件装配后，进行部件之间的装配或总装配，必须在基础零件各项精度合格后进行。但是，部件装配后，常会产生部件装配间的累积误差，有时甚至达不到总装配所规定的要求。因此部件装配时，必须对部件之间的位置精度及影响总装配精度的零部件作出规定。例如：卧式镗床立柱导轨的误差分布，就得在立柱导轨的单件加工中消除总装配的累积误差。

10.1.3 机械装置的润滑、密封与防漏知识

润滑是在机械设备摩擦副相对运动的表面之间加入润滑剂，用以降低摩擦阻力和能源消耗，减少其表面磨损，延长使用寿命，保证设备正常运转。为保证设备的良好润滑状态和工作性能，合理地选择润滑方法和装置是十分必要的。

1. 润滑油的组成

绝大多数润滑油是由基础油与添加剂调制而成的。基础油分为两种，一种是经过炼制的天然矿物油，另一种是合成油。

为满足润滑的需求，润滑油不断升级换代，由Ⅰ类矿物质基础油向非常规的Ⅱ类和Ⅲ类发展，更具有不同牌号与规格的明显特点。根据合成润滑油基础油的化学结构，工业化生产的合成润滑油可分为有机脂、合成烃、聚醚、聚硅氧烷、含氟油和磷酸酯六大类。每类合成油都有

其独特的化学结构、特定的原材料和制备工艺、特殊的性能和运用范围，可根据使用要求进行选择。

2. 机械设备常用润滑方法

(1) 齿轮油　在齿轮传动中，齿轮齿面的接触应力非常高。在高应力条件下要保证齿轮的正常运转，可根据齿面接触应力不同的载荷，选择合适的齿轮油进行润滑。齿轮润滑常用的装置是油池和液压泵等。齿轮油具有以下主要性能。

1) 具有适宜的黏度和流动性。黏度是液体润滑剂最重要的性能指标之一，选择齿轮油时首先要考虑黏度是否合适。高黏度齿轮油容易形成较厚的动压油膜，能够支承较大的负载，防止齿面磨损。高黏度齿轮油在流体内摩擦大，会造成摩擦热增加，摩擦面的温度升高，在低温下不容易流动，不利于低温起动。低黏度齿轮油在使用时摩擦阻力小、能耗低、温升不高、机械运行稳定。当齿轮油的黏度太低时，在运行过程中产生的油膜太薄，承受负载的能力小，容易造成磨损和渗漏流失且容易渗入齿轮表面的疲劳裂纹，加速疲劳扩展和疲劳磨损，降低齿轮使用寿命。

2) 具有良好的极压抗磨性能。当齿轮传动处于边界润滑状态时，齿轮油的黏度作用不大，主要靠边界膜强度支承负载，因此要求齿轮油具有良好的极压性，以保证在边界润滑状态下，在低速重负载及高速重负载起动时，仍有良好的润滑作用。

3) 具有良好的氧化安定性和热稳定性。齿轮油的生产、运输、销售、储存到使用有一个过程，为使其不氧化、不变黏、不变质以及不堵塞油路，要求齿轮油具有良好的氧化安定性和热稳定性。

4) 具有优良的抗乳化性。在有水部位工作的齿轮，当水混入油中时，会产生乳化现象。齿轮油被乳化或抗乳化性差，会丧失其流动性和润滑性，也会引起金属腐蚀和磨损。

5) 具有优良的抗泡性。良好的抗泡性能够使混入齿轮油中的空气顺利地逸出，在循环润滑系统中，抗泡性差的齿轮油会引起油的流量减少，降低散热效果。油中的气泡会使摩擦表面供油不足而导致磨损。

6) 具有较好的防锈性能。为防止金属齿轮生锈，齿轮油应具有保护齿面不生锈的性能。

7) 具有较好的耐蚀性。齿轮油中的酸性物质会造成金属的腐蚀，为保证齿面不腐蚀，齿轮油应具有较好的耐蚀性。

8) 满足环保的要求。齿轮油应能生物降解、无毒性，对人体无害。

(2) 机床用油　机床上主要的润滑部位是齿轮、导轨、轴承和液压系统。机床上的齿轮由于负载不同，所以对油品的要求各有不同。

1) 用于中负载卡头、进给箱刀架，以及闭式齿轮、轴承的强制润滑，应采用抗腐蚀、安定性好的直馏精制抗氧化剂润滑油。

2) 用于主轴的滑动轴承或滚动轴承的强制润滑，应采用具有抗氧化性、耐蚀性及耐磨损性的精制石油系列。

3) 用于导轨滑动面、进给丝杠、凸轮、蜗轮蜗杆和各种滑动部分的润滑和低速滑动面的防爬润滑等，应采用润滑性能、黏附性、防爬性好的精制石油系润滑油。

4) 用于滑动轴承和滚动轴承等密封状态下的润滑，应采用抗氧化性、耐蚀性好的润滑脂。

3. 密封和防漏

能起阻止泄漏作用的零件称为密封件，简称密封。密封性能的优劣是衡量机器设备质量的重要指标。

密封的作用是：用不同材料的挤压相互封闭空间；阻碍两个相互分隔空间的材料的迁移（如粉尘、水、气体、油脂等）；防止外界物体的侵入；机器零件的密封，防止润滑油的损失等。

泄漏是造成机器设备工作不稳定、效率降低（一些动力机械）、磨损严重、环境污染、影响产品质量，甚至引起设备和人身事故的重要因素，所以在装配机器过程中要密切注意。

（1）对密封的基本要求　对密封的基本要求是严密可靠、结构紧凑、简单易造、维修方便、寿命较长。对其材料的要求是强度好、硬度高，有塑性、弹性，耐高温性、材料不透性、耐老化性、抵抗能力强，耐磨性能好和摩擦性优良等。

（2）用作密封的材料

1）软材料密封（软密封），包括：纸浆、在油中浸过的纸和硬纸板、被织成或压成板形的用作多材料密封的石棉、叠合板、人造橡胶、丁腈橡胶、氯丁橡胶、聚硫塑料、硅树脂、永久弹性塑料制作的密封物、密封剂等。

2）金属材料用作密封（硬密封），包括铅、铝、软铜或钢网组成的密封料。

（3）密封分类

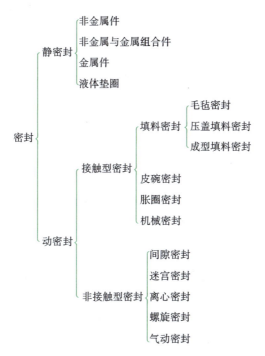

1）静密封：密封表面与结合表面（零件的）间无相对运动的密封。

2）动密封：密封表面与结合零件间有相对运动的密封。

3）接触型密封：靠密封力使密封表面互相压紧以减小或消除间隙的各类密封。绝大多数静密封都属于接触型密封。

4）非接触型密封：密封表面间存在定量间隙，不需要密封力压紧密封表面的各类密封。

（4）密封的特点和选用　密封的特点及适用范围见表10-1。

表 10-1 密封的特点及适用范围

	静 密 封			
	名称与简图	材料	特点	适用范围
非金属垫片	矩形橡胶垫圈（片）	耐油橡胶		一般介质的各种机械设备中
	油封皮垫片	工业用皮革（牛皮或浸油、蜡，合成橡胶，合成树脂牛皮）		各种螺塞、紧密处密封
	油封纸垫片	软钢纸板		用于不经常拆卸的螺塞、紧密处密封
	其他材质垫片	夹布橡胶、聚四氟乙烯、橡胶石棉板等	耐一定的酸、碱溶剂及油类等介质的浸蚀	用于低温、腐蚀性介质等特殊环境
非金属与金属复合件	夹金属丝(网)石棉垫片	钢丝或不锈钢丝和石棉交织构成	因金属丝网包在石棉线内，故增强了垫片的强度	用于高温高压场合
	金属石棉交织平垫片	金属丝与石棉丝交织构成	耐高温高压	用于内燃机的气缸盖等
	金属包平垫片	金属板与石棉板（石棉橡胶板）	用金属板包着石棉板或石棉橡胶板	用于高温高压场合
金属垫片	金属平垫片	纯铜、铝、铅、低碳钢、不锈钢、合金钢等		用于高温高压及高真空场合
	金属齿形垫片	10 钢、12Cr13、铝、合金钢	锯齿尖端与密封表面接触，在螺栓紧固压力作用下可产生较高的接触应力，不易泄漏	用于高压处
	金属透镜垫片	10 钢、12Cr13、合金钢、不锈钢		用于高温高压处，适用于压力小于 32MPa、温度为 500℃ 左右环境

(续)

静密封			
	名称与简图	材料	特点	适用范围
金属垫片	环形垫片 椭圆形 / 菱形 / 八角形	铁、低碳钢、软铝、蒙乃尔合金、4%~6%（质量分数）铬钢、不锈钢、铜		用于高温高压蒸汽的密封（化工设备）
金属垫片	金属空心O形环	铜、铝、低碳钢、不锈钢、合金钢	用管材焊接而成，具有优良的密封性能，适用范围广泛	用于低温、高温真空条件及要求严格密封的场合
金属垫片	金属丝垫	铜丝、无氧铜丝、高纯铝丝、金、钢条	耐烘烤温度高，耐低温，放气量小，但需较大的压紧力，材料价格贵	用于放射性及高压的场合
液态垫片	液态密封胶	酚醛树脂、环氧树脂、氯丁橡胶、丁腈橡胶	有一定的流动性和黏度的液体，耐压性能好，对密封表面的加工精度要求低	用于一般车、船、泵设备的平面法兰连接、螺纹连接、承插连接等
液态垫片	密封剂厌氧胶	具有厌氧性的树脂单体和催化剂	涂敷性良好，耐酸、碱、盐、水、油类、醇类等介质，耐热耐寒性良好	适用于仪表密封
接触型密封	皮碗密封（油封）卡圈 橡胶皮碗 骨架 弹簧	橡胶、皮革、塑料等	结构简单，尺寸紧凑，成本低廉，对工作环境条件及维护保养的要求不高，适用于大量生产	广泛用于液压油润滑系统中的旋转密封件，也可用于防尘及封气

(续)

静 密 封				
	名称与简图	材料	特点	适用范围
接触型密封	胀圈密封（壳体、胀圈、轴）	合金铸铁、锡青铜、钢	胀圈与壳体间无相对运动，只有一端与转轴端面产生相对摩擦。胀圈结构简单	常用于液体介质密封
	毛毡密封	半粗羊毛毡和优质细羊毛毡	毛毡可储存润滑油，轴工作时可反复自行润滑	用于低速常温、常压下工作，可密封润滑脂、油、黏度大的液体，并可作防尘用，不宜用于气体密封

动 密 封				
	名称与简图	材料	特点	适用范围
接触型密封	压差填料密封（填料箱体、底衬套、填料、封液环、压盖）	天然纤维类、橡胶类、石棉纤维类、合成纤维类、金属类	在轴与壳体之间缠绕填料，并用压盖和螺钉压紧。压力和轴的转速有关（压力较低时可允许转速高，压力较高时，则转速要低）。结构简单，装卸方便，成本低，但填料磨损快	适用于各种液体或气体介质的泵类密封，根据软填料材料及结构不同，适用于不同压力、温度和速度
	成型填料	用橡胶、塑料、皮革、金属制成环状密封圈	结构紧凑，品种规格多，密封性能良好	适用于各种机械设备中做往复运动、旋转运动的结构，介质为矿物油、水及气体

(续)

动密封			
	名称与简图	特点	适用范围
接触型密封	机械密封（端面密封） （压盖、静环、动环、推环弹簧座）	密封性能好，摩擦功率损失小，对轴的磨损小，且工作状况稳定，维修周期长。但结构复杂，加工困难，安装要求高，维修不方便	适用于高压、真空、高温、高速、大直径、有腐蚀性、易爆、有毒等条件下
非接触型密封	间隙密封 （固定环、密封间隙、p(液)）	因转子与密封环之间有装配间隙，故无机械磨损，使用可靠，寿命较长。但控制系统复杂，制造精度高，有泄漏	适用于各种压缩机、液压元件、离心泵、航空发动机等机械上的密封
	离心密封 （壳体、密封盖、轴）	借离心力的作用，将液体介质沿径向甩出，阻止流体从缝隙泄漏。转速越高，甩油密封效果越好。并可允许较大的密封间隙，可密封含固相杂质的介质，无磨损、寿命长、泄漏量小，结构简单，使用可靠	广泛用于各种传动装置
	迷宫密封 （轴、箅齿、壳体、卡圈）	转子与机壳间有迷宫间隙，不需要润滑，维修方便，寿命长，但泄漏量较大	主要用于密封气体，适用于高温、高压、高转速的场合
	螺旋密封	与螺杆泵原理相似，借螺旋作用将液体介质赶回机内，以保证密封。因螺旋旋向影响赶油方向，故设计时应特别注意	常用于核技术和宇航技术
	气体密封	利用空气动力来堵住旋转轴的泄漏间隙，以保证密封。结构简单，但需要有一定压力的气源供气	常用于压差不大的场合，常与迷宫密封或螺旋密封组合使用

4. 密封件的安装实例

技能训练1 安装高压胶管接头

图10-1所示为高压胶管接头，其安装操作如下：

1）将胶管外胶层剥去一段（剥离处倒角15°，剥外胶层时切勿损伤钢丝层），装入外套内，胶管端部与外套螺纹部分应留有约1mm的距离，并在胶管露出端做标记（图10-2）。

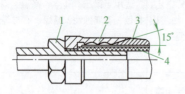

图10-1 高压胶管接头
1—接头芯 2—外套 3—胶管 4—钢丝层

图10-2 固定式接头
1—胶管 2—外套

2）拧进接头芯子（需涂润滑剂），注意内胶层不得有切出物。

3）对扣压式（固定式）接头，即可进行扣压。扣压的方法有轴向与径向两种。扣压时接头与模具应相互找正、对中，按外套上的扣压线（图10-2）进行扣压。不得多压或少压。多压会损坏外螺纹，少压则减小了密封长度，并会降低防脱性能。

技能训练2 安装油封件

油封件是用于旋转轴的一种密封装置，如图10-3所示，装配时应防止唇部受伤，并使拉紧弹簧有合适的拉紧力。其装配的操作过程如下：

1）检查油封件的尺寸、表面粗糙度是否符合要求，密封唇部有无损伤，然后在唇部和主轴上涂润滑脂。

2）用压入法装配时，要注意使油封件与壳体孔对准，不可偏斜。孔边倒角宜大些。在油封件外圈或壳体孔内涂少量润滑油。

3）油封件的装配方向，应该使介质工作压力把密封唇部紧压在主轴上（图10-3），不可装反。如果用作防尘，则应使唇部背向轴承。如果需同时解决防漏防尘的问题，应采用双面油封。

4）当轴端有键槽、螺孔、台阶等时，为防止油封件在装配时受伤，可装配导向套（图10-4）。

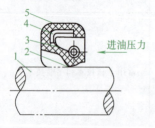

图10-3 油封件
1—主轴 2—密封唇部 3—拉紧弹簧
4—金属骨架 5—橡胶皮碗

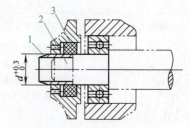

图10-4 油封件的装配
1—导向套 2—轴 3—油封件

技能训练3 安装密封圈

密封圈有O形、V形、U形、Y形等，使用最普遍的是O形密封圈。

O形密封圈有运动型和固定型两种。所谓运动型就是O形密封圈与轴有相对运动，而固定型则不与机件发生相对运动。装配操作过程如下：

1）装配前须将 O 形密封圈涂润滑脂。装配时应使 O 形密封圈的"毛边"不装在密封面上。

2）装配时，如需越过螺纹、键槽或有锐边、尖角的部位时，可用导向套进行装配。

3）大直径的固定型 O 形密封圈，可以用简便的方法根据需要现场自行制作。切取适当长度的圆形橡胶条，在两端涂上黏合剂（如氰基丙烯酸酯），稍干后，放在带弧形槽的样板上用手压合即成 O 形密封圈。

10.1.4　机械产品的涂装和防锈知识

金属材料在空气中会产生氧化反应而生成氧化层（生锈），氧化严重时会产生腐蚀，影响机械零件的使用功能。为防止金属材料产生氧化层，常用涂装的方法进行预防。

涂装在机械制造业中指的是用工具或设备，对工件、产品或整个工作系统的表面进行喷、涂、浸漆的工作。

机器、零件涂装的意义是提高耐蚀性能、便于清洗和保养、装饰外观等。

涂装的方法有刷漆、喷漆（包括烘漆）、浸渍法涂漆、电泳、静电喷漆、粉末喷漆（塑）等。

各种涂装方法的工艺过程基本相同，现对刷漆和喷漆的工艺进行简单介绍。

根据涂装工件的材质和涂装的质量等要求，先进行工件的表面处理。工件的表面处理主要有去除污秽、油腻、锈蚀（斑），可用铲刮（旧漆的去除）、砂纸打磨、脱脂（表面擦溶剂等）、酸洗、磷化处理等。有些焊接表面还需用角向砂轮打磨，使其表面平整。有的铸件需要经过喷砂处理。通过表面处理后的工件表面应平整、光滑、无勾刺。

腻子也要按工件的材质和表面质量要求来调配和刮抹。刮腻后要进行打磨，使工件表面光滑平整，然后除去工件表面灰尘（残余的细颗粒）。

涂料有单色、双色、三色组合的颜色。有些涂料还需加入一定量的稀释剂（如香蕉水、甲苯之类）。调配用量应一次完成。

涂刷和喷涂一般都要两次以上才能得到满意的结果。

最后是干燥，涂刷后必须把工件放在无尘、通风干燥处晾干。烘烤的可在烘干后直接取出使用。

浸渍法涂漆是最简单的上漆方法，耗漆也最小，不过工件的形状和大小必须要考虑，即避免不能排出漆的槽、沟（工件上）。平面或平面式工件则特别适合用此方法。准确、均匀地从漆池内把工件取出，对于涂漆质量是很重要的。所以要求：①工件从浸渍池内取出的速度要适当；②工件上漆的流动速度要均衡；③浸漆的干燥速度要适宜（溶剂汽化时间要掌握）。有可调节送漆装置的浸漆设备为最佳。

随着工业的发展，各种机械及零件的表面处理工艺显得越来越重要。而各个行业都要用到表面处理，不光是刷漆，还有：喷塑，用于各种格栅、货架、金属箱柜、冰箱、空调等；涂釉，用于灶具、浴具、装饰品等；黑色金属的表面镀铬、镀锌、镀锡等，以及铝合金的表面氧化处理都属于表面涂层处理的加工范围。

10.1.5　设备空运转试验要求

机器在正常运行前必须经过试运行，因此，试运行是装配或修理机器时必经的最后阶段。机器试运行正常后，才能移交给操作人员进行正常使用，装配或修理工作才告完成。试运行未达到正常要求，则仍需对机器的装配或修理工作进行全面检查、返工，直至达到要求为止。

1. 试运行前的准备

机器试运行中，很重要的是起动阶段，因为机器在装配或修理结束后，立即进行起动试运行，此时往往会有预先未能估计到的各种问题和故障暴露出来，应急的措施通常无法充分准备，造成很大的损失。所以需要特别认真和谨慎地做好各项试运行前的准备工作，以免出现重大故障。试运行前的准备工作有以下几项内容：

1）机器在起动前，必须进一步对总装工作进行全面检查，确认其是否符合试运行要求。特别是有些部件按规定必须事先单独经过试验的，并确保其试验结果完好。

2）机器起动前，工作场地要进行一次清理，多余的材料、工件和工具、设备等全部要移开，并使试运行所需的空间位置具有足够的大小，以保证试运行的安全和顺利进行。

3）试运行时所需用到的监测仪器仪表，应保证处于良好状态。

4）机器起动前，机器上有些进给运动机构和部件，暂时不需要产生动作的，通常都应使其处于"停止"位置，待需要参加试运行时再调整到"进给"位置，以免机器起动时，进给机构立即跟随动作，而使试运行人员无法兼顾。机器上有危急保安装置的，应确保其动作可靠，严防产生失灵现象。

5）机器起动前，必须用手转动各传动件，应运转灵活。各操纵手柄应操纵灵活、定位准确、安全可靠。润滑系统应清洁畅通，以免试运行时发生咬死现象。

6）对于一些大型和复杂的机器，试运行往往需要几个甚至几十个人共同参与。此时试运行时的有关人员必须分工明确、各尽其职，并应在各自的职责范围内，全部准备就绪的条件下，方能由试运行的总指挥发布起动指令。

2. 起动过程

试运行必须严格按制订的规程执行。起动过程中需要做的工作一般有以下几个方面：

1）机器一经起动，应立即观察和严密监视其工作状况。根据机器的不同特性，按试运行规程所定的各项工作性能参数及其指标进行读数，并随时判别其是否正常。例如：轴承的进油、排油温度和进油压力是否正常；轴承的振动和噪声是否正常；机器静、动部分是否有不正常的摩擦或碰撞；有无过热的部位、松动的部位；运动状况是否有不符合要求的部位以及热胀不符合要求的情况；机器其余各部分的振动和噪声是否过大；机器的转速是否准确稳定，功率是否正常；流体的压力、温度和流量等是否正常；密封处有无泄漏现象。

2）起动过程中，当发现有不正常的征兆时，应立即检查、分析和找出原因，必要时应降低转速。当发现有严重的异常状况时，应采取立即停机的措施，而不能茫然对待或做出冒险的行动。

3）起动过程应有步骤地按次序进行，待这一阶段的运转情况都正常和稳定后，再继续做后一阶段的试验。某一阶段暴露的问题和故障，一般都应及时分析和妥善处理完毕，否则可能引起故障的扩大或恶化。

4）机器上独立性较强的部件或机构较多时，应尽量分项投入试验。一个试验正常，再投入另一个进行试验，以利于发现和鉴别故障原因。

5）对于某些高速旋转机械，当转速升高到接近其临界转速时，如果振动尚在允许范围，则继续升速时要尽快越过临界转速，以免停留在临界转速下运转过久，而引起共振的危害。但冲越过程中如果发现振动有可能超出允许范围的趋势时，不应再继续强行冲越，必须降速或停机检查，找出原因并排除故障后，才能重新起动升速。

6）升速过程达到额定转速后，如果一切均属正常，则一般需按规定再稳定运转一段时间，观察各工作性能参数的稳定性。并对机器各部分的工作状况做详细的检查，做好必要的测定和记录。

7）有些新产品的试运行，还得落实安全防患的应急措施。

3. 试运行的类型

机器试运行的具体内容，根据其不同的目的而异。一般试运行类型可归纳为以下几种：

1）空运转试验，也称为空负荷试验。它是指机器或部件装配后，不加负荷所进行的运转试验。机器空运转试验的目的主要是检查和考核在其工作状态下，各部分的工作是否正常，工作性能参数是否符合指标要求，同时可使各摩擦表面在工作初始阶段得到正常的磨合，为后阶段的负荷试验创造条件。

2）负荷试验是机器或其部件装配后，加上额定负荷所进行的试验。负荷试验是机器试运行的主要任务，它是保证机器能长期在额定工作状况条件下正常运转的基础。

3）超负荷试验是按照技术要求对机器进行超出额定负荷范围的运转试验。超负荷试验主要是检查机器在特殊情况下超负荷工作的能力，观察机器的各部分是否可靠和安全。

4）超速试验是按照技术要求对机器进行超出额定转速范围的运转试验。超速试验主要是检查机器在特殊情况下超速运转的能力，观察其是否可靠和安全。

5）形式试验是根据新产品试制鉴定大纲或设计要求，对新产品样机的各项质量指标所进行的全面试验或检验。

6）性能试验是为了测定产品及其部件的性能参数而进行的各种试验。例如对金属切削机床所进行的各项加工精度试验，对动力机械所进行的功率试验，对压缩机械所进行的流量、压力试验，以及对各种机械所进行的振动和噪声试验等。

7）寿命试验是按照规定的使用条件（或模拟其使用条件）和要求，对产品或其零部件的寿命指标所进行的试验。

8）破坏性试验是按规定的条件和要求对产品或其零部件进行直到破坏为止的试验。

10.1.6 设备空运转试验实例

立式钻床是一种应用广泛的孔加工机床，也是钳工在进行机械加工时常使用的机床。立式钻床上可安装钻头、扩孔钻、机用铰刀、丝锥和锪钻等孔加工刀具，可以进行钻孔、扩孔、铰孔、攻螺纹、锪孔和锪端面等工作。

Z525型立式钻床的结构比较完善紧凑，具有一定的万能性，最适合于小批量生产、单件生产，是机修、工具和小型机加工车间的常用设备。

Z525型立式钻床在总装配之前，应按技术文件要求分别对变速箱、进给箱、工作台、主轴部件进行装配、调整、检查。这些部件都符合精度要求后，进行总装配。当然有些部件的检查调整可能与总装配穿插进行，其总装配步骤如下：

（1）立柱的安装　先将底座安放于基础垫铁上，将水平仪置于平行平尺上调平底座，纵横两方向水平公差为0.04mm/1000mm。紧固地脚螺栓，然后安装立柱，紧固连接螺栓，接合处用0.03mm塞尺检查，插入深度不大于10mm。按图10-5所示的方法检查立柱垂直度误差。纵向垂直度公差为0.15mm/1000mm，只许立柱向前倾；横向垂直度公差为0.10mm/1000mm。

立柱安装后，将平衡铁接好链条后放入立柱空腔

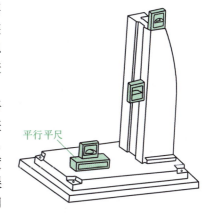

图10-5　立柱安装示意图

内，并用钢管插入立柱侧面孔内，使平衡铁悬于顶部。待安装变速箱时将链条绕装在链轮上并与主轴套筒连接。

（2）工作台的装配

1）安装工作台。将工作台装于立柱上，用压板调整间隙，滑动接合面间隙用 0.03mm 塞尺检查，插入深度不得大于 20mm。

2）调整升降丝杠位置。在托架上装好升降丝杠，把丝杠顶端装在工作台的丝杠支承孔内，并使丝杠托架自由安装在底座上，拧上紧固螺钉。摇动手柄使工作台在立柱导轨上轻便自如地升降，最后紧固托架，重新铰销孔，用销钉定位。

3）检查工作台面对立柱导轨的垂直度误差。如图 10-6 所示，水平仪纵、横两个方向置于工作台面上，升降工作台。纵向公差为 0.15mm/1000mm，只许偏向立柱；横向公差为 0.10mm/1000mm。

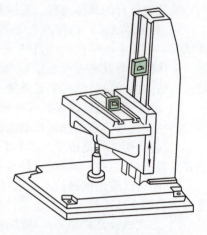

图 10-6　检查工作台面对立柱导轨的垂直度误差

（3）进给箱的装配　在把进给箱装在立柱导轨上时，要同时装上手摇升降机构，并使齿轮与立柱上的齿条啮合好。

1）检查主轴锥孔中心线与立柱导轨的平行度误差。如图 10-7 所示，在主轴中插入检验棒，指示表分别置于纵横两侧素线上，上下移动工作台。主轴锥孔中心线对立柱导轨的平行度公差：在 300mm 长度上，纵、横方向均为 0.05mm。

2）检查主轴回转中心与工作台面的垂直度误差。如图 10-8 所示，将指示表装夹在主轴上，表针接触工作台面（回转半径为 150mm）。用手转动主轴，测量主轴回转中心对工作台面的垂直度误差。在 300mm 测量直径内的公差：纵向为 0.1mm，只许工作台向立柱上端倾斜；横向公差为 0.06mm。

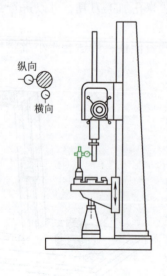

图 10-7　检查主轴锥孔中心线与立柱导轨的平行度误差

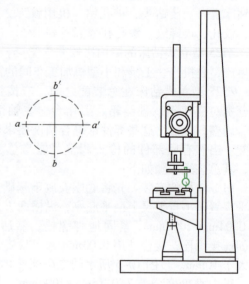

图 10-8　检查主轴回转中心与工作台面的垂直度误差

（4）变速箱的装配

1）检查空心轴对支承面的垂直度误差。支承面要与立柱顶面相结合，为保证主轴回转中心与立柱平行，要检查空心轴与支承面的垂直度误差。如图 10-9 所示，将变速箱支承面清理后放于平板上。在空心轴上装夹指示表，测头触及平板，回转半径为 150mm，旋转空心轴，若超差可修刮支承面。其垂直度公差：在测量直径 300mm 上，纵向为 0.03mm，只许向立柱倾斜，横向为 0.03mm。

2）检查主轴对空心轴的同轴度误差。如图 10-10 所示，把变速箱安装在立柱上，在主轴上装夹指示表，测头触及空心轴，旋转主轴进行测量，同轴度公差为 0.05mm。若超差可调整变速箱位置，重新铰定位销孔，用销定位。

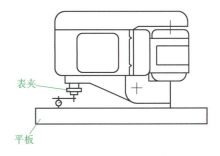

图 10-9　检查空心轴对支承面的垂直度误差

（5）试运行

1）机床空运转试验。其要求如下：

① 试验前，要对机床所有部件进行检查、清洗，加润滑油。

② 所有紧固螺钉及调整螺钉，必须全部拧紧或调整完毕。

③ 固定连接面应配合紧密，用 0.03mm 塞尺检验时不能插入。滑动导轨配合面，除应涂色检查接触斑点外，还要用 0.03mm 塞尺检验，插入深度不大于 20mm。

④ 检查自动装置和挡铁的工作位置及动作的准确性。

⑤ 主轴应能平稳升降，手柄转动力应大于 50N。

⑥ 机床通电后，主运动机构从最低速度起依次变速，每级速度运转时间不得少于 2min。在最高速度时，运转时间不得少于 30min。使主轴轴承达到稳定温度，最高温度不得超过 70℃。

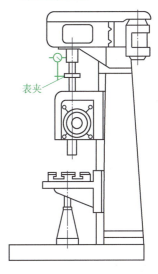

图 10-10　检查主轴对空心轴的同轴度误差

⑦ 检验油窗内润滑油流动是否正常，箱盖和轴套是否有渗漏。

⑧ 检验各手柄的可靠性和准确性，用于变速和调节进给量的手柄，所加试验力不得超过 40N。

⑨ 各种转速和进给量条件下，应传动平稳、没有冲击。

2）机床几何精度检验。根据立式钻床精度标准逐项进行检验。

3）机床负荷试验。在达到热平衡后，方可进行负荷试验。

① 试件规格：45 钢板，上、下平面的表面粗糙度须加工至 $Ra6.3\mu m$。

② 刀具规格：采用 $\phi 25mm$ 锥柄高速钢通用麻花钻。

③ 切削规范：主轴转速为 392r/min，进给量为 0.36mm/r，钻孔深度为 60mm，钻孔数量为 6。

采用 0.36mm/r 的进给量时，将水平仪纵向放在工作台面和主轴套筒上，观察工作台受钻削轴向压力而产生的变形，变形量为在每 100mm 上不能大于 0.15mm。当进给量增加至 0.48mm/r 时，进给保险应自动脱开。

10.2 设备安装和调试

机械设备是机械与机器的统称。机械设备的种类很多，按其作用可分为金属加工设备、输送设备和包装设备等。切削机床是金属加工设备，是将金属坯料加工成零件的设备，属于制造机器。金属切削机床按加工方式和加工对象的不同可以分为车床、铣床、刨床、磨床、镗床和钻床等。

10.2.1 机械设备安装的基础知识

1. 机械设备安装的概念

机械设备安装是指机械设备从制造工厂出厂后，进入安装现场直到正常使用前的全部工作过程。机床精度是保证机械设备加工的基础，机床精度主要体现在机床的几何精度、加工精度和位置精度，机械设备的加工精度在很大程度上需要靠机械设备的安装质量来保证。机械设备安装是一项跨度较大的应用技术，安装质量将直接影响到设备能否正常投产以及投产后能否达到设计标准。

2. 机械设备安装的主要任务

机械设备安装是一项精细而复杂的工作。机械设备安装的主要任务是借助一些工具和仪器，采用先进的安装方法，将设备正确地安装在预定的位置。由于机械设备的种类繁多，形状、大小各异，质量相差悬殊，在安装过程中需做好必要的清洗、检查、组装和调整工作。

3. 机械设备安装的主要特点

1）机械设备安装时，对设备的基础要求较高，其中包括预留、预埋的位置及表面平整度等。

2）大、中型设备安装过程中需要起重与搬运就位，有些设备在安装过程中需要钳工、焊接、铆接、探伤或测量等多工种协作配合和立体交叉作业，有时施工组织较为复杂。

3）机械设备安装过程中，要保证设备的功能和加工精度，对重型、大型、精密及构造复杂的设备进行安装时，要有特殊的安装工艺。

4）机械设备安装工程技术复杂、涉及面广、任务不定型、现场施工难度高，对合理组织施工、精心安装和安全保障等方面有很高的要求。因此，对安装人员的要求比较高，既要有比较广博的专业知识，也要有丰富的施工经验。

4. 机械设备安装的通用规范

为确保机械设备安装的质量和安全，各类机械设备安装工程必须严格按照 GB 50231—2009《机械设备安装工程施工及验收通用规范》和 GB 50271—2009《金属切削机床安装工程施工及验收规范》施工。从设备开箱、搬运、安装至机械设备的空负载试运转为止的施工与验收，各种施工和每道工序必须遵守以下规定：

1）机械设备安装工程应按设计施工，若施工过程中发现设计有不合理之处应及时提出修改建议，并经设计变更批准之后才能按变更后的设计方案施工。

2）所安装的机械设备、主要零部件与主要材料等，必须符合设计要求和产品标准的规定，且应有合格证明。

3）设备安装过程中所采用的各种计量与检测器具、仪器、仪表和设备等，必须符合国家现行计量法规的规定，其计量精度不得低于被检项目的精度等级。

4）属于设备安装中的隐蔽工程，应在该工程隐蔽之前进行检验和记录，检验合格后才能继续后道工序的安装。

5）在设备安装过程中，应进行自检、互检和专业检查，对每道工序都应进行检验和记录，待安装工程验收时作为验收依据。

5. 机械设备安装的一般方法

机械设备安装的方法主要是根据设备本身的结构特点、施工现场的安装条件，以及施工人员的技术水平和施工机具的功能来考虑。常见的安装方法有以下几种：

（1）整体或分体安装法　整体安装法常用于中小型机械设备的安装。实施安装操作时是一次吊装到位，然后进行找正找平。分体安装法又称为解体安装法，常用于大型设备或制造商提供的解体式机械设备的安装。整体安装法具有简便、效率高、减少空间作业量，安全事故概率小等优点。机械设备安装时，在现场起重机具有的起吊能力和场地条件允许的情况下，尽可能地采用整体安装法，提高机械设备的预装配程度。

（2）弹性或刚性连接法　弹性连接法是在机械设备底座与混凝土地坪之间，放置可调整设备水平位置的防振垫铁，并将设备精确地调整到规定的水平位置。设备底座与防振垫铁之间用螺栓紧固，设备底座与地坪之间不用灌浆浇注。刚性连接法是在设备底座与基础之间放置可以调整机械设备水平的刚性垫铁，将地脚螺栓放入基础上的预留孔和设备底座的螺栓孔内，先将机械设备初步调整到水平位置，再将混凝土砂浆灌入预留孔内，待混凝土的强度大于80%时，再对机械设备的水平位置进行精确调整，在拧紧螺母后固定设备，确保设备达到规定的安装水平。

（3）有、无垫铁的安装法　垫铁安装法是一种传统的方法，这种方法简便易行、调整方便、精度可靠、应用广泛。垫铁安装法是在机械设备与底面的基础表面之间放置若干组垫铁，通过改变垫铁组的厚度来调整设备的标高和水平面，对基础第二次灌浆后垫铁即被浇注在灌浆层内。无垫铁安装法是依靠在基础上设置调整精度更高的千斤顶，来提高设备的找正精度，并在灌浆后撤去。无垫铁安装法的主要优点在于能够提高找正、找平的精度。

6. 机械设备安装前的准备工作

机械设备安装前的准备工作是保证安装过程顺利施工的前提，只有充分地做好安装前的准备工作，才能保证施工的顺利进行。安装前的主要准备工作包括组织准备、技术准备、材料准备、工具准备、吊装器具准备、设备的预装配和预调整以及场地和临时设施准备等。

10.2.2　机械设备安装调试实例

卧式车床是金属切削机床中应用最多、数量最多、分布最广的一种设备。卧式车床主要由床身、主轴箱、进给箱、溜板箱、滑板与尾座等部件组成。中小型卧式车床一般在出厂时都已经装配成整体状态，因此，在安装时多数卧式车床常采用整体安装法。

1. 安装顺序

1）吊装搬运至安装现场。
2）开箱检查。
3）敷设地脚螺栓。
4）安放就位。
5）按规定设置垫铁。
6）初步找正、找平。
7）灌浆。
8）精确找正、找平。
9）固定。
10）检测机床几何精度。

11）空运转试运行。

12）工作精度检测。

13）验收。

2. 安装工艺

（1）搬运　用起重设备搬运装箱的卧式车床时，应按包装箱上的起吊标志用钢丝绳或叉车安放就位。安放时应注意避免箱体受到冲击或剧烈振动，也不得过度倾斜。

用起重设备搬运已经开箱的卧式车床时，应按规定的吊运位置操作，保持设备的平衡。在绳索接触部位垫上木块以避免损伤设备表面。

（2）就位　将卧式车床安放在预定的基础地坪上，在基础的螺栓孔内装上地脚螺栓并用螺母连接在床脚上，预留锁紧空间。用调整垫铁粗调找正、找平车床导轨水平后，用混凝土浇灌进地脚螺栓孔内。待混凝土凝固后再次精调车床的水平，并均匀地拧紧地脚螺栓。

3. 找正、找平方法

（1）粗调　粗调车床导轨的水平状态可用三点调整法。可用水平仪分别在车床导轨的两端和中间位置，初步检测和调整导轨纵向和横向的水平状态。先调整横向水平，再调整纵向水平，要求全长的水平在5格（0.1mm）之内。调整方法如下：

1）先将水平仪平稳地置于靠近主轴的导轨平面上，水平仪的方向与导轨长度方向成90°。然后调整垫铁，在车床平稳的状态下，尽量使水平仪中的水泡处于中间的位置。

2）再将水平仪置于导轨的中间位置，待水泡静止后观看水泡位置。水泡偏离中间移向哪一侧，则说明该侧导轨平面高，应调低此侧的垫铁或调高另一侧的垫铁，使水泡处于或接近中间的位置。

3）最后将水平仪置于导轨尾部位置，与前面的观察、调整方法相同，使水平仪中的水泡处于中间位置。

4）重复1）~3）的调整步骤，通过调整垫铁控制水平仪中的水泡在三个位置的移动范围在5格之内。

5）当粗调好横向水平后，可调整导轨的纵向水平。在调整纵向水平的过程中，应注意放置水平仪的方向与导轨长度方向一致，然后观看水泡的位置，调整两端水平位置的高低，直到水平仪中的水泡在导轨两端和中间的三个位置的移动范围均在5格之内为止。

当对车床粗调水平结束后，用混凝土将地脚螺栓固定在地基孔内，待彻底干涸后再精调车床的水平状态。

（2）精调　精调车床导轨水平时采用分段调整法。将导轨按水平仪的长度分成若干段来进行测量，使水平仪头尾平稳衔接，逐段检查并记录示值，确定水平仪气泡的移动方向及水平仪的示值格数。在坐标图样上用直线反映气泡移动的"＋""－"状态，并以此来分析确定导轨直线度的误差情况。

1）导轨横向水平的调整。水平仪应横放在导轨上，并沿导轨全长在等距离的各位置上进行调整。调整时，首先调整水平仪的零点，在每一个位置进行检测调整时，应观察和记录水泡的位置，水泡移动的方向是该方向导轨偏高的方向，可通过旋紧地脚螺母往下压，必要时将对应的另一侧通过楔铁往上抬。根据GB/T 4020—1997《卧式车床　精度检验》的规定，调整好的导轨横向水平仪的变化为0.04mm/1000mm，即水泡的移动应控制在2格之内。

2）导轨纵向水平的调整。水平仪平行于导轨放置于横向滑板上，沿导轨全长在短距离的各位置上检测、调整。检测调整时，将床鞍移动至离主轴箱最近的位置，调整并记录水平仪的零点位置，从左往右首尾相接、逐段检测调整。当床鞍移动停止并在水泡静止后，检测调整在任意500mm长度上，普通级车床的偏差不得高于0.02mm，即1.5格，精密级车床的

项目10 设备检测、调试和维修保养

偏差不得高于0.015mm。若超差则通过压紧或抬高垫铁来进行调整。

车床的导轨要求中间凸起。若产生导轨凹陷，可通过楔铁微量抬高，若导轨凸起超标，则可通过地脚螺母向下压。在调整车床导轨水平直线时，无论是凸起还是凹陷，需在导轨两侧微调且同起同落，不可起伏太大。然后从起点开始重复检测，直到符合车床标准为止。

4. 车床几何精度的检测

车床安装结束后应立即进行验收，验收完毕后车床才能投入生产。车床的几何精度检测项目的顺序是按照车床部件排列的，并不表示实际检测顺序。GB/T 4020—1997《卧式车床精度检验》中列出了相关的检验项目以及检测的规定。检验车床几何精度时，并不总是必须检验该标准中的所有项目，在检测车床的几何精度过程中，可根据使用者的需要或拆装检验工具和检验方便与否，按任意顺序进行检验。

5. 车床安装后的试运行

在车床附属装置齐全、精确找平和几何精度检验合格之后，可按规定对车床进行试运行。

（1）车床试运行的技术要求

1）车床的主运动和进给运动的起动、停止及操作手柄等动作应灵敏、无阻力、方向正确。

2）操作件的变速、换向、定位及自动进给动作应准确可靠。

3）主轴在最高转速运转时，滚动轴承的温度不超过70℃，温升不超过40℃。

4）在多级速度运转时，空运转的振幅为 $5\sim10\mu m$，噪声 $<85dB$。

5）液、气压系统工作正常。液压油温不超过60℃，无泄漏现象，无振动、爬行、冲击及停滞现象。

（2）车床试运行的主要内容

1）车床的安装质量与运行情况。车床试运行过程中，主要检查连接件是否坚固与可靠。当发现有异常情况或噪声突然增大时应立即停止试验，并进行检查、调整或修理，排除故障之后才能继续试运行。

2）车床的运动速度试验。车床的运动速度包括主轴旋转运动速度和车刀进给运动速度。主轴旋转运动的速度试验应从最低速度到最高速度逐级进行，每级转速试验不得少于5min，最高转速试验不得少于30min。进给机构应做各级走刀及快速进给试验。

6. 车床工作精度的检测

当车床的试运行通过后，就可以开始工作精度的检测。检验车床的工作精度时应采用精车工序，粗车易产生相当大的切削力，因此不可用粗车。例如：背吃刀量为0.1mm，进给量为0.1mm/r。工件或试件的数目、在一个规定试件上的切削次数，需要视情况而定，应使其能得出加工的平均进度，必要时也应考虑刀具的磨损。

7. 验收

车床安装、精度检验通过后，应按通用规范和设备安装工程施工及验收规范进行验收。

10.3　常用设备维护、保养与维修基础知识

10.3.1　车床和铣床一级保养的基本要求和方法

1. 设备的三级保养制

设备的保养，是操作者和维修钳工共同的责任。设备的操作者必须严格遵守设备的使用

钳工（初级）

规则和日常的保养要求，避免造成意外磨损和设备的损坏；维修钳工应定期对设备进行检查和调整，做好设备的一级保养和二级保养。

设备的保养工作，根据有关规定，实行设备的"三级保养制"，内容简述如下：

1）日常保养简称日保，这类保养由操作者负责，每日班后小维护，每周班后大维护；认真检查设备使用和运转情况，对设备各部位擦洗清洁，定时加油润滑；随时注意紧固松脱的零件，调整消除设备小缺陷；检查设备零部件是否完整，工件、附件是否放置整齐等。班中应严格按操作规程使用设备，发生故障及时报修、及时排除，并做好交接班工作。

2）一级保养简称一保，这类保养以操作工人为主，维修工人配合，其主要工作内容是：检查、清扫、调整电气控制部位；彻底清洗、擦拭设备外表，检查设备内部；检查、调整各操作、传动机构的零部件；检查油泵、润滑油路等，疏通油路，检查油箱油质、油量；清洗或更换渍毡、油线，清除各活动面毛刺；检查、调节各指示仪表与安全防护装置；发现故障隐患和异常，要予以排除，并排除泄漏现象等。设备经一级保养后要求达到：外观清洁、明亮；油路畅通、油窗明亮；操作灵活，运转正常；安全防护、指示仪表齐全、可靠。保养人员应将保养的主要内容、保养过程中发现和排除的隐患及异常、试运转结果、试生产件精度、运行性能等，以及存在的问题做好记录。

3）二级保养简称二保，内容以维修工人为主，在操作工人参加下，主要针对设备易损零部件的磨损与损坏进行修复或更换。二级保养要完成一级保养的全部工作，还要求润滑部位全部清洗，结合换油周期检查润滑油质量，进行清洗换油；检查设备的动态技术状况与主要精度（噪声、振动、温升、油压、波纹、表面粗糙度等），检测、调整设备安装精度，更换或修复零部件，刮研磨损的活动导轨面，修复调整精度已劣化的部位。二级保养前后应对设备进行动、静技术状况测定，并认真做好保养记录。

2. 卧式车床一级保养内容和要求（表10-2）

表10-2 卧式车床一级保养内容和要求（供参考）

序号	保养部位	保养内容及要求
1	外保养	1. 清洗检查外表、各罩盖，保持内外清洁、无锈蚀、无黄斑 2. 清洗长丝杠、光杠、操作杆 3. 检查补齐螺钉、螺母、手球、手柄
2	主轴箱	1. 清洗滤油器（过滤器），应无杂物 2. 检查主轴锁紧螺母有无松动，定位螺钉调整适当与否 3. 按要求调整摩擦片、制动器的间隙
3	刀架及滑板	1. 清洗刀架，调整纵、斜滑板间塞铁的间隙 2. 清洗纵、斜滑板丝杠、螺母，并调整好间隙
4	交换齿轮箱	1. 清洗齿轮、轴套，并注入新油 2. 调整好可调中心距齿轮间的间隙
5	尾座	拆洗尾座，做到内外清洁
6	润滑	1. 清洗冷却泵、滤油器、冷却槽 2. 畅通油路、油孔、油线、油毡，应清洁无切屑 3. 检查油质是否老化，油杯应齐全，油窗应明亮
7	电气	1. 清扫电动机、电气箱 2. 电气装置应固定整齐

注：作业前应切断电源。

项目10 设备检测、调试和维修保养

3. 卧式车床二级保养内容和要求（表10-3）

表10-3 卧式车床二级保养内容和要求（供参考）

序号	保养部位	保养内容及要求
1	主轴箱、进给箱、横滑板、溜板箱、交换齿轮箱及导轨	1. 检查导轨等滑动面，修正、去毛刺 2. 检查主轴箱、交换齿轮箱、进给箱、溜板箱内各齿轮、轴、轴承套 3. 检查横滑板、丝杠、螺母 4. 根据磨损情况，更新或修复磨损件 5. 刮研磨损的活动导轨面，修复调整精度已劣化的部位
2	尾座	检查尾座，修复尾座套筒内锥孔精度
3	精度	检查、调整精度（必要时进行刮研）达到加工产品工艺要求
4	电气	检修电气箱，清洗或更换电动机轴承，测量绝缘电阻等，根据情况调换电气元件

注：二级保养停歇时间为3~4天。

4. 车床的使用与维护保养应掌握的要点

以CY6140型车床为例，车床的使用与维护保养应掌握以下要点：

（1）润滑 为保证车床正常工作，减少零件的磨损，车床零件的所有摩擦面均应全面进行润滑。

① 各润滑部位必须按润滑图表的方案图加油，注入的润滑油必须符合规定量和规格，润滑油必须清洁。

② 箱体中加入的润滑油液面不得低于各油标的中心，以保证润滑油的量，液面不宜过高，否则容易造成润滑油的渗漏。

③ 主轴箱、滑板箱中的润滑油应在两到三个月内添加一次，六个月到一年更换一次。

由于新车床和零件的初期磨损比较大，第一次和第二次更换油的时间应分别在10天和20天，以便及时清除污物。废油排除后，箱内应用煤油清洗。

④ 主轴箱的滤油器和其他润滑部位的导油、毛线和滤油毛毡每月应清洗一次，拆下导轨两端和尾座底板左侧的防尘毛毡，每周用煤油清洗一次。

（2）操纵 操纵车床前应注意观察车床周围情况，在确保安全、正常的情况下接通车床电源。操作车床应注意以下要点：

① 在主电动机起动以后，应首先通过主轴箱油窗检查润滑油泵的工作情况，待油窗有油后方可起动主轴。

② 主轴高速运转时，在任何情况下均不得扳动变速手柄，主运动只允许在停车时变速，进给运动只允许在低速运转和停车时变速。

③ 主轴起动前必须检查各变速手柄是否处于正确位置，以保证传动齿轮处于正确啮合位置。

④ 当制动器失灵后，应及时调整，不得使用反向摩擦离合器制动。

⑤ 使用主轴旋转正反停操纵手柄时，必须提、按到位。

（3）使用维护 为保持车床的使用寿命和精度。应注意以下使用维护要点：

① 定期检查并调整V带的张紧力，保持带的使用寿命。

② 定期清洗刀座与上刀架之间的污物和切削液，以保持刀座的重复定位精度。

③ 在利用尾座锥孔装置刀具对零件进行切削加工时，应选择带扁尾的5号莫氏工具锥，并将扁尾水平插入，靠住尾座套筒内的止动挡块，避免工具转动以保持尾座锥孔的精度。

④ 丝杠只应在车削螺纹时使用，不可用于一般的纵向切削的进给运动，以保持丝杠的

寿命和精度。在加工螺纹时，由于丝杠直接驱动滑板箱，滑板箱中的安全离合器不能发挥安全保护作用。为了避免车床零件发生损坏，应注意选择合理的切削用量，使进给力不大于3400N。

⑤ 在使用中心架、随行扶架（跟刀架）等辅件时，应对滑动工作面进行润滑。

⑥ 装卸工件或操作者离开车床时，必须停止主电动机的运转。

5. 铣床保养的基本内容和要求

（1）常用铣床的维护与保养

1）平时要注意铣床的润滑。操作工人应根据铣床说明书的要求，定期加油和调换润滑油。对手拉、手揿油泵和注油孔等部位，每天应按要求加注润滑油。X6132型铣床的润滑点位置和要求如图10-11所示。

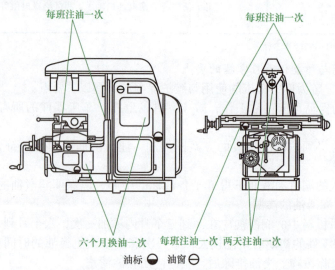

图10-11　X6132型铣床各润滑点位置和要求

2）开机之前，应先检查各部件，如操纵手柄、按钮等是否在正常位置和其灵敏度如何。

3）操作工人必须合理使用铣床。操作铣床的工人应掌握一定的基本知识，如合理选用铣削用量、铣削方法，不能让铣床超负荷工作。安装夹具及工件时，应轻放。工作台面不应乱放工具、工件等。

4）在工作中应时刻观察铣削情况，若发现异常现象，应立即停机检查。

5）工作完毕应清除铣床上及周围的切屑等杂物，关闭电源，擦净铣床，在滑动部位加注润滑油，整理工具、夹具、计量器具，做好交接班工作。

6）铣床在运转500h后，应进行一级保养。保养作业以操作工人为主、维修工人配合进行。

（2）铣床一级保养的具体内容和要求（表10-4）　进行一级保养时，必须做到安全生产，以防安全事故和设备事故的发生。

① 防止触电或造成人身事故，应首先切断电源，然后进行一级保养。

② 拆卸机件时，注意防止跌落而损坏机件，或砸伤操作者。

③ 拆卸工作台时，若没有起重设备起吊，应用坚固的架子放稳后移出，以免砸伤操作者或损伤导轨滑动面。

项目 10　设备检测、调试和维修保养

表 10-4　铣床一级保养的具体内容和要求

序号	保养部位	保养内容和要求
1	外保养	1. 机床外表清洁，各覆盖件保持内外清洁，无锈蚀，无"黄袍" 2. 清洗机床附件，并涂油防蚀 3. 清洗各丝杠
2	传动	1. 修光导轨面毛刺，调整镶条 2. 调整丝杠螺母间隙，丝杠轴向不得窜动，调整离合器摩擦片间隙 3. 适当调整 V 带
3	冷却	1. 清洗过滤网、切削液槽，应无沉淀物、无切屑 2. 根据情况调换切削液
4	润滑	1. 油路畅通无阻，油毛毡清洁，无切屑，油窗明亮 2. 检查手揿油泵，应内外清洁无油污 3. 检查油质，应保持良好
5	附件	清洗附件，做到清洁、整齐、无锈迹
6	电气	1. 清扫电气箱、电动机 2. 检查限位装置，应安全可靠

(3) 升降台铣床工作台部分维护保养的作业要点

1) 工作台部分装配主要步骤与作业要点。根据一级保养的内容和要求，传动部位主要作业内容之一是纵向工作台。对升降台铣床，通常是将纵向工作台拆卸后进行检查、清洗，然后进行装配、调整。拆卸与装配一般是按反向顺序进行的。维护作业中的装配和调整是关键作业内容。铣床工作台部分装配包括工作台组合、丝杠螺母副、左端轴承座组合件、右端轴承座组合件等部分的装配，装配作业主要步骤如下：

① 装工作台。装工作台之前，应检查床鞍关联的传动部分和操纵机构是否完好。装配时注意清洗、修除毛刺、安装和调整镶条、调节螺杆，调节镶条与导轨面的间隙为 0.03mm 左右。

② 装丝杠。清洗及安装纵向丝杠时，将丝杠放入清洗油中用刷子刷洗干净后擦净，加油后装入螺母中。安装时，可在丝杠右端装上鸡心夹头，左手托住丝杠，使阶台键的位置对准丝杠键槽，然后右手转动鸡心夹头将丝杠旋至工作台中间。

③ 装右端轴承座组件。装配右端轴承座组件时，将所有零件清洗后加油，按顺序先后装入，如图 10-12 所示：装右端轴承座 8→装 6 个内六角螺钉 7→装圆锥销 6→如图 10-13 所示，按顺序 1、6、5、4、2、3 拧紧螺钉→装推力轴承 5→装螺母 3 和圆锥销 4→装端盖 2 和螺钉 1。

④ 装左端轴承座组件。装配左端轴承座组件时，将所有零件清洗后加油，按顺序先后装入，如图 10-14 所示：装轴承座 16→装 6 个内六角螺钉 15→装 2 个圆锥销 14→如图 10-13 所示，按顺序 1、6、5、4、2、3 用内六角扳手拧紧螺钉→将丝杠逆时针方向旋紧，装推力轴承 13、垫圈 12、圆螺母用止动垫圈 11、圆螺母 10，松紧合适后用钩形扳手拧紧圆螺母，把止动垫圈上的卡爪对准圆螺母槽，将卡爪嵌入槽中防止螺母松动→装平键 8→装离合器 7 和紧定螺钉 9→装刻度盘 6 和刻度盘紧固螺母 5→装弹簧 4、手轮 3、垫圈 2 和螺钉 1，用扳手将螺钉 1 拧紧。

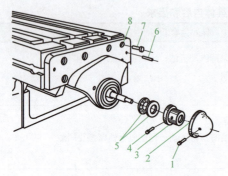

图 10-12　工作台右端部件装配图
1、7—螺钉　2—端盖　3—螺母
4、6—圆锥销　5—推力轴承　8—轴承座

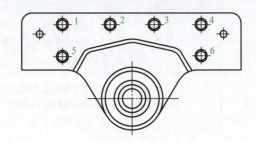

图 10-13　拧紧螺钉的顺序

⑤装限位块。如图 10-15 所示，将 T 形螺钉 2 在工作台侧面槽端的圆形台阶装入槽内；用一字槽螺钉旋具，装工作台前侧面上左、右撞块限位螺钉 1；装左、右撞块（自动停止挡铁）3，侧面的平键嵌入槽中，穿孔套入 T 形螺钉，用专用六角套筒扳手紧固撞块。

2）调整作业要点。工作台部分维护装配后，机床试车经常会出现机床振动和工作台窜动等现象，此时应及时进行调整，否则会影响维修装配质量和工作台运动精度。产生振动和窜动的原因主要是纵向丝杠的轴向间隙、传动副的间隙、导轨镶条与导轨面的配合间隙调整未达到精度要求，因此应对这三个部分进行仔细调整。

①调整工作台纵向丝杠轴向间隙。工作台两端轴承座中推力轴承与丝杠的轴向间隙过大，会造成工作台轴向窜动，使加工表面粗糙；若间隙偏小，会造成工作台移动阻力加大，此时应及时进行调整。如图 10-16 所示，调整步骤如下：

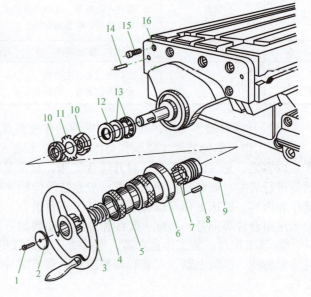

图 10-14　工作台左端部件装配图
1—螺钉　2、12—垫圈　3—手轮　4—弹簧
5—刻度盘紧固螺母　6—刻度盘　7—离合器
8—平键　9—紧定螺钉　10—圆螺母
11—圆螺母用止动垫圈　13—推力轴承
14—圆锥销　15—内六角螺钉　16—轴承座

a. 卸下螺钉、垫圈、手轮、弹簧、刻度盘紧固螺母 1 和刻度盘 2。

b. 扳直圆螺母用止动垫圈 4 卡爪，松开圆螺母 3，转动圆螺母 5。

c. 装上手轮，逆时针方向摇动，使丝杠轴向间隙存在于一个方向。将圆螺母 5 用手旋紧，紧固圆螺母 3，摇动手柄用 0.01～0.02mm 塞尺检查，一般要求轴向间隙不大于 0.03mm。

d. 调整好间隙后，压下圆螺母用止动垫圈 4，并装上刻度盘和紧固螺母、弹簧、手轮、垫圈、螺钉，用扳手紧固螺钉。

②调整纵向工作台丝杠传动间隙。由于丝杠螺母的制造精度或铣床长期使用，致使丝

杠与螺母的螺纹有一定的配合间隙，若间隙较大需通过双螺母机构进行调整。如图10-17所示，调整方法如下：

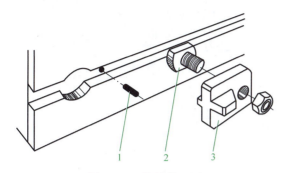

图10-15　撞块装配图
1—限位螺钉　2—T形螺钉　3—撞块

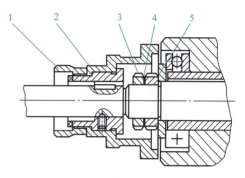

图10-16　调整丝杠轴向间隙
1—刻度盘紧固螺母　2—刻度盘
3、5—圆螺母　4—圆螺母用止动垫圈

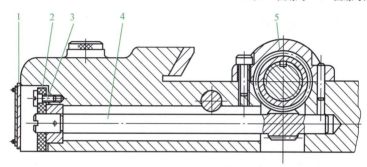

图10-17　调整丝杠传动间隙
1—盖板　2—锁紧板　3—螺钉　4—调节螺钉（蜗杆）　5—蜗轮

a. 用一字槽螺钉旋具松开床鞍前端面的盖板1。

b. 旋松锁紧板2上的三个螺钉3，顺时针方向转动调节螺钉（蜗杆）4，使其带动蜗轮5转动，改变双螺母轴向位置，从而使丝杠与螺母间隙减小。摇动手柄，使工作台移动到松紧程度合适时，停止转动调节螺钉（蜗杆）4。

c. 旋紧锁紧板2上的三个螺钉3，装上盖板1。

d. 调整好后，摇动手柄，移动工作台检查在全部行程内有无松紧不一致现象。

③ 导轨镶条调整。工作台运动部件与导轨之间的间隙应适当，间隙过大会影响工作台移动的精度，切削时不平稳，易振动，影响零件加工的表面质量；间隙过小，则移动过紧，不灵活，摩擦增大，加快了运动部件的磨损。一般间隙允许在0.03mm，可用塞尺检测。调整的具体方法如图10-18所示，松开螺母2和锁紧圆螺母4，然后旋转调节螺杆3，带动镶条1移动，使间隙增大或减小。一般可用0.03mm塞尺检测间隙后，将圆螺母4和螺母2锁紧。

6. 升降台铣床维护保养中的精度检测

铣床经过维护保养和调整，通常需要进行有关项目的精度检测，以保证铣床的正常运行。具体的操作可参照铣床验收的精度标准和验收方法进行。

（1）铣床的几何精度检测步骤

1）阅读和熟悉检测标准中的检测方法，结合文字说明，看懂检测简图。

2）按检测精度标准要求准备测量用具，对用于检测的工具，如指示表、量块、塞尺等进行精度预检，必要时应经过量具检定部门检验合格后再使用。

3）按检验方法规定，调整机床的检测位置。

4）按检验方法规定，放置检测工具。

5）按检验方法规定，采用移动工作台、旋转主轴等方法进行检测。

6）读取测量数据，进行计算，得出机床精度误差值。

7）分析机床几何精度误差产生的原因，分别做出处理。若是维护中调整不当，应重新进行调整；若是机床的故障，可协同机修钳工进行排故处理。

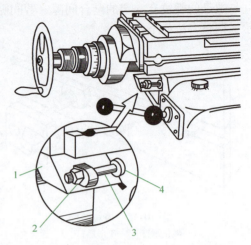

图 10-18 调整工作台纵向导轨镶条
1—镶条 2—螺母 3—调节螺杆 4—圆螺母

（2）升降台铣床几何精度检测的主要项目（参见有关标准） 主轴位置精度检测项目，如主轴旋转轴线对工作台横向移动的平行度（卧式铣床）、悬梁导轨对主轴旋转轴线的平行度（卧式铣床）、主轴旋转轴线对工作台台面的平行度（卧式铣床）、刀架支架孔轴线对主轴旋转轴线的重合度（卧式铣床）、主轴旋转轴线对工作台中央 T 形槽的垂直度（卧式铣床）、主轴旋转轴线对工作台面的垂直度（立式铣床）、主轴套筒移动对工作台面的垂直度（立式铣床）等。下面提供几个主轴位置精度检验示例。

【示例1】检验主轴旋转轴线对工作台横向移动的平行度（卧式铣床）。

① 检验方法：工作台位于纵向行程的中间位置，锁紧升降台。在主轴锥孔中插入检验棒，将带有百分表的支架固定在工作台面上，使百分表测头触及检验棒的表面，其中 a 处位于垂直测量位置，b 处位于水平测量位置，如图 10-19 所示。将主轴旋转 180°后进行重复测量。a、b 两处误差分别计算，两次测量结果的代数和之半作为平行度误差。

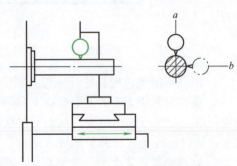

图 10-19 检验主轴旋转轴线对工作台横向移动的平行度（卧式铣床）

② 公差：a 处在 300mm 测量长度上公差为 0.025mm，检验棒伸出端只允许向下；b 处在 300mm 测量长度上公差为 0.025mm。

③ 精度超差原因分析：
a. 工作台面横向导轨磨损变形。
b. 横向导轨镶条松，间隙调整不当。
c. 机床安装质量差，水平失准。

【示例2】检验主轴旋转轴线对工作台中央 T 形槽的垂直度（卧式铣床），如图 10-20 所示。

① 检验方法：工作台位于纵、横向行程的中间位置，锁紧工作台、床鞍和升降台。将专用滑板放在工作台上并紧 T 形槽直槽一侧，如图 10-20 所示百分表安装在插入主轴锥孔中

的专用检验棒上，使其测头触及专用滑板检验面。检验一次后，可改变检验棒插入主轴的位置，重复检验一次。两次检验结果的代数和之半作为垂直度误差。

② 公差：在300mm长度上公差为0.02mm（300mm为百分表两测量点间的距离）。

③ 精度超差原因分析：

a. 万能铣床工作台回转刻度处"0"位未对准。

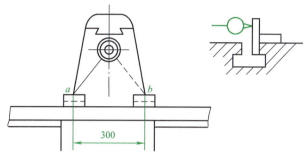

图 10-20　检验主轴旋转轴线对工作台中央T形槽的垂直度（卧式铣床）

b. T形槽直槽部分侧面变形或拉毛，使滑板贴合时产生误差。

c. 检验时，百分表安装不稳固，产生测量误差。

【示例3】检验主轴旋转轴线对工作台面的平行度（卧式铣床）。

① 检验方法：工作台位于纵向行程的中间位置，锁紧升降台。在主轴锥孔中插入检验棒，将带有百分表的支架放在工作台面上，使百分表测头触及检验棒的表面，移动支架检验，如图10-21所示。将主轴旋转180°，再重复检验一次。两次测量结果的代数和之半作为平行度误差。

② 公差：在300mm测量长度上公差为0.025mm（检验棒伸出端只允许向下）。

③ 精度超差原因分析：

a. 工作台面变形或不平。

b. 升降台锁紧机构失灵。

c. 机床水平失准。

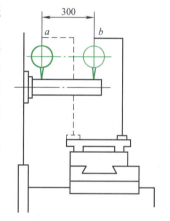

图 10-21　检验主轴旋转轴线对工作台面的平行度（卧式铣床）

【示例4】检验主轴旋转轴线对工作台面的垂直度（立式铣床）。

① 检验方法：用专用检具把百分表固定在立式铣床主轴上，分别在 a 向和 b 向放置用等高量块垫起的平尺，使百分表测头触及平尺检验面，旋转主轴进行检验，如图10-22所示。

② 公差：在300mm长度上，a 向和 b 向公差均为0.03mm，工作台外侧只许向上偏。

③ 精度超差原因分析：

a. 立铣头刻度"0"位不准。

b. 机床水平失准，机床变形。

c. 立铣头锁紧机构不良，或锁紧操作时未均匀锁紧，使立铣头倾斜。

d. 升降台导轨精度差。

【示例5】检验主轴套筒移动对工作台面的垂直度（立式铣床）。

① 检验方法：在工作台面上放置用等高量块垫起的平尺，在平尺检验面上放置直角尺，百分表通过专项检具固定在主轴上，使其测头分别沿 a 向和 b 向触及直角尺检测面，用手摇主轴套筒手轮，移动套筒进行检验，如图10-23所示。

② 公差：在套筒移动的全部行程上，a 向和 b 向公差均为0.015mm。

③ 精度超差原因分析：

a. 套筒制造精度差或磨损大。

b. 升降台导轨精度差。

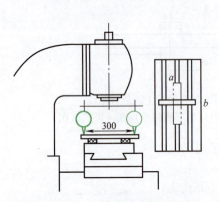

图 10-22　检验主轴旋转轴线对工作台面的垂直度（立式铣床）

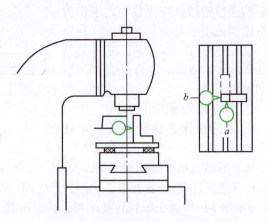

图 10-23　检验主轴套筒移动对工作台面的垂直度（立式铣床）

10.3.2　砂轮机的维护、保养和维修方法

1. 砂轮机维护、保养的内容和要求

砂轮机的结构如图 9-17、图 9-18 所示。砂轮机的维护保养包括以下基本内容和要求：

（1）熟悉砂轮机的基本组成和各部分的作用　例如台式砂轮机的电动机部分，其作用是提供砂轮的旋转动力，而且电动机的转子轴同时又用于安装砂轮，因此是十分重要的组成部分。

（2）掌握砂轮机的使用规范和安全操作方法　具体内容参见项目 2 有关内容，如经常修磨砂轮表面的平衡度，保持砂轮运转的良好状态等。只有在日常使用中遵守砂轮机的使用规范和安全操作方法，才能有效地维护砂轮机的正常运行。

（3）合理运用砂轮机的试运行方法　在使用砂轮机之前，应通过必要的试运行来判断砂轮机是否正常，通常包括以下项目：

1）电动机试运行。有故障的电动机在运转时会有噪声，包括一般机械原因引起的机械噪声和因磁场引起的电磁噪声。

① 机械噪声：主要来源于轴承和转子运转中的摩擦，这些噪声不是太严重可视为合格。但噪声中若夹杂有不规则的"咯咯"声，大多是由于轴承不合格或轴承润滑脂混有杂质而引起的，则需要拆卸轴承盖细查其故障。

② 电磁噪声：当有些电动机空盘转子十分灵活，而一旦通电运转时，定子、转子就相互碰擦而产生"擦擦"的扫膛声。这是由于定子、转子严重的气隙不匀，出现了较大的单边磁拉力而引起的。电动机转子窜轴，会产生阵阵不均匀但有规律的"嗡嗡"声。电动机缺相运行，特别是起动时，会产生连续低沉的"嗡嗡"声，而且伴有机身振动，转速很慢甚至不能起动，此时应立即断电停车，否则会烧毁电动机绕组。电磁噪声有一个明显的特点，即由于电磁噪声与磁场有关，只要切断电源，电磁噪声立即消失，剩下的只是电动机因惯性运转而产生的机械噪声。

2）电源的通断操作。发现电源开关失灵，电源无法接通或时通时断，应立即停止操作，通知维修电工进行维修。

3）观察砂轮运转状况。初次使用或新装砂轮起动时，应观察以下项目：

① 砂轮旋转方向是否正确，磨屑应向下飞离砂轮。

② 砂轮机运转是否能达到平稳状态，若一直振动较大，应停机检查。

③ 对新装的砂轮或不熟悉的砂轮机，应先点动检查，经过 2～3min 观察运转是否正常。

4）检查辅助装置的位置。例如防护罩、挡板和托架与砂轮之间应保持3mm的距离等。

2. 砂轮机的常见故障及其原因与排除方法示例

【示例1】故障现象：电动机不转动（有电磁声音）。

产生原因：①起动电容损坏；②三相电源断相；③电源开关损坏；④轴承卡死；⑤绕组烧坏。

排除方法：①更换新电容；②检修电路；③更换电源开关；④更换轴承；⑤修理绕组。

【示例2】故障现象：电动机不转动（无电磁声音）。

产生原因：①电源开关损坏；②停电；③绕组烧坏。

排除方法：①更换电源开关；②等待供电；③修理绕组。

【示例3】故障现象：砂轮易碎或磨损过快。

产生原因：①砂轮类型不正确；②砂轮过期或质量不好；③轴承损坏；④砂轮安装不正确。

排除方法：①更换对应类型的砂轮；②更换合格砂轮；③更换轴承；④正确安装砂轮。

【示例4】故障现象：砂轮机声音不正常。

产生原因：①轴承磨损严重；②砂轮安装不正确；③电源缺相运行；④电动机绕组故障。

排除方法：①更换轴承；②正确安装砂轮；③检修电源；④查修绕组。

【示例5】故障现象：电动机绕组烧毁。

产生原因：①定子、转子扫膛；②三相电动机断相运行；③单相电动机误接入 380V 电源。

排除方法：①更换轴承；②查修电动机；③查修电源。

3. 砂轮机维护、维修的注意事项

1）对砂轮机电动机等电气部分的维护保养和维修，应在维修电工的协同下进行。操作人员必须掌握安全用电的基本知识和技能。

2）砂轮机主轴轴承的替换涉及电动机解体、端盖和转子轴的拆卸及装配等电工与钳工复合的基本作业，应在维修电工的协同下进行。电动机转子轴两端的螺纹方向是不同的，必须注意安装的方向。轴承的更换可由钳工独立完成，作业中应注意保护转子部分不受到任何损伤。

3）砂轮的拆卸、更换、安装等由钳工独立操作完成。保养、维修中应注意砂轮的型号规格、内孔与主轴轴颈的配合间隙、选择与砂轮机转速相符合的砂轮等，并应仔细检查砂轮的质量、粒度和外观，有缺陷的砂轮不能安装选用。

4）辅助装置的拆装和检查不容忽视，应按规定进行，以免造成不必要的损伤和意外故障。

10.3.3 台钻的维护、保养和维修方法

1. 台钻维护、保养的内容和要求

台钻的结构如图 9-14～图 9-16 所示。台钻的维护保养包括以下基本内容和要求：

(1) 熟悉台钻的基本组成和各部分的作用 例如：台钻的电动机部分，其作用是提供

台钻的旋转动力，台钻主轴的变速是通过 V 带塔轮进行的；主轴上下移动，进给和退刀传动是由齿轮齿条传动机构实现的。

（2）掌握台钻的使用规范和安全操作方法　具体内容参见项目4有关内容，如主轴变速的作业方法、V 带的张紧程度和方法、V 带的检查和更换方法等。只有在日常使用中遵守台钻的使用规范和安全操作方法，才能有效地维护台钻的正常运行。

（3）检查台钻孔加工操作中所应用到的机床各项功能

① 检查主轴与电动机轴的中心距调节范围及锁紧程度，以保证带传动中 V 带张紧力的调节功能。

② 检查主轴箱（头架）沿立柱升降位置调节范围及锁紧程度，以保证加工中主轴的高低位置。

③ 检查主轴进给的深度调节范围及锁紧程度，以保证钻孔深度的调节控制。

④ 检查主轴内锥孔与钻夹头锥柄的配合精度和连接可靠性，以保证钻头等刀具的安装精度及孔的加工精度。

⑤ 检查可回转底座或工作台的调整范围及锁紧程度，以保证工件、夹具的安装精度和可靠性。

（4）检测台钻的几何精度　精度要求按台钻说明书及有关技术资料，具体方法参见立式铣床精度检测的有关内容。

① 检测主轴旋转轴线对工作台面的垂直度。

② 检测主轴套筒沿主轴箱（头架）孔进给运动与工作台面的垂直度。

③ 检测主轴箱（头架）沿立柱移动与工作台面的垂直度。

④ 检测主轴的径向圆跳动和轴向窜动。

⑤ 检测主轴锥孔的圆锥度及其中心线与主轴旋转轴线的同轴度。

⑥ 检测工作台面的平面度。

2. 台钻的常见故障及其原因与排除方法示例

【示例1】故障现象：机床运转时噪声很大。

原因分析：①胶带张得太紧；②轴承损坏；③套筒和主轴箱配合间隙大；④电动机销与箱体松动。

排除方法：①调整胶带的松紧程度；②更换轴承；③更换套筒；④拧紧主轴箱两侧锁紧螺钉。

【示例2】故障现象：钻头与工件咬死。

原因分析：①主轴进刀太快；②工件发生移动，造成挤压钻头；③胶带松紧程度不当。

排除方法：①减慢主轴进刀速度；②夹紧工件；③调整胶带松紧程度。

【示例3】故障现象：钻头烧伤。

原因分析：①转速不当；②切屑排出不畅；③钻头磨损变钝或两切削刃不对称；④进给太慢；⑤没有冷却钻头。

排除方法：①调整转速；②退出钻头，清除切屑；③重磨钻头；④调整进给速度；⑤在切削时加注切削液。

【示例4】故障现象：工件脱落或移位。

原因分析：①没有夹紧工件；②工件定位、装夹不合理；③工作台或可回转底座未紧固。

排除方法：①合理夹紧工件；②合理确定工件定位、装夹方法；③钻孔前紧固工作台或可回转底座。

【示例5】故障现象：钻孔超差。

原因分析：①钻头弯曲或钻头直径不对；②主轴轴承损坏；③钻头没有完全安装到位；④工件夹紧不水平。

排除方法：①更换钻头；②更换轴承；③使钻夹头安装到位；④机床底座要求水平，同时工件夹具应改进。

【示例6】故障现象：主轴复位能力不稳定。

原因分析：①套筒外圆失油；②涡卷弹簧松紧程度不当；③齿轮轴无轴向间隙。

排除方法：①主轴箱右侧油杯加油；②合理调整涡卷弹簧松紧程度；③规范调整齿轮轴轴向间隙。

【示例7】故障现象：钻夹头脱落。

原因分析：①钻夹头锥部或主轴锥孔有灰尘、油渍等脏物；②主轴和钻夹头两端面损伤。

排除方法：①用干净的布擦净主轴及钻夹头两锥面；②更换主轴或钻夹头。

【示例8】故障现象：胶带打滑。

原因分析：①胶带没有张紧；②胶带磨损严重；③胶带选用不当。

排除方法：①胶带适当张紧，并紧固锁紧螺钉；②更换胶带；③按装箱清单购买胶带。

【示例9】故障现象：电动机不动。

原因分析：①电线松脱；②开关损坏；③电动机损坏。

排除方法：①紧固电线；②换开关；③换电动机。

3. 台钻维护、维修的注意事项

1）对台钻电动机等电气部分的维护保养和维修，应在维修电工的协同下进行。操作人员必须掌握安全用电的基本知识和技能。

2）台钻的维护中需要更换带轮时必须切断电源，V带的更换应注意核对V带的型号规格，V带变速和拆装中应注意防止手指被卷入。

3）试运行前，必须检查带、带轮罩安装是否安全可靠，以及钻夹头是否安装到位，以免起动电源后造成事故。

4）外露的滑动面及各润滑点应按规定及时加注润滑油。

5）设备主轴箱（头架）等较复杂组件的故障应根据台钻的结构组成进行原因分析。解体维护、维修应协同机修钳工进行作业。

6）台钻的试运行应按操作规范独立进行。

10.3.4 机床冷却泵的维护、保养和维修方法

1. 机床冷却泵维护、保养的内容和要求

机床冷却泵的结构如图9-19~图9-21所示。机床冷却泵的维护保养包括以下基本内容和要求：

（1）熟悉冷却泵的基本组成和各部分的作用　熟悉所使用的冷却泵产品使用说明书等技术资料，掌握有关内容。例如：冷却泵的电动机部分，其作用是提供离心泵叶轮的旋转动力，冷却泵的主轴与电动机的转子轴是一体结构；离心泵部分的叶轮和蜗壳等是产生液体流量和扬程的主要组件；离心泵的吸入口滤网和单向阀，是保证吸入液体清洁度和防止回流的过滤、控制组件。

（2）掌握冷却泵的使用规范和安全操作方法　具体内容参见项目9有关内容，如冷却泵的流量和扬程等规格、冷却泵插入液面的高度、管路和电气连接的方法、冷却泵试运行方

法等。只有在日常使用中遵守冷却泵的使用规范和安全操作方法，才能有效地维护冷却泵的正常运行。

（3）掌握冷却泵的安装和试运行方法

① 根据机床切削加工所需要的切削液品种和所使用冷却泵适用的液体类型，检查切削液储存部位的液面高度、切削液品质等。

② 根据冷却泵的电动机电源电压、接线方法，协同维修电工，检查输入电源电压和接线位置、胶线的保护套管完好程度。

③ 根据冷却泵与储液部位连接的方法，检查冷却泵的安装位置和连接螺钉紧固的可靠性。

④ 根据冷却泵液体输出管道与外输送管路、控制阀和输出管口的结构型式，检查各连接部位的泄漏情况、控制阀的开关控制性能。

⑤ 根据说明书试运行的规范，进行试运行：关闭输出控制开关→打开机床冷却电源开关→检查电动机的运转状况和旋转方向→微量打开输出控制开关→检查输出管路的泄漏情况→打开输出控制开关→观察液体的流量、压力和扬程→缓慢关闭输出控制开关→关闭机床冷却电源开关→检查电动机的壳体温度。试运行过程中应注意液体输出孔的朝向应便于液体回流，电动机无故障性噪声，切削液的输出无卡顿、停止等故障现象。

2. 机床冷却系统的常见故障、原因分析与排除方法

（1）冷却泵的排故检修 单级离心冷却泵的常见故障及其原因和排除方法，可参见表10-5，也可参照所使用产品说明书的有关内容。由于单级离心冷却泵的价格很低，若确定是电动机和泵部分有无法通过调整修复的故障，可以立即更换适用型号的新泵。

表10-5 单级离心冷却泵的常见故障及其原因和排除方法

故障现象	故障原因	排除方法
水泵不吸水，压力表和真空表的指针在剧烈摆动	注入水泵的水不够；水管或仪表漏气	继续往水泵内注水；拧紧连接件，堵塞漏气
水泵不吸水，真空表表示高度真空	底阀没有打开；底阀堵塞；吸水管阻力过大；吸水管高度过大	校正或更换底阀；清洗或更换吸水管；减小吸水高度
压力表显示水泵出水处有压力，但水管仍不出水	出水管阻力过大；叶轮旋转方向不对；叶轮淤塞	检查或缩短水管及检查电动机；取下水管接头，清洗叶轮
流量低于预计	水泵淤塞；密封环磨损过多	清洗水泵及管子；更换密封环
水泵耗费的功率过大	填料函压得过紧；填料函发热；因磨损叶轮损坏；水泵供水量增加	拧松填料函；将填料取出来打方一些；更换叶轮；增加出水管阻力；降低流量
水泵内部声音不正常，水泵不上水	流量过大；吸水管内阻力过大；吸水高度过大；在吸水处有空气渗入；所输送的液体温度过高	增加出水管内的阻力以减小流量；检查泵吸入管内阻力；拧紧堵塞漏气处；降低液体的温度
轴承过热	缺少润滑油；泵轴与电动机轴不在一条中心线上	注入润滑油；调整两轴线同轴度
水泵振动	泵轴与电动机轴不同轴；泵轴倾斜	调整水泵和电动机轴线的同轴度

注：电气部分的电动机、接线盒、电源线等故障及排除方法可参见砂轮机有关内容，并协同维修电工进行维护、维修。

（2）输出管路部分的常见故障和维修

1）与冷却泵液体输出口连接的通常是耐压耐油胶管，胶管的故障主要是接口处泄漏或

胶管损坏引起的。对于接口处的泄漏，可以在胶管长度许可的情况下，去除胶管原来使用的接口部分，套入管接头，重新用钢片弹簧夹头箍紧。对于中部损坏的胶管，应按原有的规格、长度更换新胶管。

2）胶管接头与钢管、金属接头的接口处泄漏，主要是密封出现故障，应采用排除泄漏的基本方法进行排故。接头螺纹损坏的可更换管接头。

3）出口控制阀泄漏的常见原因是阀芯与阀体配合部位磨损，可以通过研磨等方法进行维修，磨损严重的应更换新的控制阀。

4）切削液输出口部位出水管通常采用铜管或金属软管，接口处泄漏采用常规的泄漏排故方法处理，损坏的应按原规格更新。

3．机床冷却系统维护、维修的注意事项

1）采用更换冷却泵的方法进行冷却系统维修时，应注意核对新泵的有关技术参数，如流量、扬程、电动机电压、安装尺寸（包括泵体底部至液面和切削液储存器底部的距离）等。

2）试运行必须注意电动机旋转的方向，不允许无液体空转，避免叶轮、轴承等的损坏。

3）使用电动机轴和泵轴分体连接形式的电泵，应注意两轴的连接可靠性和同轴度。

4）试运行起动必须关闭输出口控制阀，才能拨动电源开关，接通电源。

5）维护、维修时，应清洗储液箱体内腔表面，清除各种污垢，并按规定质量标准和液面高度注入切削液。

10.3.5 典型气动元件和管路的维护、保养和维修方法

1．典型气动元件和管路维护、保养的内容和要求

气动系统的结构组成如图 8-22 所示，室内管路系统示例如图 8-24 所示。典型气动元件和管路的维护保养包括以下基本内容和要求：

（1）熟悉典型气动元件和管路的基本组成和各部分的作用

1）熟悉有缓冲标准活塞式气缸，参见图 8-26 及相关内容。

2）熟悉普通型油雾器的结构特点和作用原理，参见图 8-28 及相关内容。

3）熟悉安全阀的作用和结构原理，参见图 8-30 及相关内容。

4）熟悉车间内管道布置的基本组成和要求，参见图 8-24 及相关内容。

（2）掌握典型气动元件和管路的维护保养方法

1）典型气动元件的安装、维护要点。

①安装和维护中应注意阀的推荐安装位置和标明的安装方向。

②安装逻辑元件应按控制回路的需要，将其成组地安装在底板上，并在底板上开出气路，用软管接出。日常维护要定期检查功能模块的性能。

③安装和维护气缸时，移动缸的中心线与负载作用力的中心线要同轴，否则会引起侧向力，使密封件加速磨损，活塞杆弯曲。

④在安装前和日常维护中应按规定对各种自动控制仪表、自动控制器、压力继电器等进行校验。

⑤典型气缸的维护、安装和调试要点：会应用气缸的调试台进行气缸的空载和负载性能试验（参见图 8-27 及有关内容），并能进行耐压、泄漏检验；能根据气缸的安装方式，检查安装位置和连接件的可靠性（参见表 8-5 及有关内容）；能根据气缸使用中出现的异常情况判断气缸密封或防尘件的完好情况等。

⑥ 标准型油雾器的维护、安装和调试要点：能根据油雾器的结构原理判断油雾器的工作状态，调节油雾器的给油量；按规定给油雾器注入定量的润滑油；根据油雾器等气源三联件的连接方式，检查连接部位是否有泄漏等。

⑦ 安全阀的维护、安装和调试要点：重点是通过仪表监控安全阀调定的压力是否符合气动系统的要求。

2）气动系统管道布置的安装、维护要点。

① 安装、维护要彻底清理管道内的粉尘及杂物。

② 安装、维护管子支架要牢固，系统工作时不得产生振动。

③ 安装、维护接管部位要充分注意密封性，防止漏气，尤其注意接头处及焊接处。

④ 安装管路尽量平行布置，减少交叉，力求最短，转弯最少，并考虑到便于拆装和日常维护。

⑤ 安装软管要有一定的弯曲半径，不允许有拧扭现象，且应远离热源或安装隔热板。日常维护注意软管的泄漏检查。

（3）气动系统的使用和维护要点

1）气动系统使用的注意事项。

① 设备起动前后要放掉系统中的冷凝水。

② 定期给油雾器注油。

③ 开车前检查各调节手柄是否在正确位置；机控阀、行程开关、挡块的位置是否正确、牢固，对导轨、活塞杆等外露部分的配合表面进行擦拭。

④ 随时注意压缩空气的清洁度，对空气过滤器的滤芯要定期清洗。

⑤ 在设备长期不用时，应将各手柄放松，防止弹簧永久变形而影响元件的调节性能。

2）气动系统压缩空气维护的基本方法。压缩空气的质量对气动系统性能的影响极大，如果被污染将使管道和元件锈蚀、密封件变形、堵塞喷嘴，使系统不能正常工作。压缩空气的污染主要来自水分、油分和粉尘三个方面，其污染原因及防止污染的维护方法如下：

① 水分。空气压缩机吸入的是含水分的湿空气，经压缩后提高了压力，当再度冷却时就要析出冷凝水，侵入到压缩空气中致使管道和元件锈蚀，影响其性能。

防止冷凝水侵入压缩空气的方法：及时排出系统各排水阀中积存的冷凝水；经常注意自动排水器、干燥器的工作是否正常；定期清洗空气过滤器、自动排水器的内部元件等。

② 油分。主要是指使用过的因受热而变质的润滑油。压缩机使用的一部分润滑油呈雾状混入压缩空气中，受热后引起汽化随压缩空气一起进入系统，不但会使密封件变形，造成空气泄漏，摩擦阻力增大，阀和执行元件动作不良，而且还会污染环境。

清除压缩空气中油分的方法：较大的油颗粒，通过除油器和空气过滤器的分离作用同空气分开，再从设备底部排污阀排出；较小的油颗粒，则可通过活性炭的吸附作用予以清除。

③ 粉尘。如果大气中含有的粉尘、管道中的锈粉及密封材料的碎屑等侵入压缩空气中，将引起元件中的运行部件卡死、动作失灵、喷嘴堵塞等，加速元件磨损，降低使用寿命，导致故障产生，严重影响系统性能。

防止粉尘侵入压缩空气的主要方法：经常清洗空气压缩机前的预过滤器，定期清洗空气过滤器的滤芯，及时更换滤清元件。

3）气动系统的日常维护要点。气动系统日常维护的主要内容是冷凝水的管理和系统润滑的管理。防止冷凝水侵入压缩空气的方法如前所述，系统润滑的维护管理要点如下：

① 气动系统中从控制元件到执行元件，凡有相对运动的表面都需要润滑。如果润滑不当，会使摩擦阻力增大而导致元件动作不良，因密封面磨损会引起系统泄漏等危害。

② 润滑油的性质直接影响润滑效果。通常，高温环境下用高黏度润滑油，低温环境下用低黏度润滑油。如果温度特别低，为克服起雾困难可在油杯内装加热器。

③ 润滑油的供油量是随润滑部位的形状、运动状态及负载大小而变化的，供油量应大于实际需要量，一般以每 $10m^3$ 自由空气供给 $1mL$ 的油量为基准。

④ 维护中应注意油雾器的工作是否正常，如果发现没有油量或油量减少，应及时检修或更换油雾器。

2. 气缸、辅助装置和管路的常见故障及其原因分析与排除方法

（1）气动系统的定期检修　气动系统定期检修的时间间隔通常为三个月。其主要内容包括以下五个方面：

① 查明系统各泄漏处，并设法予以解决。

② 通过对方向控制阀排气口的检查，判断润滑油是否适度、空气中是否有冷凝水。如果润滑不良，考虑油雾器规格是否合适、安装位置是否恰当、滴油量是否正常等。如果有大量冷凝水排出，考虑过滤器的安装位置是否恰当、排除冷凝水的装置是否合适、冷凝水的排除是否彻底。如果方向控制阀排气口关闭时，仍有少量泄漏，一般是元件损伤的初期阶段，检查后，可更换受磨损元件以防止发生动作不良。

③ 检查安全阀、紧急安全开关的动作是否可靠。定期修检时，必须确认它们动作的可靠性，以确保设备和人身安全。

④ 观察换向阀的动作是否可靠。根据换向时声音是否异常，判定铁芯和衔铁配合处是否有杂质。检查铁芯是否有磨损，密封件是否老化。

⑤ 反复开关换向阀并观察气缸动作，判断活塞的密封是否良好。检查活塞杆外露部分，判定前盖的配合处是否有泄漏。

上述各项检查和修复的结果应记录下来，以便设备出现故障查找原因和设备大修时参考。

气动系统的大修时间间隔为一年或几年。其主要内容是检查系统各元件和部件，判定其性能和寿命，并对平时产生故障的部位进行检修或更换元件，排除修理间隔期内一切可能产生故障的因素。

（2）气动系统故障诊断的常用方法

1）经验检查法。这是一种依靠维修经验，借助简单测试仪表对故障的部位、原因进行诊断的方法。如通过"闻"电磁线圈与密封件因过热产生的异味来判断电磁阀电磁线圈和密封件的故障。又如，通过"量"各测压点的压力、执行元件的运动速度，来判断系统、回路压力故障点和执行元件运动速度达不到要求的故障。这种方法具有一定的局限性，但应用得当，十分简便迅速。

2）推理分析法。这是一种运用逻辑推理对故障原因进行诊断的方法，即从故障的现象，不断进行试探反证，直至推断出故障的本质和直接原因、故障引发的具体元件，以便进行检修。

例如气缸不动作故障，可首先判断气缸、电磁阀漏气；若都不漏气，可进一步判断电磁阀是否切换；若电磁阀不切换，则进一步判断是主阀还是先导阀故障；若采用手动按钮操纵先导阀，主阀仍不切换，则主阀有故障。此时推断至故障元件，随后由主阀故障的诸多原因，逐步排除，直至找到引起主阀不切换的具体原因，予以一一排除。这种方法需要维修人员对气动系统工作原理和结构比较熟悉，并且具有一定的逻辑思维方法。采用这种方法，可以较全面地判断诊断出故障的原因和部位，并有利于确定故障排除和检修的方法。

常用的推理分析方法如下：

① 仪表分析法：利用检测仪器仪表，如压力表、压差计、电压表、温度计、电秒表及其他电仪器等，检查系统或元件的技术参数是否合乎要求。

② 部分停止法：暂时停止气动系统某部分的工作，观察对故障征兆的影响。

③ 试探反证法：试探性地改变气动系统中部分工作条件，观察对故障征兆的影响。

④ 比较法：用标准的或合格的元件代替系统中相同的元件，通过工作状况的对比，来判断被更换的元件是否失效。

（3）气动系统常见故障现象、原因和排除方法（表10-6）

表10-6 气动系统常见故障现象、原因和排除方法

故障现象	故障原因	排除方法
元件和管道阻塞	压缩空气质量差，水汽、油雾含量过高	检查过滤器、干燥器，调节油雾器的滴油量
滑阀动作失灵，流量阀的排气口阻塞	管道内的铁锈、杂质造成阻塞	消除管道内的杂质或更换管道
元件表面锈蚀或阀门元件严重阻塞	压缩空气中凝结水的含量过高	检查、清洗过滤器、干燥器
元件失压或产生误动作	安装和管道连接不符合要求	合理安装元件和管道，尽量缩短信号元件与主控阀的距离
气缸出现短时输出力下降	管道泄漏、控制元件泄漏等	检查管道是否泄漏，管道连接处是否松动
气缸的密封件磨损过快	气缸安装时轴向尺寸配合不好，使缸体和活塞杆产生支承力	调整气缸安装位置，或加装可调支承
活塞杆速度有时不正常	由于辅助元件、控制元件或滤芯堵塞等的故障，引起系统压力下降	提高系统供气量，检查管道是否泄漏、阻塞
活塞杆伸缩不灵活	压缩空气中含水的质量分数过高，气缸内润滑不好	检查冷却器、干燥器、油雾器工作是否正常
系统停机几天后起动，运动部件动作不畅	润滑油结胶	检查、清洗油水分离器或调小油雾器的滴油量，改用黏度更小、更轻质的润滑油

（4）气动系统辅助装置的常见故障与排除方法

1）橡胶密封件的常见故障与排除方法。密封件的主要故障是破裂、损伤或老化变形等，导致密封部位出现泄漏，排除故障方法如下：

① 按密封件的型式和规格更换新件。

② 没有新件的，可用粘接方法进行应急修理。将断面尺寸相同的密封件切开，刀口呈45°倒角，断面应特别平滑，无凹凸不平现象。粘接仅适用于固定密封。

2）高压软管及管接头的常见故障与排除方法。高压软管的常见故障是破裂、损坏，排除故障方法如下：

① 按规格更换新的软管总成。

② 若没有新品更换，可将破裂的部分锯掉，重新装管接头；若破裂处在软管中部，可采用增设双向管接头的方法进行修复。

③ 管接头损坏、管接头与软管配合处泄漏或管接头根部的软管破裂等，均应更新。

3）蓄能器的常见故障与排除方法。蓄能器的主要故障是泄漏，通常需要通过对泄漏部位进行焊接、粘结等方法进行修复。检修蓄能器应注意以下要点：

① 蓄能器在搬运、拆下前，首先须将气放尽，在确认没有气压后方可进行。

② 蓄能器应充无色、无味、无毒的惰性气体，目前常用的是氮气，不得充氧气或其他易燃气体。

③ 蓄能器安装在设备上以后才能充氮气，充气时应缓慢，至无异常现象后，再使压力达到规定值，并检查其漏气情况。

④ 充气后，各部分绝对不可再拆开或松动，以免发生危险。

4）油雾器的常见故障与排除方法。油雾器是向气动系统提供润滑油雾的辅助装置，常见的故障现象是滴油量不正常，雾化效果差。此时应检查油滴是否正常，可调节阀是否具有调节性能，并进一步检查润滑油液的清洁度和黏度，油雾器吸油管、单向阀和可调节流阀是否有污物、是否有堵塞现象，此外，还应检查压缩空气的清洁度等。一般情况下，检查出以上故障产生的原因并予以排除，即可排除油雾器的常见故障。

5）空气过滤器的常见故障与排除方法。空气过滤器是气动系统的主要净化装置。空气过滤器的主要故障是滤芯堵塞、气流不畅，空气过滤的净化质量下降等。产生故障的原因大多是排污不及时，过滤器内腔污物积淀。当滤芯有损坏时，可能导致过滤质量下降，影响空气的净化效果。当旋风叶因污物阻滞时，会影响分离物与存水杯内壁的碰撞速度，从而影响分离效果。根据以上诸多因素，排除故障的方法主要是：及时排除污水，防止内部污物积淀；对于滤芯应进行检查、清洁或更换；过滤器内部应清除污物积淀，保证空气与杂质的分离效果。

6）空气干燥器的故障排除示例。

① 故障现象：数控加工中心主轴锥孔刀具定位表面接触不良，定位精度差。

② 故障原因：检查发现主轴锥孔表面锈蚀，其原因主要是采用主轴吹气扫屑气动系统的压缩空气水分含量高，将含有铁锈的水分子吹出。查阅该机床的气动原理图和供气装置，气源装置有如图10-24所示的空气干燥器，初步判断故障原因为吸附式空气干燥器工作一段时间后，吸附剂水分达到饱和状态。

③ 故障排除方法：根据吸附式干燥器的工作原理，可以通过吸附剂再生恢复干燥器的功能。具体维修操作方法如下：

a. 将湿空气进气管1和干燥空气输出管8关闭。

b. 从再生空气进气管7向干燥器内输入温度高于180℃的干燥热空气。

c. 经过一定的再生时间后，通过吸附层的热空气，将吸附剂中的水分蒸发成水蒸气，并随热空气流由再生空气排气管4和6排入大气中。

d. 待吸附剂被干燥，恢复吸附能力后，关闭再生空气进气管和排气管。

e. 打开压缩空气的进气管和排气管，使干燥器进入工作状态。

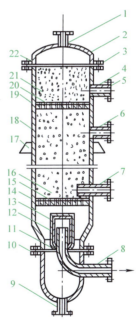

图10-24 吸附式空气干燥器

1—湿空气进气管 2—顶盖 3、5、10—法兰
4、6—再生空气排气管 7—再生空气进气管
8—干燥空气输出管 9—排水管 11、22—密封垫
12、15、20—铜丝过滤网 13—毛毡 14—下栅板
16、21—吸附剂层 17—支撑板 18—壳体 19—上栅板

参 考 文 献

[1] 徐彬. 钳工：初级 [M]. 2版. 北京：机械工业出版社，2013.
[2] 徐彬. 钳工：中级 [M]. 2版. 北京：机械工业出版社，2012.
[3] 胡家富. 钳工：高级 [M]. 2版. 北京：机械工业出版社，2012.
[4] 胡家富，徐彬. 钳工：技师、高级技师 [M]. 2版. 北京：机械工业出版社，2012.
[5] 吴全生. 机修钳工技能鉴定考核试题库 [M]. 2版. 北京：机械工业出版社，2014.
[6] 徐彬. 钳工技能鉴定考核试题库 [M]. 2版. 北京：机械工业出版社，2014.
[7] 鲁庆东，陈琪. 自动化生产线安装调试维护与维修 [M]. 北京：机械工业出版社，2015.
[8] 胡家富. 液压、气动系统应用技术 [M]. 北京：中国电力出版社，2011.